本书作者

周敏,女,湖北宜昌人。华中科技大学城乡规划学博士,现就职于苏州科技大学建筑与城市规划学院,讲师。主要研究方向为城乡空间发展机制与制度环境研究,城乡空间规划与治理研究。主持国家自然科学基金项目 1 项,市厅级课题 1 项。在《土地》(Land)、《城市规划学刊》等中英文核心期刊发表论文 10 余篇,获金经昌中国城市规划优秀论文佳作奖。参与的规划设计项目获全国优秀城乡规划设计三等奖 1 项,表扬奖 1 项;获省级优秀城乡规划设计一等奖 2 项,二等奖 1 项。

黄亚平,男,湖北蕲春人。华中科技大学建筑与城市规划学院院长、教授、博士生导师,国务院政府特殊津贴专家,教育部高等学校建筑类专业教学指导委员会(城乡规划专业教学指导分委员会)委员,中国城市规划学会理事,湖北省国土空间规划学会副理事长,湖北省土地学会副理事长,湖北省村镇建设协会副理事长,《城市规划学刊》等杂志编辑委员会委员。主要研究方向为区域与城镇发展研究,城市空间规划研究。主持国家自然科学基金项目 4 项、国家重大研发计划子课题 1 项,参与国家自然科学基金重点项目 1 项,主持省部级科研、教研项目 10 项。出版著作 8 部,发表论文 120 余篇。在主持的 150 余项规划设计项目中,获全国优秀城乡规划设计二等奖 1 项,三等奖 6 项,表扬奖 3 项;获省级优秀城乡规划设计一等奖 8 项,二等奖 8 项,三等奖 7 项。

林凯旋,男,广东汕尾人。中山大学工学学士(城市规划专业),华中科技大学城乡规划学硕士,同济大学城乡规划学在读博士,高级城市规划师,国家注册城乡规划师,现就职于北京清华同衡规划设计研究院有限公司,任长三角分院副院长。在国家各类会议及核心期刊上累计发表论文 20 余篇,获金经昌中国城市规划优秀论文佳作奖;参与的规划设计实践项目累计获得各类优秀城乡规划设计奖 10 余项。

国家自然科学基金青年科学基金项目（51808366）

制度驱动：大城市制造业空间演化研究

Institution Driving：Spatial Evolution of Manufacturing Industries in Metropolitan Areas

周 敏 黄亚平 林凯旋 著

东南大学出版社
SOUTHEAST UNIVERSITY PRESS
南京·2021

内容提要

本书将制度与大城市制造业空间的作用关系作为研究重点，首先构建了以"制度供给—制度作用—空间格局—制度创新"为逻辑主线的分析框架。其次以武汉为实证对象，识别了20世纪90年代以来武汉都市区制造业空间的演化与格局特征，分析了土地制度、开发区制度、生态环保制度、产业发展制度与空间规划制度等不同制度安排对制造业企业区位选择、产业组织结构以及用地空间布局等不同领域的影响作用。再次运用新制度经济学理论，揭示了制度对大城市制造业空间发展的"激励—约束"机制。最后在全球产业转型背景下，提出未来大城市制造空间转型的引导策略及相应的制度创新建议。

本书适合城乡规划、城市经济地理等领域的研究人员和师生阅读，也可为从事城市产业规划、城乡规划管理、城乡规划设计的工作人员使用和参考。

图书在版编目(CIP)数据

制度驱动：大城市制造业空间演化研究 / 周敏等著. —
南京：东南大学出版社，2021.12
　　ISBN 978-7-5641-9764-3

　　Ⅰ.①制… Ⅱ.①周… Ⅲ.①制造工业-城市规划-
空间规划-研究-武汉 Ⅳ.①TU984.13

　　中国版本图书馆 CIP 数据核字(2021)第 258319 号

责任编辑:李　倩　谢淑芳　　　　　责任校对:韩小亮
封面设计:王　玥　　　　　　　　　责任印制:周荣虎

制度驱动:大城市制造业空间演化研究
Zhidu Qudong:Da Chengshi Zhizaoye Kongjian Yanhua Yanjiu

著　　者:周　敏　黄亚平　林凯旋
出版发行:东南大学出版社
社　　址:南京市四牌楼 2 号　邮编:210096　电话:025-83793330
网　　址:http://www.seupress.com
经　　销:全国各地新华书店
排　　版:南京布克文化发展有限公司
印　　刷:南京凯德印刷有限公司
开　　本:787 mm×1092 mm　1/16
印　　张:15.5
字　　数:380 千
版　　次:2021 年 12 月第 1 版
印　　次:2021 年 12 月第 1 次印刷
书　　号:ISBN 978-7-5641-9764-3
定　　价:69.00 元

20 世纪 90 年代以来,以中国为代表的一批发展中国家凭借土地、劳动力等成本优势和制度红利,迅速崛起成为新的世界级"制造工厂"。中国制造业基地的形成主要是依靠城市地方政府的基础设施建设投入、土地与劳动力成本优势,并在国家社会、经济等制度的支持下导入全球网络。在全球化、市场化、分权化的背景下,苏州、杭州、南京、武汉等中国大城市积极融入全球生产网络,在经历了一系列制度变迁、经济转型和空间结构调整后,成为全球制造业战略布局和空间拓展的主要阵地。从空间生产过程来看,表现为主城土地价值溢出推动制造业外迁重组、工业新区建设拉动城市空间外拓、开发区成为制造业空间生产的主要载体;从企业主体来看,表现为跨国公司的嵌入、传统国有企业的改制重组以及新技术企业的兴起。在此阶段,我国土地制度、户籍制度、税收制度等一系列正式性制度安排发生了重大变革,又进一步加剧了城市空间尤其是产业空间的剧烈重构。本书认为,制度是 20 世纪 90 年代以来影响我国大城市发展及其空间结构演化的重要驱动要素之一。制度因素对大城市制造业空间发展存在重要影响,且具有特定的、可探寻的作用领域、方式及内在机制。在中国特有的制度语境下,引入制度因素研究对大城市制造业空间的作用显得十分重要且必要。

本书在全球产业转型背景下,以武汉为实证对象,构建制度对大城市制造业空间的作用解析框架,识别大城市制造业空间演化与格局特征,提出影响大城市制造业空间的制度体系,系统分析不同制度安排对制造业空间三个主要领域("企业区位选择—产业组织结构—整体空间布局")的影响作用,从而揭示制度对大城市制造业空间发展的综合作用机制,最后提出大城市制造业空间的发展趋势和制度创新建议。本书共分为以下五大版块:

第一版块构建了"制度对大城市制造业空间的作用解析框架"(第 2 章)。本版块基于系统控制理论思维方法、新制度经济学供求理论,构建了以"制度供给—制度作用—空间结果—制度创新"为逻辑主线的"供给主导型"制度解析框架。

第二版块识别了大城市"制造业空间演化过程及格局",提出了"影响制造业空间格局的制度安排"(第 3 章)。本版块运用地理信息系统(GIS)辅助空间分析方法,以 1993—2013 年武汉都市区制造业用地数据及武汉市第三次全国经济普查企业信息为研究数据,分别从重构过程、扩展模式、空间格局等方面识别 20 世纪 90 年代以来武汉都市区制造业空间演化与格局特征。然后,采用泊松区位模型与调研访谈相结合的综合分析方法,提出影响武汉都市区制造业空间的制度结构体系,具体包括土地制度、开发区制度等五种不同的制度安排。

第三版块分析了"制度对大城市制造业空间不同领域的影响作用"(第 4—6 章)。本版块系统分析了土地制度、开发区制度、生态环保制度、产业发展制度和空间规划制度五种制度安排对企业区位选择、产业组织结构、整体空间布局三个不同影响领域的作用及其空间特征。

第四版块揭示了"制度对大城市制造业空间的综合作用机制"(第7章)。本版块基于新制度经济学相关理论,系统揭示了制度的"激励—约束"作用机制:制度主要通过不同的激励及约束方式、内容及目的综合作用于大城市制造业空间,从而实现制度的激励与约束功能。

第五版块提出了"大城市制造业空间转型发展趋势及制度创新建议"(第8章)。本版块基于制造业空间发展的现实问题,顺应国际制造业发展趋势,提出应对未来大城市制造业空间转型发展的制度创新建议。

本书得到了江苏高校优势学科建设工程三期项目和国家自然科学基金青年科学基金项目"制度影响下大城市制造业空间发展的情景模拟与引导对策研究——以武汉市为例"(51808366)的共同资助。全书主要由周敏完成,从选题、资料收集到框架拟定均得到了黄亚平教授的全程指导,林凯旋负责全书校核工作,张敏军协助部分图表修订,在此深表感谢!

在笔者实地调研、访谈和成稿中,得到了武汉市自然资源和规划局、武汉市规划研究院、武汉市土地利用和城市空间规划研究中心、武汉市规划编制研究和展示中心、武汉市经济和信息化委员会、武汉光谷生物城等相关部门的大力支持,他们为本书提供了丰富的研究素材和案例支撑。

因笔者学识所限,书中难免存在不当及疏漏之处,敬请各位专家、读者批评指正。

周　敏

2020 年 12 月 31 日

1　绪论

1.1　背景

1.1.1　空间重构：当代大城市产业空间格局剧烈重构

自 20 世纪 90 年代以来，在我国快速发展的城市化进程中，城市内部空间格局随之发生剧烈重构，其重构过程又首先表现在产业空间的重构上，具体表现为以下特征：

（1）旧城更新推动城市空间功能置换。在城市主城区土地价值溢出的驱动下，秉着"地尽其用""促进城市各区段土地价值利用最大化"的空间生产逻辑，我国大城市纷纷实施"旧城改造""退二进三"等行动策略，以推动城市空间资源的再配置。一方面，鼓励旧城工业区改造，替之以商业、商务、文化创意等高附加值产业在主城集聚；另一方面，鼓励传统制造企业（特别是重化工企业）外迁以及引导新建企业向郊区落户，推动制造业用地的郊区化发展。

（2）新城建设拉动城市产业空间外拓。自 20 世纪 90 年代以来，北京、上海、武汉等大城市纷纷在各自的城市总体规划中明确了新城建设的规划部署，在离主城 30—50 km 范围内重点打造职能分工体系明确的综合新城，其中北京、上海均提出建设 11 个新城以疏解中心城区的压力，武汉提出"1 个主城＋6 大新城组群"的都市区空间布局结构。在城市功能布局调整过程中，新城建设成为推动大城市产业空间外拓的重要手段。

（3）以开发区模式组织产业空间生产。开发区是由国家政府设立并由专门机构进行管理和开发的特定区域，区内特殊的优惠政策和管理权限成为吸引资本集聚（尤其是外资）、促进我国城市空间快速扩张的关键因素。开发区是我国大城市产业空间生产的重要组织模式和基本空间单元，并成为城市重要的功能组成部分。截至 2017 年 4 月，我国共设立国家级高新技术产业开发区 156 个，国家级经济技术开发区 219 个[①]。

（4）多样化的新型产业空间类型大量涌现。自 21 世纪以来，以生态城、低碳示范城、大学城、科技城、创意产业园为载体的各类新型产业空间不断涌现，推动了城市产业空间的发展。近年来，随着产业组织方式的网络化、模块化发展趋势,顺应信息时代"大众创业、万众创新"新经济模式的转变,北京、上海、广州、深圳、武汉等大城市更加注重知识生产和创新,以"众创空间"为代表的创新产业空间类型大量涌现,如深圳的柴火创客空间、武汉的创谷等。

1.1.2 制度变革:影响城市空间的制度环境不断变革

新制度经济学认为,对经济增长起决定作用的是制度性因素而非技术性因素(道格拉斯·C.诺思,2014)。制度变迁是影响我国城市发展及其空间结构演变的重要诱因(胡军等,2005)。自20世纪90年代以来,影响城市空间的制度环境不断变革,又进一步加剧了城市内部空间的功能重构与格局重组。影响城市空间的制度环境演变可大致分为以下两个阶段:

(1)阶段一:1988—2000年。1988年土地制度改革实现了土地由行政划拨向有偿使用转变,土地出让收入成为城市政府重要的收入来源之一,土地制度变革成为城市政府进行土地开发的重要动力;1994年分税制改革理顺了中央与地方的分配关系,同时强化了行政区经济的发展;1997年全面推进现代企业制度改革,进一步加快了市场化进程;1998年住房改革市场化,进一步增强了城市空间快速扩张的动力。在该时期,一系列社会制度变革推动我国大城市迅速进入规模扩张阶段,并伴随着人口、资本、产业向城市规模集聚的快速城市化过程。

(2)阶段二:2000年至今。进入21世纪以后,随着"科学发展观""五个统筹""改善民生""和谐社会"等一系列理念的提出,国家发展目标导向逐步发生转移,由过去单一关注国内生产总值(GDP)开始转向关注民生、关注社会的发展,国家及各级地方政府发布了一系列制度政策,通过设置产业准入门槛、调整产业结构、严控建设用地、集约利用土地等方式,促进了产业结构调整和土地集约高效利用。2013年2月16日,国家发展和改革委员会发表了关于修改《产业结构调整指导目录(2011年本)》有关条款的决定,对鼓励类、限制类、淘汰类产业进行了重新界定和严格要求,《产业结构调整指导目录(2011年本)2013年修正版》成为我国产业结构调整的纲领性文件。2014年3月,国务院印发了《国家新型城镇化规划(2014—2020年)》,为我国城镇健康发展指出了明确的新方向,并分别从人口、空间、产业等多方面提出具体举措。在该时期,制度环境开始发生转变,制度内容更加关注城市空间发展的公平与效率、城市土地集约利用、城市产业结构优化调整等问题。

1.1.3 转型需求:制造业转型发展趋势与制度改革创新

1)全球产业转型推动制造业发展动力及方式转变
2008年全球金融危机爆发以后,全球化进入了一个新阶段:发达国家开始反思"去工业化"的得失,而以智能制造为核心的"再工业化"战略成为发达国家调整产业结构的重要抓手,张庭伟(2012)称之为"全球化 2.0版"。美国先后从政府层面和行业层面提出先进制造战略和工业互联网理念,鼓励在全球范围收回部分技术敏感的高端制造与控制中心。德国工业4.0 侧重于借助信息产业将其原有的先进工业模式智能化和虚拟化,并把制定和推广新的行业标准放在发展的首要位置(表 1-1)。2015 年以来,随着《中国制造 2025》《"十三五"国家战略性新兴产业发展规划》等政策文件相继出台,各地方政府(如北京、天津、南京、武汉、深圳等)也相继出台落实《中国制造 2025》的行动纲要,以顺应全球制造业转型发展趋势。

表 1-1　世界主要国家颁布的制造业发展战略文件

国家	主要战略
美国	《重振美国制造业框架》(2009 年)、《制造业促进法案》(2009 年)、《先进制造业伙伴(AMP)计划》(2012 年)、《美国创新战略》(2015 年)
日本	《新增长战略》(2010 年)、《日本重振战略》(2013 年)
法国	《振兴工业计划》(2010 年)、《数字法国 2020》(2011 年)
德国	《德国 2020 高科技战略》(2010 年)、《实施"工业 4.0"战略建议书》(2013 年)
韩国	《2020 年产业技术创新战略》(2015 年)、《制造业创新 3.0 战略》(2015 年)
中国	《"十二五"国家战略性新兴产业发展规划》(2012 年)、《中国制造 2025》(2015 年)、《"十三五"国家战略性新兴产业发展规划》(2016 年)

在此背景下,我国制造业发展动力与方式也将面临新的转变:① 随着我国劳动力成本上升、土地资源趋紧、发达国家资本撤退,制造业发展动力将由传统生产要素(劳动力、土地、资本)依赖转向创新驱动发展;② 面临环境污染、资源破坏、产能过剩等现实问题,权威政府治理与追求政绩导向下的制造业大规模扩张阶段基本结束,制造业发展方式将由粗放高速增长转向集约高效增长。

借鉴西方发达国家经验,我国制造业发展将面临新的趋势与特征:① 产业结构呈现合理化、高度化与多元化;② 产业组织呈现模块化、网络化与集群化;③ 产业方向呈现智能化、绿色化与服务化。

2)制造业转型发展促进制度供给方式及内容创新

中共十九大报告中强调"创新是引领发展的第一动力"。制度创新作为"创新体系"的重要基石,是推动我国制造业转型升级的关键。当前,在传统要素(土地、劳动力、资源等)趋紧、全球化动力减弱、制度边际效应递减等多重约束条件下,我国制造业发展也已进入了从要素驱动、投资驱动转向创新驱动发展的关键时期,支撑制造业发展的制度供给方向及内容亟待转型与创新。其中,土地、财税、产业、环保等制度改革与创新将成为制造业转型发展的关键领域及内容。

1.2 理论与实践意义

1.2.1 理论意义

传统区位理论主要从生产要素价格、劳动力、交通成本、距离等区位因素来分析经济活动的区位选址理论。在市场化影响下,我国大城市产业发展及其空间格局演变在很大程度上是由政府主导下的强制性制度变迁所诱致的结果,政府强力干预的招商引资政策与产业园区发展模式是我国大城市产业发展和空间扩张的主要动力来源。因此,在我国特有的制度语境下,传统区位理论在现实中的分析运用具有一定的局限性,引入制度因素分析对大城市制造业空间的影响作用显得十分必要。本书基于产业布局理论、产业经济理论及新制度经济学等相关理论,从制度视角切入,揭示制度对大城市制造业空间的影响机制,可填补大城市产业空间布局的研究维度,丰富大城市产业空间布局的理论与方法。

1.2.2 实践意义

中共十九大报告指出"我国经济已由高速增长阶段转向高质量发展阶段"。当前,在全球制造业转型、土地存量开发、生态刚性保护、空间用途管制等多元背景下,制造业发展将面临新的产业组织特征、空间发展需求与用地布局特点,支撑制造业发展的制度供给方向及内容也将面临新一轮调整。因此,本书基于制度创新趋势开展大城市制造业空间机制研究,提出适应制度创新趋势的大城市制造业空间发展对策,可为当代大城市制造业空间发展提供规划布局指引与决策支持。

1.3 研究范围与概念界定

1.3.1 研究范围及对象

1) 大城市都市区

根据 2014 年国务院印发的《关于调整城市规模划分标准的通知》,划定城区常住人口 100 万—500 万人的为大城市,500 万—1 000 万人的为特大城市,超过 1 000 万人的为超大城市。

都市区是国外最常用的城市功能地域概念,于 1910 年起源于美国,并于 1949 年设立了正式的统计标准。西方大城市都市区是在郊区化蔓延基础上由中心市及周边县众多市镇组合而成的松散地域空间实体(图 1-1)。从城市空间体系的地理角度划分,都市区地域范围一般为现状建成区及预期与其有着紧密联系的吸引区(黄亚平,2002)。

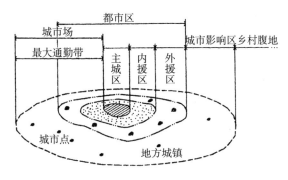

图 1-1　大城市都市区区域结构的形式

　　本书将研究范围界定为中国城市管治背景下的"大城市都市区",即大城市行政管辖范围内高度城市化的地域空间实体,依其市域发育程度,又可分为全域都市区(如上海、深圳等)或核心都市区(如武汉、南京等)。近20年来,中国大城市不断撤县(市)设区,均是为大城市都市区发展所做出的行政区域调整应对。

　　2)武汉都市区

　　武汉是我国中部中心城市之一,拥有深厚的工业发展基础。新中国成立以来,在"一五""二五"时期,中央在武汉建设了武汉重型机床厂、武昌造船厂、武汉锅炉厂等15项重型工业项目,使武汉成为我国中部地区钢铁、机械等重化工重点发展的城市。本书以武汉为实证研究对象,并将实证研究范围界定为武汉都市区范围。在《武汉市城市总体规划(2010—2020年)》中,将武汉市域分为"市域—都市区—主城区"三个空间层次范围(图1-2),其中武汉都市区范围是以外环高速公路附近的乡、镇行政边界为基本界线,包括主城区、远城区及开发区,总用地面积约为 3 261 km²。本书将重点研究武汉都市区内的制造业用地及其企业分布情况(图1-3、图1-4)。

1.3.2　概念界定

　　1)制度

　　在人类社会中,任何个人、组织或社团都生存在特定的制度网络中,并受其束缚和制约。人类社会对制度(Institution)的研究在历史向度与理论论域上都在不断扩展:从历史的时间向度来看,制度的研究可追溯到数千年前,古希腊的智者学派柏拉图、亚里士多德,先秦诸子百家的孔子、孟子,中世纪的阿奎那,文艺复兴时期的马基雅维利,近代的康有为等,都对制度有过深刻地论述。从研究的广度来看,制度研究涉及经济学、法学、政治学、社会学、地理学、组织理论、规制理论等不同的学科领域,形成了重要的研究取向与跨学科的研究主题和诸多研究热点,如制度的起源、制度的定义、制度的功能及作用、制度类型、制度演进与演进效率、制度中的传统习俗与规则设立、制度与政策制定等(杨永福,2004)。

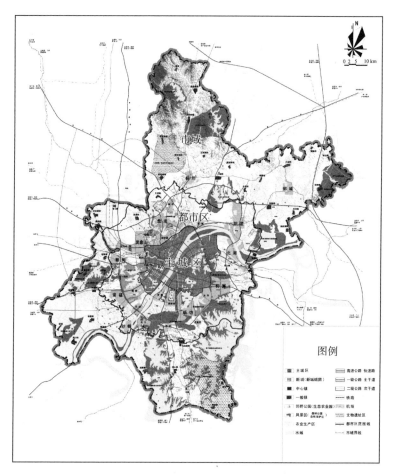

图 1-2　武汉市域空间布局图

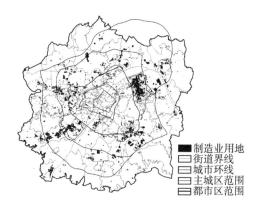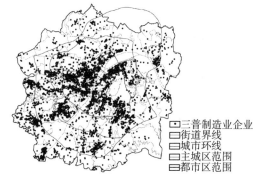

图 1-3　2016 年武汉都市区制造业用地分布　　图 1-4　2013 年武汉都市区制造业企业分布

注:三普即武汉市第三次全国经济普查。

关于制度的定义,不同时期的学者都对其做了大量研究。其中,真正开始对"制度"进行比较系统和深入研究的是西方制度经济学家(如凡勃伦、康芒斯、哈密尔顿)和新制度经济学家(如舒尔茨、诺思、青木昌彦、科斯等)。美国学者凡勃伦(Veblen)从心理学方面将制度概括成一种流行的精神态度或一种流行的生活理论。康芒斯(Commons)认为制度就是集体行动控制个人行动的一系列行为准则或规则,他将大大小小的政治、社会、经济组织等称为制度。在新制度经济学派中,舒尔茨(T. W. Schultz)将制度定义为行为规则。诺贝尔奖获得者、美国新制度经济学家(道格拉斯·C. 诺思,2014)将制度定义为一种社会博弈规则,是"用于限制人际交往行为的框架"。我国学者卢现祥(2003)是国内较早对西方新制度经济学开展研究和评述的,他将制度定义为"经济单元的游戏规则",并认为制度的内涵应体现以下几个方面:习惯性、确定性、公理性、普遍性、符号性和禁止性。袁庆明(2012)基于新旧制度经济学家对制度的定义,认为"制度无非是约束和规范个人行为的各种规则"。

制度类型的分类也有不同方式。从作用方式来看,制度可被分为正式制度与非正式制度两种类型。正式制度是人有意识地设计并通过组织加以保障实施的规则,如国家法律、行政法规、政府政策和命令等。非正式制度与正式制度相反,它通常是自然演化而来的,如各种习俗、语言、道德伦理等。从规则起源来看,制度可被分为内在制度与外在制度。内在制度是指在社会中通过一种渐进式的反馈和调整过程自然演化而来的,诸如习惯、伦理规范、礼仪和习俗等。与此相反,外在制度是由权力中心自上而下设计且强制性实施的。从制度的作用领域来看,制度可被分为经济制度、法律制度、政治制度、选举制度等,每个领域都包涵一种制度规则,领域不同,规则的内容也不同。

综合各派言论,制度的定义大都强调"规则"。本书基于制度相关理论,结合研究对象,把"制度"②界定为由政府主体制定和实施、对大城市制造业空间起影响作用的一系列规则,具体包括法律、法规、政策、规章、行政命令、城市战略与规划等一系列正式性制度安排。本书重点研究对大城市制造业空间产生重要作用的正式性制度安排,重点考察既有制度安排下不同制度安排的制度影响及制度影响下的空间效应、关注涉及制造业转型发展的制度创新方向及内容。

2) 制造业

制造业(Manufacturing)一直在国民经济和城市经济体系中占据重要地位。按照《国民经济行业分类》(GB/T 4754—2011)中的产业目录,制造业(C类)包括编号为13-43的31个大类产业、181个中类以及532个小类产业(参见附表4-1,表1-2)。"制造业"在行业范畴上小于"工业",按照《工业产业分类标准》(GB—2002),制造业不包括工业行业中的采矿业(B)以及电力、燃气及水的生产和供应业(D)(表1-3)。

3) 制造业空间

制造业空间(Manufacturing Space)是指以上制造业行业所投影的所有实体空间,其空间载体主要包括企业、行业、用地等。对我国城市发展及空间格局变化产生重要影响的功能要素主要包括居住、商业、办公服务业、工业等,制造业空间可被视为城市功能要素中的重要类型。

表1-2　制造业31个大类产业分类注释

代码	名称	代码	名称
13	农副食品加工业	29	橡胶和塑料制品业
14	食品制造业	30	非金属矿物制品业
15	酒、饮料和精制茶制造业	31	黑色金属冶炼和压延加工业
16	烟草制品业	32	有色金属冶炼和压延加工业
17	纺织业	33	金属制品业
18	纺织服装、服饰业	34	通用设备制造业
19	皮革、毛皮、羽毛及其制品和制鞋业	35	专用设备制造业
20	木材加工和木、竹、藤、棕、草制品业	36	汽车制造业
21	家具制造业	37	铁路、船舶、航空航天和其他运输设备制造业
22	造纸和纸制品业	38	电气机械和器材制造业
23	印刷和记录媒介复制业	39	计算机、通信和其他电子设备制造业
24	文教、工美、体育和娱乐用品制造业	40	仪器仪表制造业
25	石油加工、炼焦和核燃料加工业	41	其他制造业
26	化学原料和化学制品制造业	42	废弃资源综合利用业
27	医药制造业	43	金属制品、机械和设备修理业
28	化学纤维制造业	—	—

表1-3　工业的行业分类

	门类	名称
工业	B	采矿业,包括编号为06—12的7个大类产业、19个中类以及37个小类产业
	C	制造业,包括编号为13—43的31个大类产业、181个中类以及532个小类产业
	D	电力、燃气及水的生产和供应业,包括编号为44—46的3个大类产业、7个中类以及12个小类产业

通过文献梳理发现,目前对大城市制造业空间的研究主要集中在三个方面:① 基于企业的研究,企业是制造业微观个体单元,大城市制造业空间格局的形成是企业区位选址的直接作用结果,大量研究基于经济普查的企业空间信息来分析制造业企业区位分布特征,以识别大城市制造业空间格局与城市空间重构过程(郑国,2006;刘涛等,2010;曹广忠等,2007;吕卫

国等,2009;叶昌东等,2010;周蕾,2015;王丹等,2016;黄亚平等,2016;李佳洺等,2016);② 基于行业的研究,由于制造业内部不同产业自身属性差异,不同类型制造业在都市区层面表现出不同的集聚特征与形态(崔蕴,2004;刘春霞等,2006;秦波,2011;陆军等,2011;孙磊等,2012);③ 基于用地的研究,大量研究利用宏观层面城市土地利用矢量数据和卫星影像图数据的历年变化情况来识别大城市制造业空间格局演化特征(冯健,2002;王爱民等,2007;王智勇,2010;德力格尔等,2014;郭付友等,2014;杨晨,2016)。

　　本书基于对大城市制造业空间影响领域的相关研究,将大城市制造业空间的影响领域设定为"企业区位选址""产业组织结构""整体空间布局",其中,企业是制造业空间的基本构成单元,产业是制造业的行业属性特征,不同企业与不同产业的相互链接形成具有不同产业属性的制造业个体单元,并投影于城市空间。企业区位选址是制造业微观主体行为,产业组织结构是制造业中观行业结构特征,整体空间布局涉及制造业宏观布局特征,它们共同影响大城市制造业空间格局的形成。本书将重点关注大城市制造业企业区位分布、制造业内部不同行业组织结构与集聚过程及制造业空间整体格局演化特征,具体分析不同制度对三个影响领域的作用方式及其制度作用(图1-5)。

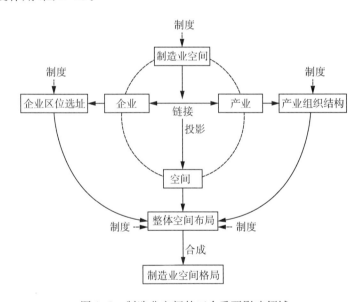

图 1-5　制造业空间的三个重要影响领域

1.4　本书的研究框架

　　本书的研究框架如图 1-6 所示。

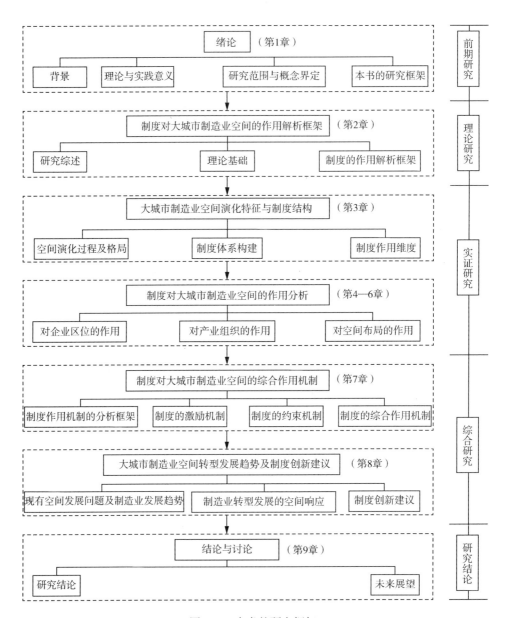

图 1-6　本书的研究框架

第 1 章注释

① 数据来源于中华人民共和国商务部网站、中华人民共和国科学技术部网站。

② 制度与政策两个概念有所区别，"制度"更为系统、正式和稳定，而"政策"则相对灵活，其系统化和约束力弱于"制度"，但时效性更强。一般来讲，政策内容涵盖在特定的制度之中。本书对于两者概念不做特殊区别。

2 制度对大城市制造业空间的作用解析框架

2.1 研究综述

2.1.1 大城市制造业空间演化过程及特征研究

19世纪中后期以来,欧洲和北美各大城市先后开始经历制造业空间的郊区化过程。而我国大城市制造业空间的郊区化过程发生得相对较晚,始于20世纪90年代。

1) 国外相关研究

国外有关大城市制造业空间演化过程及特征的研究成果非常丰富,20世纪中后期多集中在有关工业郊区化的实证研究上。沃克和刘易斯(Walker et al., 2001)从理论上解释了1850—1950年美国和加拿大大都市制造业的郊区化过程,发现工厂向外扩散已经成为北美地区的重要特征;刘易斯(Lewis, 2001)研究了1850—1929年蒙特利尔大都市地区"工业区向大都市边缘移动"的显著特征;沃克(Walker, 2001)研究了1850—1940年美国旧金山制造业的郊区化过程;维拉德坎斯-马尔萨勒(Viladecans-Marsal, 2004)通过基尼系数、相关集中系数和莫兰空间相关指数三个集聚指标研究发现西班牙大都市不同制造业部门的地理集中程度不同。研究表明,自19世纪中后期以来,欧洲、北美各大城市先后经历了制造业空间在都市区尺度的郊区化过程(Walker et al., 2001;Lewis, 2001;Walker, 2001;Viladecans-Marsal, 2004;Gilli, 2009)。在圈层式外移过程中,制造业空间具体表现为:都市型制造业(服装业、印刷出版业等)在中央商务区(CBD)高度集中、小型制造业(电子业、化工业等)微离心化布局、传统制造业(电气机械业、运输装备业等)远郊化分散等特征。

2) 国内相关研究

2000年以来,国内学者多借助地理信息系统软件(ArcGIS)平台,基于企业、行业、用地等多源信息数据,综合运用圈层分析方法、重心分布方法、空间关联分析法等定量分析方法对20世纪90年代以来我国大城市制造业空间演化过程及格局特征进行了大量实证研究,主要从以下三个维度展开:

(1) 基于企业区位分布研究。企业是制造业微观个体单元,大城市制造业空间格局的形成是制造业企业区位选址的直接作用结果。大量研究（郑国，2006；刘涛等，2010；曹广忠等，2007；吕卫国等，2009；叶昌东等，2010；周蕾，2015；王丹等，2016；黄亚平等，2016；李佳洺等，2016；贺灿飞等，2005；张晓平等，2012）基于企业空间信息数据分析制造业企业区位分布特征。例如，郑国（2006）运用圈层分析法总结了1996年以来北京市制造业空间呈现明显的郊区化趋势，且距市中心半径为15—35 km的都市区外缘成为制造业的主要集聚区，制造业空间在大都市区和产业园区尺度上分别表现出扩散与再集聚的双重特征；吕卫国等（2009）根据南京2004年经济普查数据，认为南京制造业企业呈现沿江、沿高速公路扩散和集聚并存的空间特征；王丹等（2016）根据长春市企业名录确定制造业企业的具体位置和所属产业类型，发现长春市主城区制造业企业呈现边缘集聚、交通依赖、组团分布等特征，且交通运输设备制造业、农副食品加工业、非金属矿物制品业、医药制造业等类型的制造业企业在空间分布上表现出差异化特征。

（2）基于行业的集聚特征研究。由于制造业内部不同产业的自身属性差异，大量研究（李佳洺等，2016；崔蕴，2004；刘春霞等，2006；秦波，2011；陆军等，2011；孙磊等，2012，贺灿飞等，2007）基于不同制造业企业的行业信息数据分析不同行业差异化的空间集聚特征与形态分布规律。例如，李佳洺等（2016）以杭州企业工商登记数据为基础，应用基于距离的微观数据分析方法，对杭州市区不同产业集聚状况进行对比分析，发现在制造业内部高科技制造业表现出明显的集聚特征，而纺织服装、服饰业集聚趋势相对较弱，食品制造业和装备制造业等制造业在空间上呈现随机分布的模式，重化工制造业属于分散布局的状态；崔蕴（2004）采用基尼系数与区位熵相结合的分析方法，以上海为实证对象，发现制造业集中分布在郊区，而都市新工业及高技术产业多倾向于向城市中心区集聚；秦波（2011）基于上海市工商行政管理局的企业数据，采用密度梯度法发现以石油加工和化学纤维为代表的制造业企业具有空间扩散的特征，而以印刷业为代表的都市型产业倾向于在中心城区集聚。

（3）基于用地的空间布局研究。大量研究（冯健，2002；王爱民等，2007；王智勇，2010；德力格尔等，2014；郭付友等，2014；杨晨，2016）利用宏观层面的城市土地利用矢量数据和卫星影像图数据的历年变化情况来识别大城市制造业的空间格局演化特征。例如，冯健（2002）认为从20世纪80年代开始杭州的工业用地已发生郊区化现象，并且在1996—2000年工业郊区化程度十分明显；王爱民等（2007）基于广州市土地利用现状的GIS图（2000年、2004年）发现，2000—2004年广州工业用地拓展以近郊为主，空间扩展速度以老城区附近的天河、黄埔为中心向远郊大致呈圈层式降低，并在市区中心区外围形成了一个工业用地高度密集地带，工业用地布局有着明显的行政中心、道路交通和河流水面指向性；王智勇（2010）基于1992—2008年武汉城市工业用地开发量及开发案例数，总结了武汉城市工业空间为扇形、呈圈层分布并与自然生态格局相适应、与交通设施紧密联系、依托高校群布局等特征;德力格尔等(2014)、郭付友等(2014)利用长春历年土地利用现状图和卫星影像图,借助 ArcGIS 平台,综合运用分布重心法、空间关联分析法、分形理论模型法、缓冲区分析法等方法总结了20 世纪 90 年代以来长春工业空间扩展呈现"主导地域集中—交通轴向扩展—轴间指状填充"的特点。

研究表明,自 20 世纪 90 年代以来,我国各大城市制造业空间都普遍表现出"都市区尺度郊区化与开发区尺度再集聚"的特征。其中,制造业空间的郊区化过程是推动大城市空间结构呈现多极化、多中心地域系统的重要驱动力(王智勇,2010),开发区成为制造业空间的重要拓展单元与空间集聚载体,制造业空间在都市区近郊地区(距市中心的半径为 15—35 km)呈现高密度分布。同时,制造业内部的不同行业、不同类型企业由于产业特性的差异,会表现出不同的集聚特征与规律。

2.1.2 大城市制造业空间发展的影响机制研究

1) 国外相关研究

国外对大城市制造业空间的影响机制研究主要从基础理论和实证研究两个维度展开。

(1) 制造业空间影响机制的基础理论。古典区位理论和现代区位理论是主要研究企业区位选址的理论,它们为城市制造业空间的影响机制研究奠定了扎实的理论基础。20 世纪初,以阿尔弗雷德·韦伯(1997)为代表的成本学派与以廖什为代表的市场学派认为运输、地价、市场地域、劳动力等经济因素是企业区位选址的影响因素(李小建,2018)。20 世纪 60 年代以后,越来越多的学者开始关注经济因素以外的其他因素作用,现代区位理论不同流派不断涌现:行为学派(Pred, 1967; Smith, 1981)重点关注人的心理状态、思想行为以及偏好、决策者行为等因素的影响;结构学派(Massey, 1977)关注政治结构、社会关系、资本劳动关系等社会过程因素;制度学派(Amin et al., 1995)重点关注"制度环境"和"制度安排"对企业区位的影响;新产业地理学派重点关注生产方式变化对企业区位的影响,其重要理论包括产品生命周期理论、新产业区理论(Becattini, 1990)、竞争经济理论(Porter, 1990, 1998)等;新经济地理学派(Krugman, 1991, 1992)认为产业区位的形成是规模效益、运输成本、路径依赖共同作用的结果。

(2) 制造业空间影响机制的实证研究。21 世纪以后,国外学者就大城市制造业空间影响机制开展了一系列实证研究,认为政府领导、市场需求、生产方式转变、交通方式变革等是影响大城市制造业空间演变的重要因素。沃克和刘易斯(Walker et al., 2001)认为房地产投资、商业和政府领导是1850—1950 年北美大都市(包括美国和加拿大)工业郊区化的重要动因。刘易斯(Lewis, 2001)提出了 1850—1929 年加拿大蒙特利尔大都市工业郊区化的三个重要动因:工业扩张浪潮和一系列产品的轨道发展改变了大都市区内部工业区位的参数;工人阶级郊区化为位于大都市区边缘的工厂提供了劳动力;地方政治和经济联盟为工业郊区化提供了政治基础。维拉德坎斯-马尔萨勒(Viladecans-Marsal,2004)运用就业模型来度量大都市的集聚经济,发现不同经济部门的集聚经济是影响制造业空间布局的重要因素。穆勒(Muller,2001)发现1970以后大规模生产方式和铁路、河流等交通设施因素推动了美国匹兹堡大都市区钢铁、玻璃、铁路装备和煤焦工业的规模发展,并形成了由磨坊镇、卫星镇和矿业镇组成的复杂城市景观带。

2)国内相关研究

20世纪90年代以后,西方产业区位及布局理论逐渐被引入中国,我国学者基于大城市制造业空间演化的影响机制开展了大量实证研究。冯健(2002)认为城市土地有偿使用制度改革、城市规划与城市开发、城市"退二进三"政策等是20世纪90年代杭州工业郊区化的主要动力。延善玉等(2007)认为影响沈阳市工业空间重组的重要因素包括工业发展及结构调整、城市土地有偿使用制度改革、生态城市建设实践、跨国公司的外商直接投资及文化观念的转变等。李江等(2008)认为推动深圳产业空间集聚发展的驱动力有自上而下的政策推动和自下而上的市场引导两个方面。吕卫国等(2009)认为土地有偿使用、城市交通条件改善、政府"退二进三"的规划管理、城市开发区建设等因素的作用对南京制造业郊区化和城市空间重构具有显著影响(图2-1)。叶昌东等(2010)认为政策导向、区位条件、技术创新等是影响广州工业空间分异的主要因素。张晓平等(2012)构建了基于市场驱动力和政府驱动力的综合影响模型,认为区位通达度、集聚

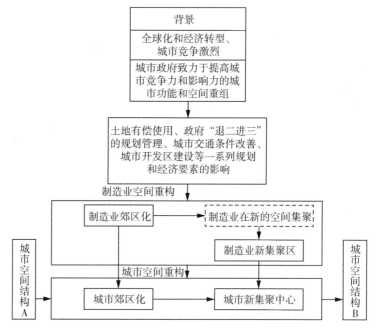

图2-1 城市产业空间重组理论分析框架

经济、科技园区规划与政策引导是北京制造业总体空间格局演化的主要驱动因素。郭付友等(2014)认为自然因素、开发区的成立和发展、产业结构的升级、土地使用制度的改革与企业改制重组、城市规划以及交通是长春市工业空间扩展的驱动力。袁丰(2015)认为区位与自然禀赋、外部规模经济、资源环境成本、路径依赖及偶然性因素、制度安排及产业特性是城市制造业空间集聚的重要影响因素,并以苏州、无锡作为实证对象(图 2-2)。综合以上研究,自上而下的政策力(土地制度改革、开发区建设、交通条件改善、城市战略与规划等)和自下而上的市场力(外资驱动、集聚经济等)、要素力(资源环境、自然禀赋、区位条件等)是大城市制造业空间格局演化的重要影响机制。

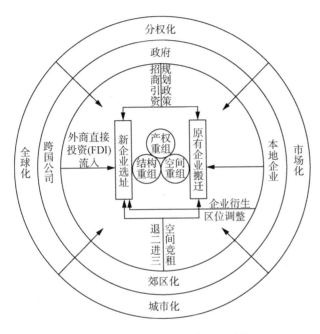

图 2-2 企业区位演变与空间重构

2.1.3 基于制度影响视角的大城市空间发展研究

1) 国外相关研究

新制度经济学派是当代西方经济学的主要流派之一,是对新古典经济学的"修正"。自 1937 年科斯(R. Coase)在英国《经济学人》杂志上发表的《企业的性质》开始,新制度经济学已积累了丰富的研究成果,并形成了不同分支,成为解释城市经济及城市空间问题的重要"钥匙",其代表理论包括制度变迁理论、交易成本理论、产权理论等,代表人物有科斯(R. Coase)、德姆塞茨(H. Demsetz)、舒尔茨(T. W. Schultz)、威廉姆森(A. E. Williamson)、诺思(D. C. North)等(罗纳德·H. 科斯,2014;哈罗德·德姆塞茨,2014;舒尔茨,2014;奥利弗·E. 威廉姆森,2004;道格拉斯·C. 诺思,2014)。20 世纪 80 年代,西方学者正式将新制度经济学引入空间问题研究。20世纪80年代早期,斯科特(Scott)在研究美国洛杉矶的妇女服装产业时,开始将交易费用、劳动分工和产业集聚放在一起考虑。新制度经济学家威廉姆森分别在1975年和1985年出版的《市场与科层》《资本主义经济制度》中,从交易费用视角为产业集群的产生机制提供了一个独特的视角。他认为,交易费用是和距离有关的各种生产费用中最重要的费用,交易成本最小化是企业空间集聚的重要原因。

2)国内相关研究

2005年以来,我国学者(赵燕菁,2005b;张京祥等,2007,2008a,2008b;周国艳,2009;付磊,2012)从西方新制度经济学、新制度主义、制度转型等视角来解释具有中国特色的城市现象及城市空间影响机制,积累了一系列研究成果,主要从以下三个维度展开:

(1)制度对城市空间的影响机制研究。赵燕菁(2005a,2005b)运用制度经济学解释了"合理"的城市空间布局在实践中"阻力"重重的本质原因——制度,对于不同类型的城市,产权结构的不同导致其向最优空间布局转变过程中的交易成本不同。张京祥等(2007,2008a,2008b)揭示了制度力是塑造我国城市空间的重要力量,在加剧中国城市空间扩张和结构演化的过程中起到关键作用,我国需要积极推进地方政府企业化治理体系以及土地制度、土地规制等相应的制度性变革,实现城市空间的集约增长、理性增长和结构优化。付磊(2012)以上海市场化和全球化为背景,根据作用方式不同,将制度划分为间接制度安排(政治制度、经济制度、社会管理制度)与直接制度安排(土地使用制度、政府干预、城市规划)(表2-1),并具体分析了不同制度类型的制度内容及制度作用,认为城市空间结构演变的内在机制即制度与空间的互动过程,包括制度对空间的过程以及空间对制度的反馈(图2-3)。林凯旋(2013)基于制度经济学理论对城市空间结构演变中所出现的旧城更新、新区开发、"城中村"和"小产权房"等现象做出了一个较为合理的制度性解释,并提出通过"综合干预模型"来剖析当代大城市空间结构演变的动力机制。

表2-1 城市空间结构演变的制度性因素

制度类型		制度属性
间接作用于城市空间的制度性因素	政治制度	政权统治基础
	经济制度 产权制度(土地产权制度)	经济运行基础,决定资源配置和市场效率
	收入分配制度	社会资源的重新分配,决定居民的决策约束
	企业组织制度	决定厂商或企业的决策约束
	城市住房制度	决定居民的选址行为
	宏观经济政策	决定国家或地区的资源与资本流动
	社会管理制度 户籍制度	决定居民的空间流动

制度类型		制度属性
直接作用于城市空间的制度性因素	土地使用制度	城市土地权属和使用方式
	政府干预　政策法规	城市空间发展的建设管理
	城市规划　规划编制与实施	城市空间规划

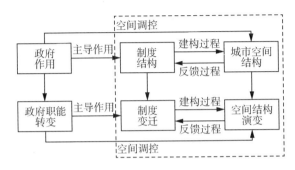

图 2-3　制度与空间的互动过程

（2）特定制度类型对城市空间的影响机制研究。土地制度（丁成日，2006；陈鹏，2009；洪世键等，2012）、住房制度（马晓亚等，2011）、产业政策（王淳青，2013）、城市规划制度（孙倩，2006；江泓，2015）、行政区划调整（李开宇，2010）等成为学者们研究的重要制度类型，重点研究特定制度对城市空间的内在影响机制，其中土地制度的研究涉及最多。张京祥等（2007）以南京为实证研究对象，揭示了土地储备制度对城市空间演化的正、负效应，并运用城市增长机器理论剖析了政府在土地储备过程中对短期利益的诉求；陈鹏（2009）分别从土地产权制度、土地市场制度、土地管理制度三个维度分析了土地制度对城市空间结构演变的内在影响机制；洪世键等（2012）认为土地制度所有权的有偿化和市场化改革是造成大都市区内城市蔓延等一系列空间结构变化的主要原因。江泓（2015）具体分析了城市规划制度的空间作用机制，认为我国城市规划制度正面临制度收益递减的局面，要维持城市规划制度的正绩效，一方面需要不断降低规划的制度成本，另一方面需要动态地适应外部制度环境正在发生的转型过程。

（3）制度对特定空间类型的影响机制研究。学者们重点对工业空间（马娟，2007；余炜楷，2009；高菠阳等，2010）、居住空间（张志强，2012）展开了制度性影响研究。其中，部分学者（马娟，2007；余炜楷，2009；高菠阳等，2010）重点开展了制度对城市制造业空间的影响研究，具体分析了不同制度类型对城市制造业空间的影响作用：马娟（2007）认为城市土地利用制度、公有制企业改革、非公有制经济发展及地方分权是影响城市工业空间结构的四大主要制度类型；余炜楷（2009）分析了各类产业制度（产业组织制度、产业结构制度、产业布局制度、产业技术制度）对广州白云区企业选址的影响，梳理了各类制度对产业空间的影响过程及方式；高菠阳等

(2010)重点研究了土地制度的变革对北京市制造业空间演化的影响作用，认为土地有偿制度改革加速了工业郊区化，工业用地的供给方向、数量和时间等决定着制造业空间转移的方向。张志强（2012）构建了影响广州番禺区工业空间演变的制度簇，包括正式制度与非正式制度，其中正式制度安排又分为基础性制度（产业发展政策、土地使用制度、招商引资制度）与特定性制度（行政区划制度、土地管理制度、城市规划制度），并具体分析了不同制度类型对工业空间的影响作用（图2-4）。

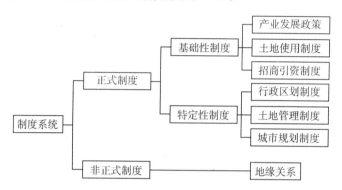

图 2-4　影响城市工业空间演变的制度簇

根据国内外研究综述，再结合本书研究对象及视角，笔者认为基于制度影响视角的大城市空间发展研究仍存在以下不足：一是缺乏对影响大城市制造业空间制度体系框架的系统构建。已有研究要么侧重于单一制度类型对制造业空间作用机制的解析，要么定性选取多个重要制度类型来具体分析其对制造业空间的影响，制度类型筛选与制度体系构建过程的逻辑性不强、系统性不足。二是缺乏制度对大城市制造业空间作用机制的深度解析。制度作为一个控制变量，其影响作用程度及方式一般难以量化，已有研究主要侧重于基于新制度经济学相关理论对制度作用机制的定性分析，缺乏对影响领域、方式及内容的深度解析。

2.2　理论基础

本书的理论基础主要包括企业区位理论、产业经济理论、城市空间结构理论和新制度经济学理论。其中，企业区位理论为本书第4章的制造业企业区位研究提供理论基础；产业经济理论为本书第5章的制造业产业组织研究提供理论基础；城市空间结构理论为本书第6章的制造业空间布局研究提供理论基础；新制度经济学理论为本书制度的作用解析框架和作用机制研究提供理论基础（图2-5）。

2.2.1　企业区位理论

企业区位理论是主要研究企业经济活动区位选址的理论。企业区位

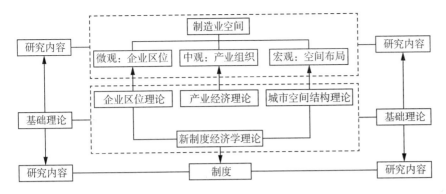

图 2-5　本书的基础理论体系

理论根据经济活动的具体内容进行细分,可分为农业区位理论、工业区位理论、商业区位理论等。企业区位理论根据其产生与发展的先后,又可分为古典区位理论和现代区位理论。

1) 古典区位理论

古典区位理论最先始于对农业中不同生产活动而产生的区位差异问题。19世纪初,德国经济学家约翰·冯·杜能(1986)撰写了著名的《孤立国同农业和国民经济的关系》,探索了因地价不同而导致农业生产经营方式的空间配置差异,创立了著名的农业区位理论,其逻辑内涵为"市场距离—农场的价值—地租的决定—经营方式的选择"。1909年,德国经济学家韦伯(A. Weber)提出工业区位理论,成为企业区位理论古典分析框架的主要奠基者。他根据工厂生产的过程,以成本最低作为企业区位选址的基本目标,重点关注成本因子,认为运输成本、劳动力成本和集聚经济是影响工业区位选址的主要因素(阿尔弗雷德·韦伯,1997)。帕兰德(T. Palander)和胡佛(E. M. Hoover)均从市场学派的角度出发,侧重于关注市场地域范围、生产总费用、运输总费用等因素的影响,是对工业区位理论体系的又一次发展及完善。帕兰德认为,运输费用最有利原则不是工业区位选址的唯一考虑因素,与生产有关的所有费用总和最小的位置才是工业区位选址的最优选择;胡佛则改进了韦伯工业区位理论中的运输费用计算方法,他将运输费用细分为线路运输费用和场站作业费用,提出运输费用最小区位分析方法,重点关注运输费用、送达价格、市场地域对企业区位选址的影响。1933年,以廖什(A. Losch)为代表的市场学派则从市场需求的角度出发,认为利润最大化点才是工业生产的最佳区位,大多数工业区位选址均在能够获取最大利润的市场区域,人口密集和收入水平高的大城市是企业区位选址的最佳候选地域(李小建,2018)。

古典区位理论主要包含了成本学派与市场学派的理论观点,它们均从纯经济因素层面对企业区位选址的影响因素进行分析,认为追求企业自身经济成本最小化与收益最大化是工业区位选址的主导目标,运输、地价、市场地域、劳动力等是其主要的影响因素。

2）现代区位理论

20世纪60年代以后，在西方工业区位理论不断发展深化的过程中，越来越多的研究者除了充分考虑多种经济因素外，还关注各种社会因素的作用。他们不断对古典区位理论进行修正和改进，从而构建新的模型。其中，以行为学派、结构学派、制度学派、产业地理学派、新经济地理学派等为代表的区位理论不断涌现。

行为学派关注人们的心理状态、思想行为以及偏好、决策者（政府、企业、企业家等）行为等因素对企业区位选址的影响，强调最佳区位取决于人的决策，其中最具代表性的是普雷德（Pred）的行为矩阵和史密斯（D. M. Smith）的收益性空间界限分析理论。1967年，美国地理学者普雷德（Pred，1967）在《行为与区位：地理和动态区位的理论基础》一书中，运用行为矩阵的方法来研究区位选址，强调了"人"的非最优行为与信息有限性对企业区位选址的影响。同时，他也提出区位选址也会受外部环境以及企业内部组织管理架构的影响。1981年，史密斯（Smith，1981）综合了韦伯成本最小化理论和廖什收益最大化理论，总结并发展了收益性空间界限分析理论，认为企业可以在空间利润区域范围内自由布局，而不是局限在最大利润的某一区位。同时，他还指出政府作用的差异以及企业家经营手段的差异也会对工业区位模型产生影响，他认为费用总和与企业家的经营能力水平成反比，政府补贴与税收政策也同样会对区位选址产生影响。

结构学派关注政治结构、社会关系、资本劳动关系等社会过程因素，强调社会文化因素对区位的影响，代表人物有梅西（D. Massey）、沃勒斯坦（I. Wallerstein）。梅西（Massey，1977）特别注意社会与空间的关系，即"劳动的空间分化"基本思想。史密斯（Smith，1966）也认为区位理论的研究不能脱离社会属性，他的区位理论也被称为"空间社会正义论"。

制度学派重点关注"制度环境"和"制度安排"对企业区位的影响（赵朝等，2012）。20世纪80年代后期，经济地理学开始重新重视社会制度因素在企业区位中的重要作用。阿敏和思瑞夫特（Amin et al.，1995）提出"制度厚度"（Institutional Thickness）概念，认为地方经济成功的基础包括制度变迁、政治经济、社会经济等。海特（Hayter，1997）也强调区位制度性的重要作用，认为企业的区位选址不仅要考虑自身情况，而且要考虑区位外部客观存在的制度环境。

产业地理学派重点关注生产方式变化对企业区位的影响。20世纪80年代，随着柔性专业化生产方式逐步替代批量规模化的生产方式，产业地理学派认为生产方式的转变也对区位选址产生重要的影响。其中，具有一定影响力的理论包括产品生命周期理论、新产业区理论、新产业空间理论、学习型区域理论、区域创新环境理论、竞争经济理论等。

新经济地理学派主要研究"报酬递增规律"如何影响产业的空间集聚，从经济全球化的角度来研究经济活动的空间区位议题，为国际贸易分工理论提供了更为科学的理论解释，即产业区位的形成是规模效益、运输成本、路径依赖共同作用的结果(Krugman,1991,1992)。

通过对西方区位理论的研究与回顾(表 2-2)可以发现,影响企业区位选址的因素是多方面的,既包括经济因素,也包括个人行为、社会网络等社会因素,还包括制度因素、政治因素以及其他因素(比如创新性、地方根植性、网络性、路径依赖、规模效益)等。不同产业部门、不同企业类型对区位因子的需求程度也有所差异和侧重。同时,随着社会经济发展阶段的不同,区位因子也会随之变化(图 2-6)。

表 2-2　区位理论综述

类别	学派	代表人物及理论	原则	区位指向	理论工具	区位因子
古典区位理论	成本学派	杜能农业区位理论	基于到市场的运输费用的最优农地使用	—	—	—
	市场学派	韦伯工业区位理论	成本最小化	成本因子	等差费用曲线	运输成本、劳动力成本和集聚经济
		帕兰德工业区位理论	生产费用总和最小化	成本因子	远距离运输费用衰减理论、"直线市场"模型	生产费用、市场地域
		胡佛工业区位理论	运输费用最小化	成本因子	送达价格线、市场地域界线	运输费用、送达价格、市场地域
		廖什市场区位理论	收益(收入与成本之差)最大化	市场因子	空间需求曲线	价格、需求
现代区位理论	行为学派	史密斯行为区位理论、普雷德行为区位理论	企业可在营利空间界限内自由布局	个体行为	收益性空间界限理论、行为矩阵	企业家能力、政府作用、不完全信息、非最佳行为等
	结构学派	梅西的"劳动的空间分化"、史密斯的"空间社会正义论"	社会文化因素对区位的影响	社会因子、政治因子、文化因子	—	社会文化因素、政治结构、资本劳动关系等
	制度学派	"制度厚度""制度空间"	制度环境对区位的影响	制度因子	—	制度环境、制度安排
	产业地理学派	产品生命周期理论、新产业区理论、新产业空间理论、学习型区域理论、区域创新环境理论、竞争经济理论	生产方式变化对区位的影响	生产方式	钻石模型(波特)	交易成本、地方根植性、网络性、创新性
	新经济地理学派	克鲁格曼区位理论	在经济全球化的视野下考察经济活动的空间区位	集聚规模	"中心—外围模型""城市层级体系演化模型"	规模效益、运输成本、路径依赖

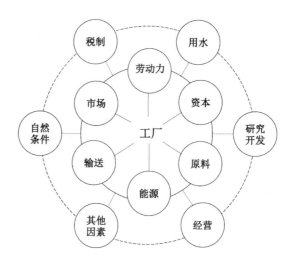

图 2-6　企业区位选址的要素关系

2.2.2　产业经济理论

产业经济理论体系主要包括产业组织理论、产业结构理论、产业布局理论等。其中,产业组织理论是以具体的产业门类为研究对象;产业结构理论重点研究产业结构的演进规律以及各个产业之间的相互联系方式;产业布局理论重点关注产业区位选址与空间布局问题。

1) 产业组织理论

产业组织理论来自马歇尔的《经济学原理》,他在萨伊"生产三要素"理论的基础上,提出"组织"是生产的第四要素,因而他被许多学者认为是最早提出产业组织概念的学者。以贝恩为代表的"哈佛学派"从市场的结构、行为、效率三个方面对某一具体产业(市场)进行分析研究,构建了结构—行为—绩效(SCP)分析模型,形成了较为完整的产业组织理论体系。其中,市场结构、市场行为、市场绩效三者之间具有单项的逻辑关系(图 2-7)。20世纪 40 年代以后,"哈佛学派"一方面不断发展与完善,一方面也不断受到质疑与批评,批评主要来自包括德姆塞茨(H. Demsetz)、施蒂格勒(G. J. Stigler)等在内的"芝加哥学派"的经济学家。德姆塞茨提出,企业的高效率可以为企业带来高利润。威廉姆森(A. E. Williamson)认为由于组织的经济性而降低交易费用,大企业通常具有较高效率,从而取得较高利润率。科斯(Coase,1937)则提出在市场资源配置的过程中,企业同样发挥重要作用,企业的行为活动对市场的行为以及结构有着重要的影响。从产业组织理论的发展过程来看,SCP 理论分析框架一直是产业组织研究者所关注的内容,但研究重点逐渐发生了转向,即由"结构主义"到"绩效主义"再到"行为主义"(史东辉,2015)。

2) 产业结构理论

发达国家经济发展的历史经验和相关理论研究表明,城市三次产业及

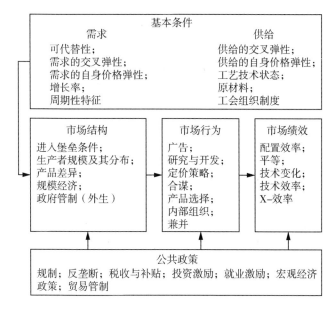

图 2-7 贝恩的 SCP 分析模型

其相应的从业人口比重等指标的变化是城市产业结构研究的关注重点,例如配第—克拉克定理、霍夫曼定理、库兹涅茨定理等理论都是从三次产业内部结构的角度来分析与研究城市产业结构的演替规律。

(1) 配第—克拉克定理

20 世纪 30 年代,费歇尔(A. G. B. Fisher)提出三次产业的分类方法。英国学者科林·克拉克(Collin G. Clark)在1940 年出版的《经济进步的条件》一书中总结了三次产业占比的演变规律,即"配第—克拉克定理":随着经济的发展、人均国民收入水平的提高,第一产业国民收入和劳动力的相对比重逐渐下降;第二产业国民收入和劳动力的相对比重上升,经济进一步发展;第三产业国民收入和劳动力的相对比重也开始上升。

(2) 霍夫曼定理

德国经济学家霍夫曼(W. G. Hoffmann)在 1931 年出版的《工业化阶段和类型》一书中提出了著名的"霍夫曼定理",即工业化进程中工业结构演变表现出生产资料工业在制造业中所占比重不断上升并超过消费资料工业所占比重,并据此提出了"工业化四阶段论"(表 2-3)。

表 2-3 霍夫曼工业化四阶段

工业化阶段	消费资料工业与生产资料工业的比重情况	霍夫曼比例(%)
第一阶段	消费资料工业独占鳌头	5.0(±1)
第二阶段	生产资料工业发展提速,但仍相对不足	2.5(±1)
第三阶段	生产资料工业与消费资料工业平分秋色	1.0(±0.5)
第四阶段	生产资料工业领先增长(重化工阶段)	1.0 以下

（3）库兹涅茨定理

20 世纪 40 年代,美国著名经济学家西蒙·史密斯·库兹涅茨(Simon Smith Kuznets)对 57 个国家数据资料进行了整理,分析了 1958 年按人均 GDP 为基准的产业结构变化趋势,同时还根据 1958 年 GDP 进一步考察了 1960 年 59 个国家的劳动力在三次产业中所占的份额,并据此作为工业化阶段划分的标准,提出了"工业化五阶段理论"(表 2-4)。

表 2-4　库兹涅茨工业化五阶段划分标准

结构	工业化阶段	第一阶段	第二阶段	第三阶段	第四阶段	第五阶段
产业结构（%）	第一产业	48.4	36.8	26.4	18.7	11.7
	第二产业	20.6	26.3	33.0	40.9	48.4
	第三产业	31.0	36.9	40.6	40.4	39.9
就业结构（%）	第一产业	80.5	63.3	46.1	31.4	17.0
	第二产业	9.6	17.0	26.8	36.0	45.6
	第三产业	9.9	19.7	27.1	32.6	37.4

3）产业布局理论

产业布局理论可追溯至以德国经济学家杜能的农业区位理论、韦伯的工业区位理论为代表的"成本学派"以及以廖什为代表的"市场学派"。20 世纪 60 年代以后,西方产业布局理论进入多样化发展时期,发展经济学的兴起为西方产业布局理论的进一步发展提供了新的理论基础。与此同时,发展中国家的产业布局问题开始受到重视。这其中具有代表性的理论包括增长极理论、点轴开发理论、地理性二元经济结构理论等。

"产业集群"的理论发展对产业布局理论具有重大贡献。"产业集群"的概念最早可追溯到 1920 年马歇尔的《经济学原理》一书中,该书首次提出"产业区"概念,即指某一门类的产业中大量的小企业在地理上的集中。马歇尔认为产业集群的优势在于具有外部规模经济,主要体现在三个方面:劳动力市场优势、专业化经济及技术外溢效应。20 世纪 70 年代中后期至 90 年代初,集群理论研究进入了飞跃性发展的黄金时期:意大利学者巴格纳斯科(Bagnasco)首先提出"新产业区"概念;贝卡蒂尼(Becattini,1990)则认为"新产业区"是一个社会和地域性实体,具有三个标志性特征,即高度专业化分工、地方化网络和根植性;新制度经济学家威廉姆森分别于 1975 年和 1985 年出版了《市场与科层》《资本主义经济制度》,从交易费用视角为产业集群提供了一个独特的视角;1991 年,克鲁格曼(Krugman,1991,1992)将运输成本与企业层次的"报酬递增"规律引入产业组织分析模型,研究了制造业空间集聚的一般性形成机理,从而开创了新经济地理学派,为产业集群的形成提供了一个新的解释框架;1990 年,波特(Porter,1990)出版了《国家竞争优势》一书,引入了"产业集群"概念,提出了著名的"钻石体系(钻石模型)"(图 2-8);1998 年,波特(Porter,1998)以产业集群为核心,进一步提出了"新竞争经济理论",认为由产业集群发展所带来的产业竞争优势是国家竞争力的关键。我国学者王缉慈等(2010)将"产业集群"全面概括为"地理邻近性、产业间联系、行为主体之间的互动关系"。

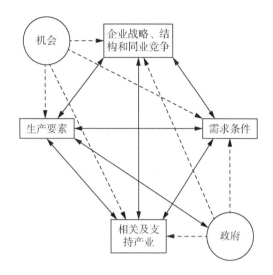

图 2-8 波特的钻石模型

2.2.3 城市空间结构理论

城市空间结构理论研究的是城市功能在空间上的组合关系,同时对城市空间发展模式的形成与演变规律做出解释,其中亦涉及产业空间布局问题。

1)城市空间结构模式的早期探索

19 世纪末之后,西方学者试图通过对理想城市空间结构模式的探索来解决由"工业化"所衍生的"城市病"问题,为城市工业(主要指制造业)空间布局理念提供了早期思想渊源。如霍华德(E. Howard)的"田园城市"、戈涅(T. Garnier)的"工业城市"、昂温(R. Unwin)的"卫星城市"、勒·柯布西耶(Le Corbusier)的"光辉城市"、沙里宁(E. Sarrinen)的"有机疏散"等。其中,霍华德的田园城市理论提出"把工厂企业设置在田园城市的边缘地区"(图 2-9);昂温的卫星城理论提出在大城市郊区或外围建立既具有独立性,又有就业岗位和完善的住宅、公共设施的城镇,为分散中心城市的人口和工业提供了思路;戈涅的工业城市设想提出了"城市用地和功能布局尽可能符合工业发展要求和产业自身属性""关注工业的环境影响程度与城市居住区的合理布局关系"(图 2-10);沙里宁的有机疏散理论建议城市工业、商业、居住等功能可以离开拥挤的中心地区,疏散到新区,这些均为后来城市工业空间的郊区化布局提供了思想源泉和理论支撑(汪勰,2014)。

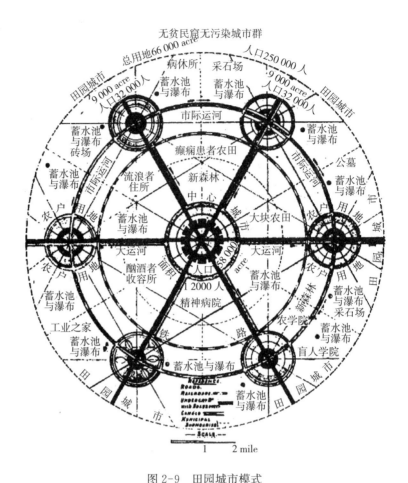

图 2-9　田园城市模式

注:1 acre≈4 046.856 m²;1 mile≈1 609.344 m。

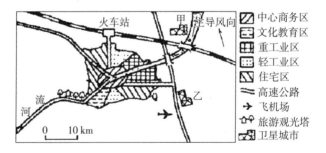

图 2-10　工业城市规划设想

2) 城市空间分析和解析理论

黄亚平(2002)曾在《城市空间理论与空间分析》一书中将城市空间理论研究分为城市空间的分析理论及解析理论两大领域。

"城市空间分析理论"侧重于认识论,主要针对城市客观存在的显性环境及隐形环境进行描述,即重点描述城市的空间形态和社会经济环境,与之对应的是城市物质空间分析理论和社会空间分析理论。其中,城市物质空间分析理论主要包括:① 对实体环境城市空间的分析,如罗伯特·克里尔(Robert Krier)的城市空间论、比尔·希列尔的"空间句法"理论等;② 对环境感知及人类行为的空间分析,如凯文·林奇(Kevin Lynch)的城市意象、阿尔多·罗西(Aldo Rossi)的形态—类型学、诺伯格·舒尔茨(Norberg Schulz)场所理论等;③ 基于地理意义的空间分析,如约翰斯(Jones)对贝尔法斯特城市风貌的研究,哈伯特·路易斯对柏林城市边缘带的研究。社会空间分析理论以"芝加哥人文生态学派"空间结构理论为代表,侧重于对城市内部社会空间分异形态及空间结构模式的研究,最为著名的便是伯吉斯的同心圆理论、霍伊特的扇形理论、哈里斯和乌尔曼的多核心理论。

"城市空间解析理论"则重点针对城市空间结构形成的内在机制进行研究,其理论基础主要来自以下几种学派:德国古典经济学派理论主要包括杜能的农业区位理论、韦伯的工业区位理论、克里斯泰勒(W. Christaller)的中心地理论以及廖什的经济地景模型。新古典主义学派主要关注土地使用的空间模式,主张利用单一的地价(或地租)来解释土地使用及城市空间布局。阿隆索(W. Alonso)的竞租理论解释了不同土地使用功能与空间区位以及地租之间的关系(图 2-11)。行为学派在新古典主义学派的基础上,注重交通、通信技术对城市空间的影响,认为人类的交流活动是塑造空间结构的基本力量之一。空间分析学派①侧重于借助数学、经济学等基础学科的理论方法来建构空间分析模型,从而展开对城市空间结构演变规律的模拟研究,代表人物有布赖恩·贝里(Brain L. Berry)、劳瑞(Lowry)。结构学派,又被称为新马克思主义学派,其理论基础是马克思主义的哲学,如亨利·列斐伏尔(Henri Lefebvre)的"空间生产"理论以及大卫·哈维(David Harvey)的"资本三循环"分析框架,均是结构学派在城市空间解析领域最具影响力的理论工具。

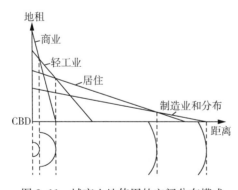

图 2-11　城市土地使用的空间分布模式

3) 城市地域结构层次理论

二战之后,城市空间结构的研究已突破传统的地域分析范围,城市周边地区作为土地利用的拓展空间也被纳入城市空间结构理论分析的范畴内,学者们逐渐展开关于城市空间结构的三分法探索,即"城区—边缘区—影响区",且侧重于地域内各部分功能组合的分析。城市地域结构层次理论的代表理论包括塔弗的城市地域理想空间结构模式理论、穆勒的大城市地域结构理论,其中较有影响的城市地域结构模式包括迪肯森的三地带模式、塔弗的城市地域理想空间结构模式、洛斯乌姆的区域城市模式、穆勒的大城市地域结构模式和麦吉的城乡互动区模式。

2.2.4 新制度经济学理论

新制度经济学派是当代西方经济学的主要流派之一,是对新古典经济学的"修正"。新制度经济学最早始于1937年科斯在英国《经济学人》杂志上发表的《企业的性质》一文,并于20世纪60年代开始在美国兴起。1960年,科斯在《社会成本问题》一文首次使用了"交易成本"的概念,提出了著名的"科斯定理"[②],从而推动了新制度经济学的发展。在科斯定理之后,与科斯定理有关的许多经济问题,如交易成本、产权、契约、国家理论和制度变迁等,都成为新制度经济学家所关注的焦点和热点问题,并形成了不同分支,如交易费用经济学、产权经济学、契约经济学、宪政经济学、制度变迁经济学和法学经济学等。本书将重点关注新制度经济学中的"制度变迁理论""交易成本理论""产权理论""行为假设"等经典理论,为后文制度的作用解析框架和作用机制研究提供理论基础。

1)制度变迁理论

制度变迁(Institutional Change)是指新制度或新制度结构的产生、替代或改变旧制度的动态过程[③]。制度变迁理论主要包括基本理论、动因理论、过程与方式理论、影响理论等。其中,制度的基本理论主要探讨制度的本质、特征,制度与组织的关系,制度的类型、功能等,主要代表人物有诺思、舒尔茨、林毅夫、柯武刚、史漫飞等。动因理论则主要利用市场的供求原理来分析制度变迁的动因,主要代表人物有诺思、舒尔茨、菲尼等。过程与方式理论主要分析分类方式、过程及主要现象、国家、意识形态、组织和学习等因素在制度变迁中的作用,主要代表人物有诺思、拉坦、林毅夫和布罗姆利等。影响理论主要是对科斯有关产权制度影响资源配置理论的发展,主要代表人物有诺思、托马斯等。

2)交易成本理论

交易成本理论最早出现在科斯(Coase,1937)的著名论文《企业的性质》中。科斯认为,在资源配置活动中,不管是等级机制还是价格机制,都是会产生成本的。由执行等级机制或者价格机制而衍生的成本即称之为"交易成本",企业或市场主要通过交易费用大小的比较来决定资源配置的最佳方式。同时,新制度经济学交易成本理论认为,作为一种制度安排——政府干预市场也存在"制度成本"。诺思、张五常、巴泽尔、威廉姆森、弗鲁博顿等新制度经济学家在科斯的理论基础上做了进一步较为深入的研究。

3)产权理论

科斯的伟大之处在于通过引入交易费用概念而将产权以及制度因素

纳入经济学的逻辑分析框架当中。新制度经济学者认为,产权是一种权利,是一种社会关系,是规定、约束人们相互行为关系的一种基础性的社会规则。科斯认为,合理的产权界定可以有效地解决外部性问题。在科斯之后,阿尔钦、德姆塞茨、巴泽尔、张五常、利贝卡普等新制度经济学家对产权的含义、内容、形式、属性、功能、起源、不同产权安排的效率以及国家与产权的关系等做了进一步的研究。

4) 行为假定

经济学总离不开一些基本的假设前提。如新古典经济学派把"经济人"抽象为一个完全理性的自利人。而新制度经济学对新古典经济学中人的行为的基本假设进行了修正,新制度经济学认为非财富最大化动机、机会主义行为倾向和有限理性是理论研究的假设前提。诺思认为经济学模型中的个人效用函数无法全面、科学地分析人类复杂的行为活动。人类行为动机既追求利益最大化,同时也追求非利益最大化。机会主义倾向是指人在利益的诱导下,存在投资技巧的行为倾向(图 2-12)。因此,新制度经济学认为应该通过制度、产权及治理来对人的机会主义行为倾向进行一定的约束。

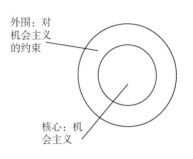

图 2-12 威廉姆森的人性内核模型

2.3 制度的作用解析框架

2.3.1 理论引入:制度变迁的供求分析理论

西方新古典经济学中的"供给—需求"(又称"供求分析")是分析一切经济问题的最基本方法。在微观经济学中,供求关系的相互作用形成了市场的均衡价格④。而制度的供求分析理论就是对古典经济学供求分析的直接运用。在此理论中,制度也被当作一种产品对待,存在着供给与需求,从而对制度的供求均衡进行分析:当制度的供给和需求相等时,该项制度就处于均衡状态;当制度发生变化时,人们会对制度进行调整从而导致制度供给与需求的波动,直至达到再次均衡状态(图 2-13)。

最早对制度变迁进行供求分析的是舒尔茨。1968 年,美国经济学家舒尔茨(2014)在《美国农业经济学杂志》上发表了《制度与人的经济价值的不断提高》一文,他认为制度均衡理论模型主要由制度的供求分析、均衡和非均衡等概念所构建。戴维斯和诺思在 1971 年出版的《制度变迁与美国经济增长》一书中也通过构建制度均衡理论模型来分析了制度变迁(道格拉斯·C.诺思,2014)。他们认为,成本和收益的变动会使制度产生不均衡并诱致安排的再变迁。1998 年,菲尼在其《制度安排的需求与供给》中提出了制度变迁供求分析框架(表 2-5),在该分析框架中,外生变量和内生变量共同影响制度创新的需求和供给(袁庆明,2012),他还对制度变迁供求分析中过于强调需求而忽视供给提出了批评。我国学者林毅夫(2014)

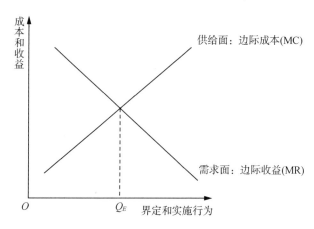

图 2-13　制度的供求模型

注:Q_E点为制度均衡点,代表制度的边际成本和边际收益相等,此时就意味着该制度的产生具备了条件。

认为制度能提供有用的服务,制度选择与制度变迁可以用供求理论框架来进行分析。因此,制度供给与需求的均衡与波动是推动制度变迁的重要动因,制度的供求分析也需要在制度变迁的总体分析框架下展开。

表 2-5　制度变迁供求分析框架

制度类别		宪法秩序
		制度安排
		规范性行为准则
内生变量		制度安排
		制度安排的利用程度
外生变量	对制度变化的需求	相对产品和要素价格
		宪法秩序
		技术
		市场规模
	制度变化的供给	宪法秩序
		现存制度安排
		制度设计的成本
		现有知识积累
		实施新安排的预期成本
		规范性行为准则
		公众态度
		上层决策的预期净利益
		动态顺序
		变化途径/制度演变

制度的供求分析理论使"供给—需求"成为制度选择及制度变迁的经典理论构架。其中,到底是"供给决定需求,还是需求引致供给",也难以将其区分。但是,人们依然可以根据不同条件找出"主导"方面。1993年我国学者杨瑞龙在《论制度供给》一文中就将制度变迁分为"需求诱致型"与"供给主导型"两种类型。其中,西方发达国家的制度演变一般表现为自下而上的诱致性制度变迁,偏重于从需求角度来研究制度安排,而我国的经济体制改革是在党的领导下有秩序、有步骤地进行的,其制度变迁是由一个权力中心(党中央、国务院等国家权威部门)决策,是由政府主导的自上而下的强制性制度变迁,因此是一种"供给主导型"制度变迁。"供给主导型"制度变迁的特征主要表现为:① 国家与地方政府是制度供给的主体;② 制度变迁可能发生的前提是制度创新收益大于其成本;③ 政府主体通过设置严格的准入壁垒而实现对制度创新的把控。"供给主导型"制度变迁的研究对于理解我国改革进程更具现实意义(杨瑞龙,1998)。

2.3.2 框架构建:"供给主导型"制度解析框架

本书基于制度变迁的供求分析理论,运用系统控制理论的逻辑思维方法(泽良,1985),将制度对大城市制造业空间的作用过程视作一个"输入—转换—输出—反馈"的动态系统过程,构建以"制度供给—制度作用—空间结果—制度创新"为逻辑主线的"供给主导型"制度解析框架(图2-14):以既有制度供给为主导,基于维持制度均衡的制度供给与需求动态运行的互动过程⑤。其中,"制度供给"作为输入端,是制度变迁的主导动力;"制度作用"为转换过程,可视作一个具有内部运行机理但无法直接觉察到的"黑箱",具体是指制度对制造业空间的作用过程;"空间结果"是输出端,是制度供给(输入端)进入"黑箱"进行"转换"之后的制度作用结果,在本书中具体是指制造业空间格局演化特征及其产生的空间效应;制度创新是对制度作用结果的"反馈",当产生的制度结果不尽理想时,通常会引发制度需求的改变、促进制度供给的增进,从而诱发制度创新,以维持制度供给与需求的动态平衡⑥。"供给主导型"的制度解析框架具体包括以下四个内容:

图2-14 "供给主导型"的制度解析框架

1) 输入:制度供给
制度供给⑦即制度的产生,它既是对制度需求的回应,也是制度变迁的主导动力(谭庆刚,2011)。新制度经济学家科斯、拉坦、诺思分别对制度供给理论做出了不同程度的贡献。例如,弗农·W.拉坦(2014)是从制度供给角度来分析制度变迁问题的第一人,他在1978年发表的《诱致性制度变迁理论》中提出知识基础与创新成本是制度变迁供给的两个关键因素。诺思是制度供给理论的集大成者,他认为制度供给由供给主体推动,而主体的知识结构及其对动因的认知决定了制度供给的实际状况。西方传统的制度供给理论无法全面、有效地解释发展中国家的制度供给问题,而诺思在前人研究的基础上,进一步将国家以及意识形态等因素引入传统的制度供给理论模型中,为发展中国家的制度供给问题提供了较为全面的解释(姚作为等,2005)。

我国学者在西方新制度经济学的理论与方法之上对制度供给理论的研究进行了延伸,重点关注了如下内容:① 制度供给的影响因素,即制度供给是如何产生的。制度供给得以实现的前提是收益大于成本。制度供给背后政治结构和行为决策的博弈对于高度集权的国家而言是决定性因素⑧。② 制度供给的方式。林毅夫(2014)将制度供给划分为强制性制度供给及诱致性制度供给,并对两者的变迁动因进行了分析。杨瑞龙(1998)以江苏省昆山市经济技术开发区为实证研究对象,梳理了供给主导型及需求诱致型两种制度变迁方式的优缺点。在两种变迁方式的基础之上,他提出第三种制度供给方式——中间扩散型制度供给。③ 制度供给的主体。新制度经济学认为,制度供给主体主要包括政府、组织和个人三个层次。在所有的制度供给主体中,政府是最重要的一个,它可以采取行动来矫正制度供给的不足(林毅夫,2014)。政府既是制度的最大供给者,也是制度的基本载体和存在形式(胡楠,2008)。④ 制度供给的内容。杨瑞龙(1998)认为制度供给就是一种具体的制度安排。制度安排是指宪法秩序下所界定的一些具体的操作规则,它包括成文法、习惯法和自愿性契约。制度安排可分为正式制度与非正式制度。正式制度是一种审慎设计的制度,是不同利益集团按照本集团对制度的偏好进行博弈,最终形成一个权威的、各方面都遵守的制度安排,如法律、法规等;非正式制度是一种逐步演化而来的制度,多体现为约定俗成的社会性公约,如主要习俗、习惯、禁忌等。

基于国内外学者对制度供给基础理论的研究和中国自上而下的集中决策体制,并结合研究对象及内容,本书将"制度供给"定义为"以强制性供给为主要方式、以政府为供给主体、以正式制度安排为供给内容的制度的产生",具体是指影响大城市制造业空间的一系列制度安排。其中,制度供给方式为"供给主导型"的强制性制度变迁;制度供给主体包括中央与地方政府,中央政府制定的法律、法规适用于全国人民,具有最高法律效力和领导地位,地方各级政府的相关行政规章必须在此框架下展开,且不得与宪法、法律法规等相抵触;制度供给内容是指由权力中心(政府主体)制定和实施的自上而下的强制性规则。

2) 转换：制度作用

"转换"是体系和环境之间的交换过程和方式。制度作为城市空间演化的重要影响因素已得到了广泛的学术认同，但制度理论偏于抽象，且难以量化。因此，制度对空间的作用可理解为一个具有内部运行机理但无法直接觉察到的"黑箱"。在本书中，"转换"过程是指制度对大城市制造业空间的内在作用方式，即制度的作用机制。

制度的作用机制可以从"制度的作用分析"和"制度的综合作用机制"两个层面进行揭示。"制度的作用分析"是指制度对制造业空间三个不同影响领域（包括企业区位选址、产业组织结构和整体空间布局）的作用分析，每个领域都应包含一组特有的制度规则，不同的制度规则会对不同的影响领域产生不同的制度作用及空间效应。"制度的综合作用机制"是在"制度的作用分析"基础上，结合新制度经济学理论研究，揭示其内在的作用关系，进而构建制度的综合作用模型。

3) 输出：空间结果

空间结果（输出端）是制度供给（输入端）进入"黑箱"进行"转换"之后的输出结果（制度作用结果）。在本书中，制度作用结果具体是指制度影响下的大城市制造业空间演化过程与格局特征及其产生的空间效应。

4) 反馈：制度创新

"反馈"是系统控制论的重要概念，是指从系统的输出端再次返回输入端并以某种方式改变输入，通过反馈使系统得以有效运转，进而优化系统功能活动的过程。

新制度经济学认为，制度创新的过程实际就是制度的供给与需求不断在动态变化中达到均衡的过程，制度边际效益递减是促使制度创新的重要因素：当制度产生边际效益递减时，会引起制度主体对制度结果的不满，从而诱发制度供给的创新以及制度作用的改进。马克思、凡勃伦和诺思等新制度经济学家对制度的动态效率有一个共同观点，即制度的效率具有边际效益递减的规律特征。我国学者黄少安（2000）提出了"同一轨迹上制度变迁的边际收益先增加后减少"的假说，进一步揭示了制度效率的递减特点。袁庆明（2012）提出"先增后减"是制度变迁过程中制度边际效益呈倒 U 形的变化特征（图 2-15）。制度创新对于优化制度结果、提高制度效益具有重要作用。在本书中，制度创新是指通过创新制度供给与改进制度作用等方式为未来大城市制造业空间的转型发展提供制度创新的建议，以提升制度效率、提高空间绩效。

因此，本书基于新制度经济学等相关理论，构建基于"输入—转换—输出—反馈"动态系统过程的"供给主导型"制度解析框架，系统解析制度对大城市制造业空间的作用，并揭示制度的作用机制（图 2-16）。

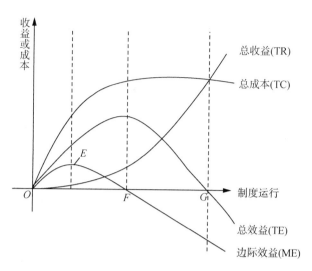

图 2-15 制度成本与制度收益的变化

注:E 点边际效益最高;F 点边际效益为零;G 点总效益为零。

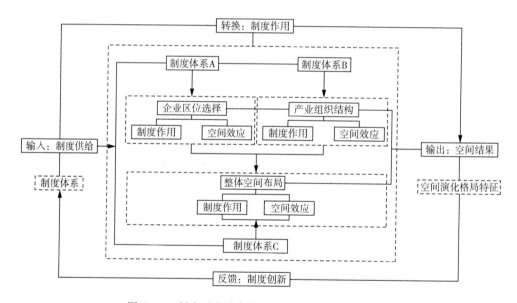

图 2-16 制度对大城市制造业空间的作用解析框架

第 2 章注释

① 20 世纪 50—60 年代是西方社会经济和科技发展的黄金时期,地理学在方法和哲学上进行了一次革命性的转变,城市空间分析理论与方法也随后进入"数量革命"。空间分析学派的代表人物有布赖恩·贝里(Brain L. Berry)。

② 科斯定理最为重要的一点就是把交易费用、产权界定与资源配置联系起来,揭示了产权安排的重要作用,并将制度问题纳入经济学分析之中,是经济学方法研究的重大成果。

③ 转自百度百科。

④ 当商品的市场需求量和市场供给量相等的价格就是商品的均衡价格。引自高鸿业,2012. 经济学原理[M]. 北京:中国人民大学出版社:15-36。

⑤ 系统控制论的开拓者 N. 维纳和 R. W. 艾什比最早引入"黑箱"概念,他们认为被控系统就是一个不能打开的"黑箱",通过外部观测、分析"黑箱"的输入与输出关系及其动态过程来研究"黑箱"的功能与特性,探索其构造和机理的科学方法。对黑箱的分析与探索过程就是一个"输入—转换—输出—反馈"的动态系统过程。

⑥ 本书重点考察在既有制度供给下的制度作用和制度作用结果(空间格局及空间效应),以期为制度供给的创新、制度作用的改进和空间格局的优化提供有借鉴的参考建议,而制度供给背后的政治结构和利益关系、制度供给和需求如何产生都不在本书的研究范畴内。

⑦ 相对于经济学中的产品供给,制度供给就显得更为复杂。一般产品的供给主要涉及供给数量的问题,而制度供给需要解决所供给需制度的数量、性质和质量等问题。

⑧ 关于制度供给的影响因素,公共政策学和城市政治学都能为其提供一个较好的理论解释框架。公共政策学是一门研究政策制定、执行、评价并探索其规律的学科;城市政治学重点研究城市政治结构问题,将权威价值分配的问题置于城市层面。本书不对此部分内容做具体研究。

3 大城市制造业空间演化特征与制度结构

3.1 空间特征识别:制造业空间演化过程及格局

以武汉都市区制造业空间为实证对象,基于 GIS 平台,利用 1993—2013 年武汉都市区制造业用地数据及武汉市第三次全国经济普查企业信息数据,通过空间关联分析、圈层—象限分析、核密度分析等定量研究方法,识别 20 世纪 90 年代以来的武汉都市区制造业空间演化格局特征,即系统输出端输出的空间结果。

3.1.1 重构过程:制造业郊区化集聚重组

自 20 世纪 90 年代以来,武汉都市区制造业空间呈现明显的郊区化趋势。从武汉都市区制造业用地的圈层变化来看:二环以外的制造业用地面积增幅明显。其中,二环至三环的制造业用地面积由 21.24 km² 增长至 27.67 km²,增幅为 30.27%;三环至五环的制造业用地面积由 18.96 km² 增长至 148.07 km²,增幅高达 680.96%(表 3-1)。

表 3-1 1993—2013 年武汉都市区制造业用地变化情况

区位	1993 年		2004 年		2010 年		2013 年	
	面积 (km²)	占比 (%)	面积 (km²)	占比 (%)	面积 (km²)	占比 (%)	面积 (km²)	占比 (%)
一环以内	3.96	7.41	1.71	1.59	0.90	0.58	0.67	0.38
一环至二环	9.29	17.38	8.71	8.10	4.06	2.59	3.04	1.69
二环至三环	21.24	39.74	24.20	22.51	30.93	19.73	27.67	15.42
三环至五环	18.96	35.47	72.91	67.80	120.84	77.10	148.07	82.51
合计	53.45	100.00	107.53	100.00	156.73	100.00	179.45	100.00

进一步将各年份都市区制造业用地矢量图斑与 1 000 m×1 000 m 的地理空间网格进行叠加处理,借助 GIS 分析平台,采用局部莫兰指教聚类

和异常值方法(Anselin Local Moran's I)①来分析每个网格单元与邻近单元的空间相关程度,判断制造业空间高高集聚(H-H Cluster)与低低集聚(L-L Cluster)的分布情况,以识别20世纪90年代以来武汉都市区制造业集聚区的空间重构过程。研究结果表明,1993—2013年武汉都市区制造业用地高高集聚(即高密度集聚)地区发生了较明显的迁移重组。其中,1993—2004年,主城区内高高集聚地区逐步向三环外围转移;2005—2010年,东北片以钢铁化工为主导的高高集聚地区进一步强化,西北、西南、东南方向逐步形成三个较为明显的高高集聚地区(图3-1)。截至2013年,东北、西北、西南、东南四个方向基本形成了以开发区为主要载体的制造业集聚区(表3-2,图3-2)。

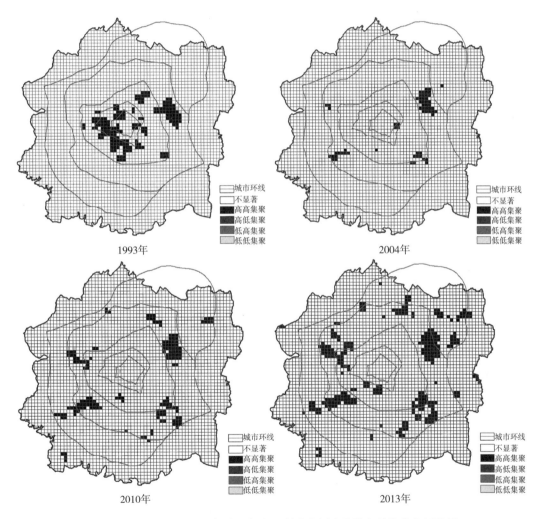

图3-1　1993—2013年武汉都市区制造业用地聚类和异常值分析结果

表 3-2   2013 年武汉都市区四大制造业集聚区构成情况

四大制造业集聚区	主要开发区	主导产业
东北部制造业集聚区	青山经济开发区、武汉化学工业区、阳逻经济开发区、盘龙城经济开发区	钢铁及深加工、石油化工、机械制造
西北部制造业集聚区	武汉临空港经济技术开发区（原吴家山经济技术开发区，国家级）、汉阳经济开发区、硚口经济开发区、江岸经济开发区、江汉经济开发区	食品、服装、家电
西南部制造业集聚区	武汉经济技术开发区（国家级）、蔡甸经济开发区、汉南经济开发区	汽车及零部件、电器设备制造
东南部制造业集聚区	武汉东湖新技术开发区（国家级）、江夏经济开发区、武昌经济开发区	光电子信息、生物医药、新材料、现代装备制造、能源环保

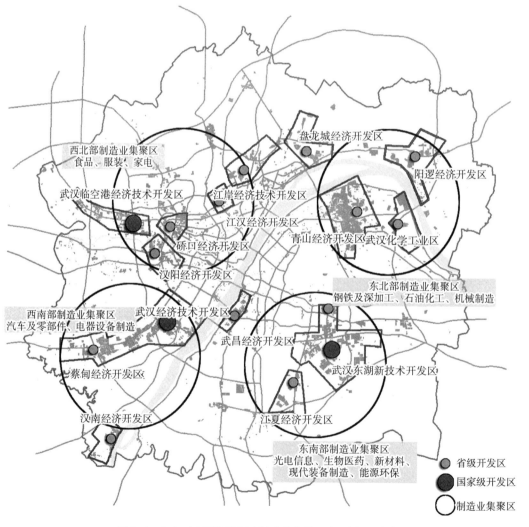

图 3-2   2013 年武汉都市区制造业集聚区与开发区分布

3.1.2 扩展模式:近域圈层蔓延与多轴向均衡延伸

利用"圈层—象限"法来分析武汉都市区制造业空间的扩展模式:以1993年武汉都市区内制造业用地的空间重心作为圈层中心,按5 km等距向外划分,共划分为7个圈层,其中圈层1至圈层3为中心圈层,圈层4、圈层5为边缘圈层,圈层6、圈层7为外围圈层,以正东方向为起点逆时针旋转,将坐标系平分为8个方位(象限)。进一步将1993—2013年的武汉制造业用地矢量数据按照"圈层—象限"法进行划分,其后统计分析武汉都市区制造业空间的扩展模式(表3-3,图3-3):① 从圈层来看,1993—2013年,制造业用地面积呈现主城衰减、近郊剧增、远郊微增的特征。② 从扇面来看,一是I象限制造业用地始终保持较高比重,说明武汉对该片区所在的钢铁、化工等重工产业仍有较大依赖;二是Ⅳ、Ⅴ、Ⅶ象限的制造业用地扩展速度快,这主要是源于国家级开发区的拉动;三是其他象限的制造业用地依托交通轴线呈均衡线性延展格局。由此可见,1993—2013年武汉都市区制造业用地呈现"近郊圈层蔓延+多轴向均衡延伸"的空间扩展模式。

表3-3　1993—2013年武汉都市区制造业空间"圈层—象限"用地面积及比重

空间区位			1993年		2004年		2010年		2013年	
			面积(km²)	占比(%)	面积(km²)	占比(%)	面积(km²)	占比(%)	面积(km²)	占比(%)
圈层	中心圈层	圈层1	6.84	12.80	4.13	3.84	1.87	1.19	1.32	0.74
		圈层2	18.81	35.19	16.19	15.05	13.83	8.82	11.90	6.63
		圈层3	11.44	21.40	34.39	31.98	39.51	25.21	38.83	21.64
	边缘圈层	圈层4	16.25	30.40	46.91	43.63	54.85	35.00	62.32	34.73
		圈层5	0.11	0.21	5.91	5.50	23.02	14.69	36.32	20.24
	外围圈层	圈层6	0.00	0.00	0.00	0.00	17.00	10.85	21.56	12.01
		圈层7	0.00	0.00	0.00	0.00	6.65	4.24	7.20	4.01
象限	第一象限	I	18.83	35.22	45.86	42.65	36.71	23.42	44.12	24.59
		Ⅱ	3.35	6.27	3.20	2.98	11.49	7.33	12.59	7.02
	第二象限	Ⅲ	2.00	3.74	3.23	3.00	8.41	5.37	10.18	5.67
		Ⅳ	5.05	9.45	12.41	11.54	24.78	15.81	28.24	15.67
	第三象限	Ⅴ	6.54	12.24	18.82	17.50	26.60	16.97	31.12	17.34
		Ⅵ	5.88	11.00	6.90	6.42	15.94	10.17	17.62	9.82
	第四象限	Ⅶ	5.28	9.88	9.12	8.48	19.15	12.22	19.94	11.11
		Ⅷ	6.52	12.20	7.99	7.43	13.65	8.71	15.76	8.78

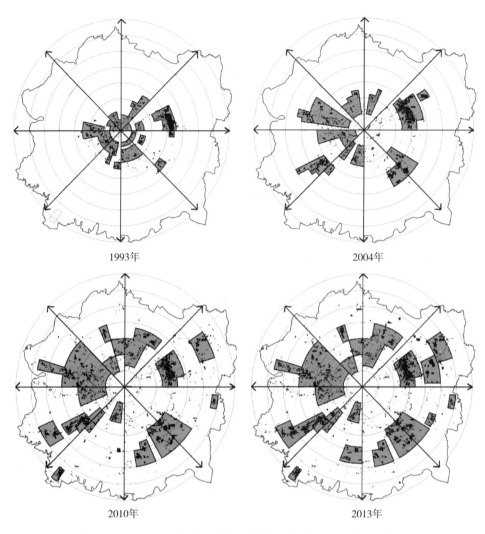

1993年   2004年

2010年   2013年

图 3-3　1993—2013 年武汉都市区制造业用地的圈层—象限分布图

3.1.3　空间格局：不同类型制造业空间分布各异

将武汉都市区内 12 032 家制造业企业按照行业特点分为资本密集型、劳动密集型和技术密集型三种类型（表 3-4），基于 GIS 平台，通过核密度方法来分析不同类型制造业的空间分布格局特征（图 3-4）：① 资本密集型企业总体呈现集聚与分散并存态势，表现为在都市区边缘近域集聚并沿交通轴线向远郊呈指状分散延展，说明该类企业的集聚特点有较强的交通指向性。同时，该类型企业密度分布格局与武汉总体制造业企业密度分布格局大致相似，反映出资本密集型主导的重化工企业对武汉企业的总体分布具有较大影响。② 劳动密集型企业大部分为都市型工业，主要集中在三环内的汉口与汉阳旧城区域。企业规模普遍较小，呈现出在主城内低密度集聚、分散布局的空间特征。③ 技术密集型企业集聚度最高，在武汉东湖新技术开发区关山组团形成强集聚中心。该类企业的集聚特点有很强的区位指向性，倾向于向生态环境优越、科教资源集中以及政策优势突出的地区集聚。

表 3-4　武汉都市区内不同类型企业的划分依据与空间分布特征

类型	行业名称	分类依据	空间分布	企业个数
资本密集型	石油加工、炼焦和核燃料加工业(C25)；化学原料和化学制品制造业(C26)；化学纤维制造业(C28)；橡胶和塑料制品业(C29)；非金属矿物制品业(C30)；黑色金属冶炼和压延加工业(C31)；有色金属冶炼和压延加工业(C32)；金属制品业(C33)；通用设备制造业(C34)；专用设备制造业(C35)；汽车制造业(C36)；铁路、船舶、航空航天和其他运输设备制造业(C37)	资本密集型企业是指在单位产品成本中资本成本所占比重较大、每个劳动者所占用的固定资本和流动资本金额较高的企业	在三环外形成集聚态势，沿交通轴线向远郊呈指状蔓延。集中区域：东湖高新区、青山区、阳逻经济开发区。对武汉企业的总体分布格局有重要影响	6 645
劳动密集型	农副食品加工业(C13)；食品制造业(C14)；酒、饮料和精制茶制造业(C15)；烟草制品业(C16)；纺织业(C17)；纺织服装、服饰业(C18)；皮革、毛皮、羽毛及其制品和制鞋业(C19)；木材加工和木、竹、藤、棕、草制品业(C20)；家具制造业(C21)；造纸和纸制品业(C22)；印刷业和记录媒介复制业(C23)；文教、工美、体育和娱乐用品制造业(C24)；仪器仪表制造业(C40)；其他制造业(C41)；废弃资源综合利用业(C42)、金属制品、机械和设备修理业(C43)	劳动密集型企业是指生产主要依靠大量劳动力，而对技术和设备的依赖程度低的企业，其衡量的标准是在生产成本中工资与设备折旧和研究开发支出相比所占比重较大	集中区域：在三环内的汉口与汉阳旧城，吴家山、蔡甸区等	3 850
技术密集型	医药制造业(C27)；电气机械和器材制造业(C38)；计算机、通信和其他电子设备制造业(C39)	技术密集型企业是指在生产过程中对技术和智力要素的依赖大大超过其他生产要素的企业	区位指向性强，企业集聚度高。集中区域：东湖高新区关山组团、江夏区纸坊城区、沌口经济开发区、武昌经济开发区	1 537

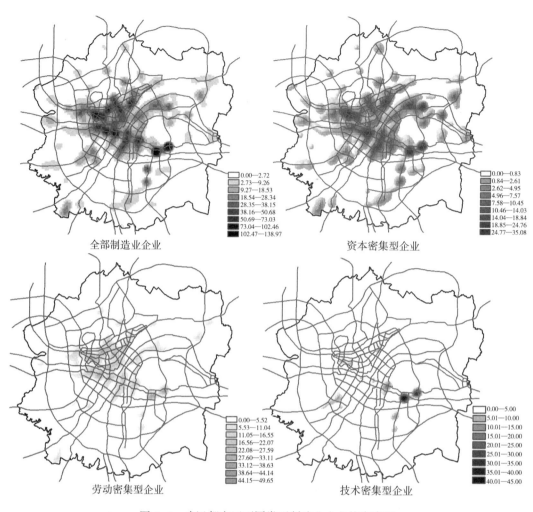

0.00—2.72	0.00—0.83
2.73—9.26	0.84—2.61
9.27—18.53	2.62—4.95
18.54—28.34	4.96—7.57
28.35—38.15	7.58—10.45
38.16—50.68	10.46—14.03
50.69—73.03	14.04—18.84
73.04—102.46	18.85—24.76
102.47—138.97	24.77—35.08

全部制造业企业　　　　　　　　　　资本密集型企业

0.00—5.52	0.00—5.00
5.53—11.04	5.01—10.00
11.05—16.55	10.01—15.00
16.56—22.07	15.01—20.00
22.08—27.59	20.01—25.00
27.60—33.11	25.01—30.00
33.12—38.63	30.01—35.00
38.64—44.14	35.01—40.00
44.15—49.65	40.01—45.00

劳动密集型企业　　　　　　　　　　技术密集型企业

图 3-4　武汉都市区不同类型制造业企业核密度图

3.2　制度结构梳理:影响制造业空间格局的制度安排

　　制度结构,它被定义为一个社会中正式的和不正式的制度安排的总和(林毅夫,2014)。对于某个特定的空间类型(如制造业空间、居住空间、商业空间等),都应有一套完整的制度结构体系为其空间形成机制提供理论解释。本节基于企业区位理论,从企业和政府双重视角,运用企业区位模型与社会调研访谈相结合的方法来分析武汉都市区制造业空间格局形成的主要影响因素,筛选其中受制度影响的因子(即制度因子),并对制度因子进行归并聚类,推导制度类型,从而系统提出一个影响武汉都市区制造业空间格局的完整的制度结构体系(图 3-5)。

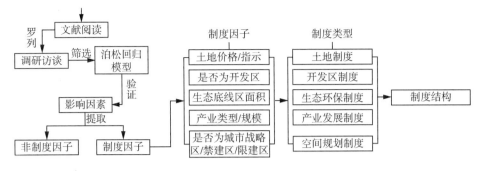

图 3-5　制度结构体系的梳理过程

3.2.1　大城市制造业空间格局的影响因素分析

区位模型分析、访谈与问卷调查是当前大城市制造业空间格局影响因素的两个主要研究方法(王丹等,2016)。其中,区位模型分析是基于企业空间信息数据,通过构建回归模型,筛选影响企业区位选址的显著性因素。楚波等(2007)、贺灿飞等(2005)采用原始产品研发制造商(OPM)模型分别对北京整体制造业、北京外资制造业企业的区位影响因素进行了分析。吴缚龙(Wu,1999)、张华等(2007)、吕卫国等(2009)、袁丰等(2010)、周蕾(2015)采用泊松(Poisson)回归模型分别对广州、北京、南京、苏州、无锡制造区企业区位影响因素进行了分析。访谈与问卷调查方法是通过实地调研访谈和问卷调查,从行为主体(企业和地方政府)的认识和感受出发来调查企业区位影响因素。樊杰等(2009)通过对洛阳 11 家大型企业、50 家配套企业、3 家工业园和政府主管部门的走访和问卷调查,分析了洛阳大型工业企业区位选址因素。魏后凯等(2001)对秦皇岛市外商投资企业来华投资动机及投资区位影响因素进行了实证研究。比较来看,区位模型分析运用数理分析方法,研究结果更具有科学性和说服力,但有些变量仍无法进行模拟和赋值,具有一定的局限性。访谈与问卷调查是一种社会调查研究方法,能够更为真实地反映行为主体的认知和动机,发现客观存在的问题,但也存在偏于主观判断的问题。因此,本书采用区位模型分析与访谈调研相结合的分析方法,以区位模型所得结论为基础,再通过访谈与问卷调查方法对所得结论进行修正和补充,从而确定武汉都市区制造业空间格局的影响因素,以增强研究结果的科学性和全面性。

1)区位模型

泊松回归模型是用来为计数资料和列联表建模的一种回归分析,能够有效地统计影响事件发生频次的因素。本书以武汉都市区内的街道/乡镇为基本研究单元,基于武汉市第三次全国经济普查的制造业企业数据信息,以街道/乡镇的制造业企业数量作为因变量 Y,以区位因素为解释变量 X。假设因变量 X_i 服从泊松分布,构建武汉都市区制造业区位影响因素的泊松回归模型。根据泊松分布概率密度函数,某街道/乡镇内企业数为

y_i 的概率为

$$P(Y_i = y_i \mid X_i) = \frac{e^{-\lambda}\lambda_i^{y_i}}{y_i!} \qquad (3\text{-}1)$$

参数 λ_i 决定着泊松分布的特征,取决于一系列的解释变量 x_i,其函数表示为

$$\lambda_i = e^{\boldsymbol{\beta} x_i} \quad (i = 1,2,3,\cdots) \qquad (3\text{-}2)$$

对式(3-2)两侧取自然对数得

$$\ln\lambda_i = \boldsymbol{\beta} x_i \qquad (3\text{-}3)$$

式中,$\boldsymbol{\beta}$ 为各变量的回归系数向量,可通过如下对数似然函数得到其极大似然估计值(Maximum Likelihood Estimators,MLE):

$$L(\boldsymbol{\beta}) = \sum_{i=1}^{N}\left[y_i\lambda_i - \lambda_i - \ln(y_i!)\right] \qquad (3\text{-}4)$$

因变量的条件均值与条件方差相等,且等于 λ_i,即

$$\mathrm{Var}(Y_i \mid X_i,\boldsymbol{\beta}) = E(y_i \mid X_i,\boldsymbol{\beta}) = m(X_i,\boldsymbol{\beta}) = \lambda_i = e^{\boldsymbol{\beta} x_i} \quad (3\text{-}5)$$

采用上述的对数似然函数来估计方差,得到估计值 $\hat{y}_i$,并做辅助回归:

$$(y_i - \hat{y}_i)^2 - y_i = \alpha\hat{y}_i^2 + \tau \qquad (3\text{-}6)$$

式中,τ 为残差,获得回归系数并检验其显著性。

如果式(3-5)无法满足,则模型被错误设定,因此需要对泊松回归模型进行修正。已有研究(Wu,1999;张华等,2007;Figueiredo et al.,2002)通常利用负二项(Negative Binomial)回归模型得到准极大似然估计值。

$$E(Y_i \mid X_i,\boldsymbol{\beta}) = \lambda_i \qquad (3\text{-}7)$$

$$\mathrm{Var}(Y_i \mid X_i,\boldsymbol{\beta}) = e^{\boldsymbol{\beta} x_i} + \alpha^{2\boldsymbol{\beta} x_i} \qquad (3\text{-}8)$$

2)模型因子

将武汉都市区范围内的 135 个街道/乡镇作为该模型的有效样本数。基于武汉市第三次全国经济普查的企业数据,统计被纳入都市区范围内街道/乡镇单元内的全部制造业企业数、资本密集型制造业企业数、劳动密集型制造业企业数、技术密集型制造业企业数,分别作为模型的因变量 Y(表 3-5)。

表 3-5　因变量列表

因变量	指标说明	总数(家)
Y_1	2013 年都市区范围内街道/乡镇的全部制造业企业数量	12 032
Y_2	2013 年街道/乡镇内劳动密集型制造业企业数量	3 850
Y_3	2013 年街道/乡镇内技术密集型制造业企业数量	1 537
Y_4	2013 年街道/乡镇内资本密集型制造业企业数量	6 645

从大城市制造业空间影响机制的相关文献中罗列了 20 个影响因素,通过对武汉典型制造业企业和相关地方政府部门的实地问卷调查,采取重要性打分法,筛选排名靠前的重要影响因素作为模型的解释变量 X(表 3-6)。

表 3-6　解释变量(自变量)列表

解释变量	定义	赋值	影响因素
X_1	是否为市级以上开发区	是为 1,否为 0	开发区规划建设
X_2	是否为中心城区	是为 1,否为 0	"退二进三"的城市发展战略
X_3	土地价格	根据武汉工业区内面积最大的基准地价赋值	土地有偿使用制度
X_4	是否有高速/快速路穿过	是为 1,否为 0	交通通达性
X_5	与武汉天河国际机场的距离	单元几何中心与机场的距离	交通通达性
X_6	是否有长江岸线	是为 1,否为 0	交通通达性
X_7	高等院校和科研单位数量	单元内个数	知识与人才溢出
X_8	生态底线区面积所占比重	单元内生态底线区面积占单元面积的比重	环境保护与生态控制

(1) 变量 X_1:是否为市级以上开发区。国家级、省级、市级开发区内优惠的政策制度在制造业企业区位决策中起到重要的推动作用,且不同级别开发区内的制度优惠存在差异,对不同类型企业的吸引力也有所不同。截至 2016 年,武汉共设立国家级开发区 3 个,省级开发区 7 个,市级开发区(都市工业园)6 个(表 3-7)。因此,模型 X_1 引入"是否为市级以上开发区",将市级以上开发区的街道/乡镇赋值为 1,否则赋值为 0。预计 X_1 的回归系数显著为正。

表 3-7　2016 年武汉都市区不同级别开发区列表

级别	序号	开发区	包含街道或乡镇
国家级	1	武汉东湖新技术开发区	关山街道、花山街道、左岭镇、流芳街道、东湖新技术开发区、东湖开发区街道、豹澥街道
	2	武汉经济技术开发区	沌口街道、军山街道
	3	武汉临空港经济技术开发区(原吴家山经济技术开发区)	金银湖街道、吴家山街道、走马岭街道、长青街道、慈惠街道、将军路街道、常青花园新区街道、径河街道、新沟镇街道、柏泉街道、东山街道
省级	4	盘龙城经济开发区	盘龙城经济开发区
	5	阳逻经济开发区	阳逻经济开发区、阳逻街道
	6	江夏经济开发区	江夏经济开发区庙山、江夏经济开发区大桥新区、江夏经济开发区藏龙岛、江夏经济开发区梁子湖风景区

级别	序号	开发区	包含街道或乡镇
省级	7	青山经济开发区	青山镇街道、工人村街道、武汉钢铁(集团)公司厂区、红钢城街道
	8	蔡甸经济开发区	姚家山、常福、文岭、沌口、蔡甸街道
	9	汉南经济开发区	纱帽街道、乌金农场
	10	武汉化学工业区	建设乡、清潭湖、花山街道(部分)
市级(都市工业园)	11	江岸经济开发区	后湖街道、丹水池街道(堤角社区)
	12	江汉经济开发区	江汉经济开发区
	13	硚口经济开发区	长丰街道、汉正街道
	14	汉阳经济开发区	永丰街道(黄金口都市工业园)、江汉二桥街道、琴断口街道
	15	武昌经济开发区	白沙洲街道(白沙洲都市工业园区)
	16	洪山经济开发区	青菱乡、洪山街道、白沙洲街道

(2)变量 X_2：是否为中心城区。"退二进三"策略是我国大城市产业空间布局的重要战略之一。20 世纪 90 年代以来,武汉已开始了"退二进三"的产业调整政策,以加快内城老工业基地的改造升级,进而调整城市产业结构。中心城区范围的划定对制造业企业的区位选址起到限制作用。因此,模型引入"是否为中心城区"要素,用 X_2 表示。将在中心城区范围内的研究单元赋值为 1,否则赋值为 0。预计 X_2 的回归系数为负。

(3)变量 X_3：土地价格。土地价格在城市内部的差异主要由土地位置决定。一般认为,离中心城市越近,土地价格越高;离中心城市越远,土地价格越低,企业更倾向于向土地价格较低区域集聚。因此,模型引入"土地价格"要素,用 X_3 表示,赋值参考《武汉市土地级别与基准地价更新(2013 年)》,将都市区的内土地价格区间划分为八个级别,每个级别又按照区段差异来标定基准地价,每个单元的土地价格赋值根据区内面积最大的基准地价来定。预计 X_3 的回归系数为负。

(4)变量 X_4：是否有高速/快速路穿过。变量 X_5：与武汉天河国际机场的距离。变量 X_6：是否有长江岸线。根据古典区位理论(阿尔弗雷德·韦伯,1997)可知,交通成本是企业区位选址的重要影响因素之一。城市重要区域的交通设施涉及陆运、空运和水运,陆运交通设施主要包括高速路与城市环线,空运交通设施指综合性机场,水运交通设施主要包括大型河港、海港。因此,在模型中引入"是否有高速/快速路穿过"要素,用 X_4 表示。将有高速/快速路穿过的单元赋值为 1,否则赋值为 0。预计 X_4 的回归系数为正。引入"与武汉天河国际机场的距离"要素,用 X_5 表示。赋值则通过计算单元几何中心与机场的距离来定。预计 X_5 的回归系数为负。引入"是否有长江岸线"要素,用 X_6 表示。将有长江岸线穿过的单元赋值为 1，否则赋值为 0。预计 X_6 的回归系数为正。

（5）变量 X_7：高等院校和科研单位数量。在信息时代，知识因子和创新因子等新区位因子对企业区位的影响作用不断凸显，特定地区的知识溢出和人才优势将会影响企业的区位选址。武汉高校资源众多，通过对高德地图教育设施的兴趣点（POI）数据抓取发现，截至 2016 年，武汉高等院校和科研单位数量合计 389 个。因此，在模型中引入"高等院校和科研单位数量"，用 X_7 表示，赋值则根据统计单元内高等院校和科研单位的数量来定。预计 X_7 的回归系数为正。

（6）变量 X_8：生态底线区面积所占比重。环境保护对制造业区位选址具有显著的控制作用。在模型中引入"生态底线区面积所占比重"，用 X_8 表示。赋值则是根据《武汉都市发展区 1∶2 000 基本生态控制线规划》（2013 年）划定的生态底线区（包括山体、湖泊、河流、水库等 12 类生态保护要素）保护范围，计算单元内生态底线区的面积占比。预计 X_8 的回归系数为负。

3）模型结果分析

模型有效样本（乡镇/街道）共计 135 个，假设 4 个模型（Y_1、Y_2、Y_3、Y_4）中的所有样本均服从泊松分布，在统计分析软件（Stata 软件）中进行泊松回归分析。经检验，4 个模型（Y_1、Y_2、Y_3、Y_4）均不能满足条件方差等于条件均值的假设，无法满足泊松分布的假设前提，故采用负二项回归模型进行修正，模型结果如下（表 3-8、表 3-9）：

表 3-8　各参数描述统计表

参数	均值	标准差	最小值	最大值	统计值或统计单位
X_1	0.351 70	0.379 2	0.00	1.000 0	0 或 1
X_2	0.583 30	0.393 7	0.00	1.000 0	0 或 1
X_3	939.627 60	618.086 1	235.00	2 209.000 0	元
X_4	0.662 10	0.373 6	0.00	1.000 0	0 或 1
X_5	28.153 20	10.916 8	2.11	57.371 8	km
X_6	0.386 20	0.388 6	0.00	1.000 0	0 或 1
X_7	2.682 80	6.516 8		53.000 0	个
X_8	0.205 30	0.253 0	0.00	0.999 8	%
Y_1	69.275 86	133.253 1	0.00	1 339.000 0	个
Y_2	36.227 60	60.337 7	0.00	537.000 0	个
Y_3	13.533 80	33.539 2	0.00	370.000 0	个
Y_4	33.933 80	35.806 3	0.00	365.000 0	个

表 3-9　武汉都市区制造业企业回归模型估计结果

解释变量		全部制造业 Y_1 标准化回归系数	劳动密集型 Y_2 标准化回归系数	技术密集型 Y_3 标准化回归系数	资本密集型 Y_4 标准化回归系数
X_1	是否为市级以上开发区	0.285 9**	0.251 8**	0.533 2***	0.186 7*
X_2	是否为中心城区	0.367 3**	0.375 8***	0.383 3**	0.357 2**
X_3	土地价格	−0.731 7***	−0.679 9***	−0.185 3	−0.393 5***
X_4	是否有高速/快速路穿过	0.389 5***	0.371 7***	0.383 1**	0.333 5***
X_5	与武汉天河国际机场的距离	−0.039 1	−0.050 2	−0.029 5	−0.135 3
X_6	是否有长江岸线	0.192 9*	0.178 3*	0.212 1*	0.239 8***
X_7	高等院校和科研单位数量	0.220 3*	0.211 8*	3.653 3***	0.196 8*
X_8	生态底线区面积所占比重	−0.066 6	0.072 1	−0.313 5**	−0.229 0*
	样本数(个)	135	135	135	135
	截距(_cons)	3.756 7	5.756 7	1.058 3	3.370 7
	显著性	0.000 0	0.000 0	0.000 0	0.000 0

注: * 表示在 10% 水平(双侧)上显著相关; ** 表示在 5% 水平(双侧)上显著相关; *** 表示在 1% 水平(双侧)上显著相关。

(1) 全部制造业区位影响因素分析

根据模型 Y_1 的回归模型结果, X_1(是否为市级以上开发区)、X_2(是否为中心城区)、X_3(土地价格)、X_4(是否有高速/快速路穿过)、X_6(是否有长江岸线)、X_7(高等院校和科研单位数量)对武汉都市区制造业企业区位选址具有显著影响,其中,X_3(土地价格)、X_4(是否有高速/快速路穿过)在 1% 显著性水平上显著, X_1(是否为市级以上开发区)、X_2(是否为中心城区)在 5% 显著性水平上显著,X_6(是否有长江岸线)、X_7(高等院校和科研单位数量)在 10% 显著性水平上显著。X_1(是否为市级以上开发区)在全部制造业回归模型中均显著为正,说明开发区的规划建设对武汉制造业企业区位选址具有推动作用,企业向开发区集聚趋势明显。X_2(是否为中心城区)显著为正,说明企业在中心城区的集聚程度仍较高,这主要是由于武汉东湖新技术开发区和武汉经济技术开发区两大国家级开发区在中心城区范围之内,且中心城区的各项基础设施都较为完善,企业在中心城区范围内的城市近郊地区有较为明显的集聚,具有明显的城市化经济特征。X_3(土地价格)显著为负,说明随着单位内土地价格的增加,企业个数减少,制造业企业总体倾向于向地价较低地区集聚。X_4(是否有高速/快速路穿过)显著为正,说明陆运交通的通达性对武汉制造业企业区位选址具有重要影响作用。X_5(与武汉天河国际机场的距离)的显著性不明显,说明机场对制造业企业区位选址的吸引作用不强,武汉的临港经济并未形成优势。X_6(是否有长江岸线)显著为正,验证了长江岸线对制造业企业的吸引作用明显。X_7(高等院校和科研单位数量)显著为正,说明高等院校和科研单位的人才优势和科研能力对全部制造业的影响作用明显,具有知识溢出和人才优势的区域对企业具有吸引作用。X_8(生态底线区面积所占比重)不显著,说明目前生态环保对武汉全部制造业企业的控制作用不强。同时,X_3(土地价格)和X_4(是否有高速/快速路穿过)的标准化回归系数较大,说明土地价格与交通通达性对武汉全部制造业企业区位选址的影响最为明显。

(2)不同类型制造业区位影响因素

根据模型Y_2、Y_3、Y_4的回归模型结果发现,不同类型的制造业企业区位影响因素有所差异。

对于劳动密集型企业而言,其区位影响因素的显著性结果与全部制造业大体一致,X_1(是否为市级以上开发区)、X_2(是否为中心城区)、X_3(土地价格)、X_4(是否有高速/快速路穿过)、X_6(是否有长江岸线)、X_7(高等院校和科研单位数量)对劳动密集型企业区位选址具有显著影响。其中,X_3(土地价格)和X_4(是否有高速/快速路穿过)的影响程度更为显著,说明劳动密集型企业对土地价格和交通通达性的敏感性更高。

对于技术密集型企业而言,X_1(是否为市级以上开发区)、X_2(是否为中心城区)、X_4(是否有高速/快速路穿过)、X_6(是否有长江岸线)、X_7(高等院校和科研单位数量)、X_8(生态底线区面积所占比重)对企业区位选址具有显著影响。其中,X_1(是否为市级以上开发区)的显著为正且标准化回归系数更大,说明技术密集型企业更倾向于向开发区集聚。而X_3(土地价格)在Y_3模型中不显著,说明技术密集型企业对土地价格的因素并不敏感,与企业总是寻求土地成本最低区位的一般规律不符,这主要是因为技术密集型企业的土地产出效率较高,用地需求不大,并且政府的土地政策支持力度较大,土地价格并不是技术密集型企业区位选址所要考虑的最主要因素。X_7(高等院校和科研单位数量)显著为正且标准化回归系数很高(3.653 3),说明高等院校和科研单位的资源对技术密集型企业区位选址具有重要影响。X_8(生态底线区面积所占比重)显著为负,说明生态底线区的控制约束也对技术密集型企业起到重要影响作用。

对于资本密集型企业而言,X_1(是否为市级以上开发区)、X_2(是否为中心城区)、X_3(土地价格)、X_4(是否有高速/快速路穿过)、X_6(是否有长江岸线)、X_7(高等院校和科研单位数量)、X_8(生态底线区面积所占比重)对企业区位选址具有显著影响。X_1(是否为市级以上开发区)显著为正,标准化回归系数与其他类型企业结果相比并不高,说明资本密集型企业向开发区集聚的趋势不明显,分布较为零散。X_6(是否有长江岸线)显著为正,标准化回归系数与其他类型企业相比较高,说明资本密集型企业对长江岸线的依赖程度较高,且以航运交通为主。X_8(生态底线区面积所占比重)显著为负,说明生态底线区的控制约束对资本密集型企业起到重要影响作用。

综上，武汉不同类型的制造业企业区位影响因素有所差异：劳动密集型企业对土地价格和交通通达性的敏感性更高；技术密集型企业更倾向于向开发区集聚，生态底线区的控制作用较为显著，且高等院校和科研单位的资源是其区位选址最为重要的影响因素；资本密集型企业对土地价格和交通通达性的影响因素敏感，且对长江岸线资源的依赖程度较为显著，生态底线区的保护和控制也有一定的影响作用。

4) 模型的补充与修正

大城市制造业空间格局演化是企业区位选址与地方政府引导的共同结果。因此，武汉都市区制造业空间格局影响因子的筛选，除了以上对企业区位选址因素的考虑以外，还应从政府视角考虑产业布局的影响因素，对区位选址模型结果进行补充与修正。

根据武汉都市区制造业企业的行业类型、性质、规模及区位分布的差异，笔者选取了 10 家具有典型代表的制造业企业，并对其及其所属地方政府部门进行了访谈及问卷调查（企业与地方政府相关部门名单及问卷见附录 3）。

10 家制造业企业对企业区位选址影响因素的重要性进行打分（重要为 5 分，一般重要为 3 分，不重要为 0 分），其后筛选排名前十的重要因素。制造业企业的问卷调查结果（表 3-10）显示，企业主管人员普遍认为土地价格和土地指标、税费负担、周边有港口物流配套、政府服务水平与效率、是否位于开发区等是企业区位选址的关键。不同类型、不同发展阶段的企业对区位要素的需求有所差异，如上汽通用汽车有限公司武汉分公司等资本密集型企业更加关注土地价格和土地指标、周边有港口物流配套，人福医药集团等生物技术型企业则对税费负担、基础设施与服务配套、产业创新氛围、周边有高等院校或科研机构等有较高需求。

表 3-10　武汉制造业企业区位选址影响因素调查

排序	影响因子	总分(分)	排序	影响因子	总分(分)
1	土地价格和土地指标	50	6	是否位于开发区	45
2	税费负担	50	7	基础设施与服务配套	45
3	离高速互通口较近	50	8	周边有高等院校或科研机构	45
4	周边有港口物流配套	50	9	产业创新氛围	40
5	政府服务水平与效率	50	10	市场腹地	40

武汉地方政府 5 个相关部门负责人对武汉地方政府企业招商与引导制造业空间布局所要考虑因素的重要性进行打分（重要为 5 分，一般重要为 3 分，不重要为 0 分），其后筛选排名前十的重要因素。值得注意的是，在相关部门的问卷调查结果（表 3-11）中显示，武汉地方政府相关部门均提到符合生态环保要求和符合产业准入门槛是目前企业区位布局所要考

虑的首要控制因素(专栏 3-1)。

表 3-11　武汉地方政府企业招商与引导制造业空间布局所要考虑因素调查

排序	影响因子	总分(分)	排序	影响因子	总分(分)
1	符合生态环保要求	25	6	资金来源的可靠性	20
2	符合产业准入门槛	25	7	产出强度与效益	15
3	土地指标充足	25	8	企业规模与品牌	15
4	符合产业发展与布局规划	25	9	对 GDP 的贡献率	9
5	产业的可持续性与成长性	20	10	提高就业岗位数	6

专栏 3-1:访谈记录

　　武汉经济和信息化委员会规划处与武汉市环境保护局政策法制处相关负责人的访谈记录:"一般来讲,政府在引进企业之前,首先会考虑该企业的产业类型是否符合城市环保要求和产业准入门槛。""近几年,在引进企业的过程中,有几家的金属冶炼大型项目非常好,但均因达不到环保要求而被放弃,环评是企业项目准入立项的第一个重要环节。"

——笔者根据访谈内容整理

　　5)制造业空间格局的影响因素

　　根据模型结果表明,武汉都市区制造业企业区位选址的影响因素包括 X_1(是否为市级以上开发区)、X_2(是否为中心城区)、X_3(土地价格)、X_4(是否有高速/快速路穿过)、X_6(是否有长江岸线)、X_7(高等院校和科研单位数量)、X_8[②](生态底线区面积所占比重)。其中,X_3(土地价格)、X_4(是否有高速/快速路穿过)对武汉整体制造业企业区位选址的影响最为明显。

　　对企业的调研结果进一步表明,税费负担、周边有港口物流配套、政府服务水平与效率、基础设施与服务配套、产业创新氛围、市场腹地六个因素虽然难以量化,但仍可作为企业区位选址的重要影响因素;对地方政府相关部门的调研结果进一步表明,符合生态环保要求、符合产业准入门槛、符合产业发展与布局规划亦可作为政府引进制造业企业的考虑因素。

　　因此,首先结合模型分析与调研访谈结果,梳理武汉都市区制造业空间格局的影响因素。其次将武汉都市区制造业空间格局的影响因素按照市场经济因素、政府调控因素与信息技术因素分为 3 个方面,共包含 13 个影响因素,具体如图 3-6 所示。

3.2.2　影响大城市制造业空间格局的制度安排

　　进一步从 13 个影响因素中筛选受制度影响的因素(即"制度因子")。

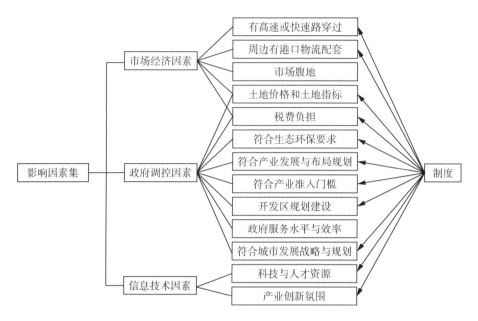

图 3-6　武汉都市区企业区位影响因素及其与制度的作用关系

基于已有制度政策对制度因子进行归并聚类,推导影响武汉都市区制造业空间格局形成的各类制度安排,即影响武汉都市区制造业空间的制度结构。

根据分析,13个影响因素中受制度影响的因素主要有11个,包括:有高速或快速路穿过、周边有港口物流配套、土地价格和土地指标、税费负担、符合生态环保要求、符合产业发展与布局规划、符合产业准入门槛、开发区规划建设、符合城市发展战略与规划、科技与人才资源、产业创新氛围(图3-6)。其中,"土地价格和土地指标"与土地制度密切相关,"税费负担"与财税制度紧密相关,"科技与人才资源""产业创新氛围"与科创人才制度密切相关,"开发区规划建设"与开发区制度密切相关,"符合生态环保要求"与生态环保制度、生态环境规划密切相关,"符合产业准入门槛"与产业发展制度密切相关,"符合城市发展战略与规划""有高速或快速路穿过""周边有港口物流配套""符合产业发展与布局规划"与各类空间规划制度密切相关。在城市内部,财税制度、科创人才制度对都市区范围内制造业空间的影响作用并不直接,常常作为促进企业向开发区集聚的重要手段。因此,将税费负担、科技与人才资源、产业创新氛围等因素一同并入开发区制度影响范畴。同时,将土地利用规划、城市总体规划、城市发展战略规划、生态控制线规划、城市交通体系规划、产业空间规划等一系列空间规划统归空间规划制度。

因此,初步提出影响武汉都市区制造业空间格局的主要制度安排,主要包括土地制度、开发区制度、生态环保制度、产业发展制度与空间规划制度。其中,土地制度是指在我国土地有偿使用背景下,关于土地所有、占有、支配和使用诸方面的原则、方式、手段和界线等政策、法律规范和制度的总和,具体包括地价制度、土地储备制度、征收制度等一系列制度规范;开发区制度是1984年以来我国第一批经济技术开发区成立以来逐渐积累形成的一套相对完整的制度体系,具体包括土地、财税、产业、科创、人才激励等多方面优惠政策;生态环保制度是指对环境与生态进行保护的制度,它们对产业空间布局及企业区位选址都起到重要的约束作用;产业发展制度是政府为规范市场竞争秩序、弥补或修正市场在资源配置中的固有缺陷、调节市场资源配置不合理的状况、提高市场运行效率而制定和实施的干预性、指导性的政策措施,以推进产业组织、产业结构和产业布局的优化升级,实现经济的可持续发展,包括产业结构、产业组织、产业集聚、产业创新、产业准入等一系列产业政策;空间规划制度是国家为有效调控社会、经济、环境要素而采取的对城乡空间用途进行安排与管制的一系列制度安排,具体包括城市发展战略、城市总体规划、土地利用规划、主体功能区规划等空间规划类型。因此,可初步梳理20世纪90年代以来影响武汉都市区制造业空间的制度结构,包括不同的制度安排及其相应的制度内容(图3-7)。

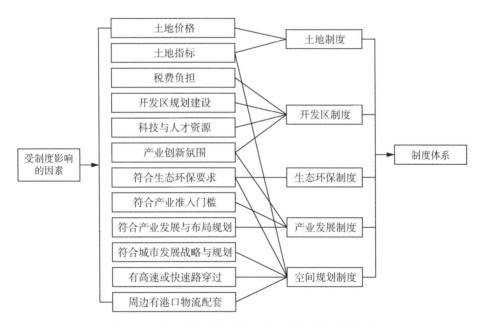

图 3-7 影响武汉都市区制造业空间格局的制度类型

3.2.3 不同制度类型对制造业空间的影响领域分析

制度结构体系内的不同制度安排对制造业空间不同影响领域("企业区位""产业组织""空间布局")的作用方式和程度有所侧重。按照作用方式不同,制度体系与制造业空间不同影响领域的作用关系可分为直接影响和间接影响(图3-8)。其中,土地制度、开发区制度、生态环保制度对推动或限制企业区位选址具有直接影响作用;产业发展制度对产业组织的规模、结构及布局具有直接影响作用;空间规划制度对制造业空间在都市圈层面的整体空间布局有直接影响作用。五大制度安排共同作用于三个不同领域并最终影响大城市制造业的空间格局演化。第4—6章将具体分析不同制度安排对制造业空间不同影响领域的影响作用(图3-9)。

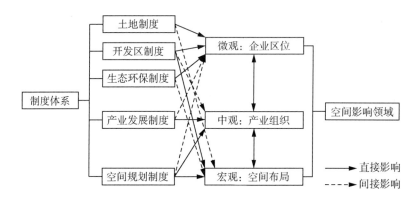

图3-8　制度体系与制造业空间不同影响领域的作用关系

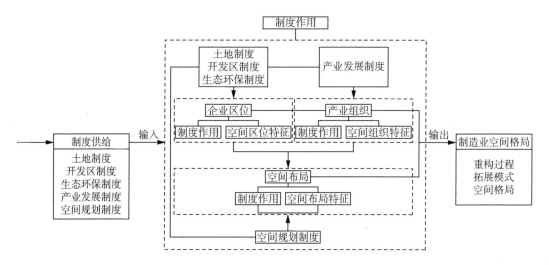

图3-9　制度对武汉都市区制造业空间的作用分析框架

第3章注释

① 局部莫兰指数聚类和异常值方法亦称 LISA。
② 该因素虽然在全部制造业企业中不显著,但在资本密集型及技术密集型企业中都显著,既可能是因为生态环保对武汉都市区全部制造业企业的控制作用仍不强,也有可能是统计结果的误差所致。

4 制度对大城市制造业企业区位的作用分析

4.1 土地制度对武汉都市区制造业企业区位的作用分析

4.1.1 我国土地制度演变

土地要素是制造业区位活动不可替代的投入要素和载体,其制度的改革必然影响制造业空间的变动(徐菊芬等,2007)。20 世纪 90 年代以后,土地制度改革成为影响我国大城市内部空间重构以及制造业空间演化的重要制度类型。在计划经济时期,城市土地作为计划性配置资源均以行政划拨的形式配置给企业和单位,产权集中在国家手中。改革开放以来,我国土地制度改革的基本脉络和演变过程可大致分为两个阶段(图 4-1)。

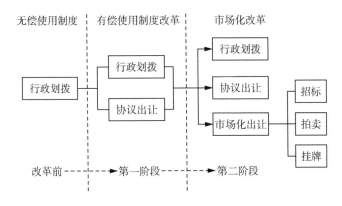

图 4-1　我国土地制度改革演变过程

(1) 1979—1997 年为第一阶段,即土地有偿使用制度改革阶段。在这一阶段,中国城市土地逐渐由传统的无偿、无限期、无流动的"三无"使用制度转变为有偿、有限期、可流动的使用制度。1979 年,国务院颁布了《中华人民共和国中外合资经营企业法》,国家开始利用场地使用权向中外合资企业收取场地使用费,我国逐渐开始进入土地有偿使用时代。1987 年 3 月,国务院提出土地使用权可以有偿转让。1988 年,全国人民代表大会先后修改了《中华人民共和国宪法》和《中华人民共和国土地管理法》,明确"土地的使用权可以依法转让""国家依法实行国有土地有偿使用制度"。

1990年5月,国务院发布了《中华人民共和国城镇国有土地使用权出让和转让暂行条例》,规定"国家按照所有权与使用权分离的原则,实行城镇国有土地使用权出让、转让制度",明确国有土地的使用权可采取协议、招标和拍卖等市场交易方式来进行转让,为城市土地有偿使用制度改革提供了法律依据(叶昌东,2016)。至此,中国土地有偿使用制度的法律体系初步形成。

（2）1997年至今为第二阶段,即土地市场化改革阶段。在这一阶段,土地使用制度改革进入了以市场形成土地使用权价格为核心的土地市场阶段(表4-1)。2000年以后,随着我国土地市场化改革进程的加深,划拨和协议出让宗数呈下降趋势,而招拍挂(即招标、拍卖、挂牌)宗数和比重则逐年增加。据统计,自2000年以来,招拍挂宗数占土地供应总宗数的比重逐步升高,由2001年7.97%上升至2013年的52.89%,招拍挂成为我国土地供应的最主要形式(图4-2)。在国家土地有偿使用制度改革的宏观背景下,武汉地方政府也相应出台了一系列实施政策,进一步推动了武汉土地市场化改革(表4-2),武汉土地招拍挂宗数占比也由2002年的3.10%上升至2014年的43.43%(图4-3)。

表4-1　国家土地有偿使用制度演变

政策文件	相关规定及内容
《中外合营企业建设用地的暂行规定》(1980年,国务院)	第一条:中外合营企业用地,不论新征用土地,还是利用原有企业的场地,都应计收场地使用费……
《中华人民共和国土地管理法》(1986年出台,1988年、2004年修正,全国人民代表大会常务委员会)	第二条:……土地使用权可以依法转让。……国家依法实行国有土地有偿使用制度
《中华人民共和国城镇国有土地使用权出让和转让暂行条例》(1990年,国务院)	第二条:国家按照所有权与使用权分离的原则,实行城镇国有土地使用权出让、转让制度…… 第十二条:土地使用权出让最高年限按下列用途确定:(一)居住用地七十年;(二)工业用地五十年;(三)教育、科技、文化、卫生、体育用地五十年;(四)商业、旅游、娱乐用地四十年;(五)综合或者其他用地五十年。 第十三条:土地使用权出让可采取下列方式:(一)协议;(二)招标;(三)拍卖……
《协议出让国有土地使用权最低价确定办法》(1995年,国家土地管理局)	第五条:协议出让最低价根据商业、住宅、工业等不同土地用途和土地级别的基准地价的一定比例确定,具体适用比例由省、自治区、直辖市确定。 第九条:以协议方式出让国有土地使用权的出让金不得低于协议出让最低价

政策文件	相关规定及内容
《城市国有土地使用权价格管理暂行办法》（1995 年，国家计划委员会）	第四条：政府对土地使用权价格实行直接管理与间接管理相结合的原则，建立以基准地价、标定地价为主调控，引导土地使用权价格形成的机制…… 第八条：土地使用权出让，可以采取拍卖、招标或者双方协议的方式。以拍卖、招标方式出让土地使用权时，出让人应当事前依据政府公布的基准地价或标定地价制定土地出让底价……以协议方式出让的土地使用权价格不得低于政府确定的最低价格…… 第十条：以划拨方式取得土地使用权转让的，转让房地产时要按规定办理出让手续并缴纳土地使用权出让金……
《中华人民共和国土地管理法实施条例》（1998 年发布，2011 年修正，全国人民代表大会常务委员会）	第二十九条：国有土地有偿使用的方式包括：（一）国有土地使用权出让；（二）国有土地租赁；（三）国有土地使用权作价出资或者入股
《协议出让国有土地使用权规定》（2003 年，国土资源部）	第四条：……以协议方式出让国有土地使用权的出让金不得低于按国家规定所确定的最低价。 第五条：协议出让最低价不得低于新增建设用地的土地有偿使用费、征地（拆迁）补偿费用以及按照国家规定应当缴纳的有关税费之和；有基准地价的地区，协议出让最低价不得低于出让地块所在级别基准地价的 70%。 第十一条：……协议出让底价不得低于协议出让最低价……
《国务院关于深化改革严格土地管理的决定》（2004 年，国务院）	第十六条：……在开发区（园区）推广多层标准厂房。对工业用地在符合规划、不改变原用途的前提下，提高土地利用率和增加容积率的，原则上不再收取或调整土地有偿使用费……对工业项目必须有投资强度、开发进度等控制性要求……
	第十七条：……工业用地也要创造条件逐步实行招标、拍卖、挂牌出让…… 第十八条：……依照国家产业政策，国土资源部门对淘汰类、限制类项目分别实行禁止和限制用地……
《国务院关于加强土地调控有关问题的通知》（2006 年，国务院）	第四条：调整建设用地有关税费政策。提高新增建设用地土地有偿使用费缴纳标准…… 第五条：建立工业用地出让最低价标准统一公布制度。……工业用地出让最低价标准不得低于土地取得成本、土地前期开发成本和按规定收取的相关费用之和……
《关于调整新增建设用地土地有偿使用费政策等问题的通知》（2006 年，财政部、国土资源部和中国人民银行）	第二条：调整新增建设用地土地有偿使用费征收等别和征收标准。从 2007 年 1 月 1 日起，新批准新增建设用地的土地有偿使用费征收标准在原有基础上提高 1 倍…… 第三条：调整地方新增建设用地土地有偿使用费分成管理方式……仍实行中央与地方 30：70 分成机制……地方分成的 70% 部分，一律全额缴入省级（含省、自治区、直辖市、计划单列市，下同）国库

政策文件	相关规定及内容
《中华人民共和国物权法》(2007年,全国人民代表大会常务委员会)	第十二章 建设用地使用权。第一百三十七条:……工业、商业、旅游、娱乐和商品住宅等经营性用地以及同一土地有两个以上意向用地者的,应当采取招标、拍卖等公开竞价的方式出让……
《招标拍卖挂牌出让国有土地使用权规定》(2007年,国土资源部)	第四条:工业、商业、旅游、娱乐和商品住宅等经营性用地以及同一宗地有两个以上意向用地者的,应当以招标、拍卖或者挂牌方式出让(叫停沿用多年的土地协议出让方式,要求所有的经营性开发项目用地都必须通过招标、拍卖、挂牌方式进行公开交易)

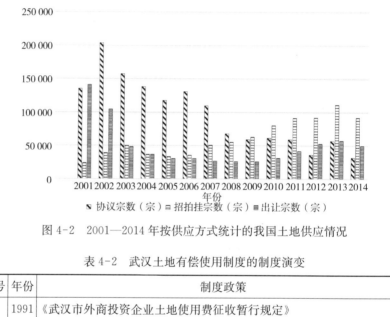

图 4-2 2001—2014年按供应方式统计的我国土地供应情况

表 4-2 武汉土地有偿使用制度的制度演变

序号	年份	制度政策
1	1991	《武汉市外商投资企业土地使用费征收暂行规定》
2	1992	《武汉市城镇土地使用权出让和转让实施办法》
3	1992	《武汉市外商投资企业用地管理规定》
4	1992	《东湖新技术开发区科技工业园区国有土地使用权出让和转让实施办法》
5	2002	《武汉市加强土地资产经营管理实施方案》
6	2002	《关于试行规划国土并行审批等六项制度的通知》
7	2003	《武汉土地登记管理办法》
8	2005	《关于规范全市国有土地使用权转让规划管理的若干规定(试行)》
9	2005	《武汉市规划国土局进一步落实经营性土地使用权招标拍卖出让制度的工作方案》
10	2005	《出让国有土地使用权交易工作程序(试行)》
11	2013	《中共武汉市委武汉市人民政府关于加快推进"三旧"改造工作的意见》
12	2016	《武汉市人民政府关于进一步加强土地供应管理 促进节约集约用地的意见》

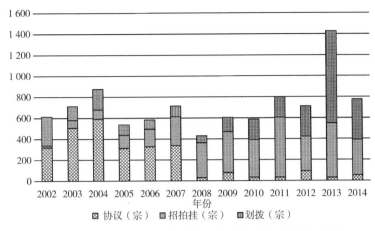

图 4-3　2002—2014 年按供应方式统计的武汉土地供应情况

4.1.2　土地价格:地价制度下的土地级差

土地价格(指交易价格)是土地经济价值的反应,即地租的资本化(卡尔·马克思,2013)。马克思的城市地租理论认为,土地的区位决定级差地租。地价在都市区内部具有明显的区位差异性,主要由土地位置决定。一般认为,离城市中心越近,土地价格越高,离城市中心越远,土地价格越低,并且土地价格还受到市场供需机制和政府调节机制的共同影响。地价制度会促使城市空间功能由中心向外围分化,城市空间出现以地价为基准的分层现象(叶昌东,2016)。

在分析地价制度对制造业企业区位选址的影响之前,需先认识我国地价制度与城市地价体系构成。地价制度是指土地价格形成和交易过程中所涉及和必须遵守的基本制度的总称。我国地价制度主要包括基准地价制度与标定地价制度、土地价格评估制度、城市地价动态监测制度等。目前,我国城市地价体系构成主要包括三种类型(图 4-4):① 理论地价,包括土地所有权价格、土地使用权出让价格(转让地价、租赁地价、抵押地价、典当地价)。② 基准地价和标定(宗地)地价:基准地价是根据土地级别和区域分布差异对城市内部的商业、工业、住宅等各类用地进行评估和测算的平均价格,是国家对城市地价进行宏观控制和管理引导的依据;标定地价是在基准地价的基础上,按土地使用年限、地块大小、形状、容积率、区位条件和市场条件等,对具体地块在某一时日进行修正评估之后的价格。③ 市场交易地价,包括拍卖地价、招标地价、协议地价等。

纵观 20 世纪 90 年代以来我国的地价制度演变(表 4-3):1989 年、1993 年国家土地管理局依次颁布了《城镇土地定级规程(试行)》《城镇土地估价规程(试行)》,城镇土地估价工作在全国城市范围内迅速开展起来;1999 年,在进行试点城市工作的基础上,国家对《城镇土地分等定级规程》

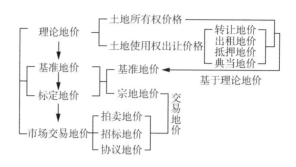

图 4-4　我国城市地价体系构成示意

《城镇土地估价规程》进行了修订,并于 2001 年 11 月作为国家标准发布,标志着我国城市土地定级估价技术基本趋于成熟;同时,大多数城市开始采用多因素综合定级和分类定级相结合的方式,并全面利用计算机手段,实现了对各大城市地价的动态监测;2000 年以来,面对政府招商引资中竞相压低地价(尤其是工业用地)、违规用地、滥占耕地等现象,针对城市建设用地总量过快增长、低成本工业用地过度扩展等问题,国务院下发了《关于深化改革严格土地管理的决定》(国发〔2004〕28 号),标志着城市基准地价制度和工业用地的有偿使用制度初步建立起来;2006 年,国务院下发了《关于加强土地调控有关问题的通知》(国发〔2006〕31 号),同年 12 月,国土资源部制定了《关于发布实施〈全国工业用地出让最低价标准〉的通知》(国土资发〔2006〕307 号),要求"各省(市、区)要依据本标准,开展基准地价更新工作,及时调整工业用地基准地价"。至此,我国地价制度已逐步建立起来(表 4-3)。

表 4-3　我国地价制度及制度作用

制度类别	制度政策	制度作用
土地价格评估制度	《城镇土地定级规程(试行)》(1989-09)、《城镇土地估价规程(试行)》(1993-06)、《城镇土地分等定级规程》(GB/T 18507—2001)、《城镇土地估价规程》(GB/T 18508—2001)	确立了城市土地定级的统一原则、方法和程序,推动了城市土地定级和地价评估在全国更多的城市中展开;建立了以基准地价和标定地价为核心的地价体系以及相应的技术途径和技术方法;为地价管理部门制定地价政策和对土地交易价格进行宏观调控提供了依据
城市地价动态监测制度	《城市地价动态监测技术规范》(TD/T 1009—2007)、《关于进一步加强城市地价动态监测工作的通知》(国土资发〔2008〕51 号)	调查城市地价的水平及变化趋势,及时向社会提供客观、公正、合理的地价信息,为政府加强地价管理和宏观调控土地市场提供决策依据
基准地价制度与标定地价制度	《关于发布实施〈全国工业用地出让最低价标准〉的通知》(国土资发〔2006〕307 号)	城市政府管理地价的基本参照地价,也是投资者进行投资决策的主要依据

续表 4-3

制度类别	制度政策	制度作用
工业用地出让最低价标准制度	《关于加强土地调控有关问题的通知》(国发〔2006〕31号)	国家根据土地等级、区域土地利用政策等,统一制定并公布各地工业用地出让最低价标准

武汉于 2001 年首次开展市区土地定级基准定价评估工作,并结合国家土地管理政策走向,于 2003 年、2007 年、2011 年、2013 年分别进行了四次成果更新。2011 年进行的第三次编制更新更是充分考虑了市域土地价值之间的关联,提出了覆盖都市区范围内的中心城区、外围新城区和开发区的基准地价一体化控制体系,成果包括《武汉市 2002 年度最低地价标准(中心城区、东湖、武汉开发区)》《武汉市市区 2004 年土地级别与基准地价标准》《武汉市市区 2007 年土地级别与基准地价标准》《武汉市 2011 年土地级别与基准地价标准》《武汉市城镇土地级别与基准地价标准(2013)》(图 4-5)等。根据《武汉市国土规划年鉴》相关数据结果显示,2010—2014年,武汉都市区中心城区工业用地的平均地价为 49.64 万元/亩(1 亩≈666.7 m²),外围新城区的平均地价为 23.55 万元/亩。由此可见,中心城

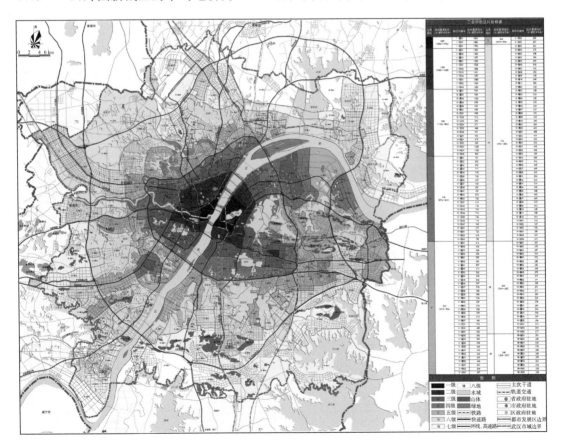

图 4-5 2013 年武汉市工业用地级别及基准地价图

4 制度对大城市制造业企业区位的作用分析 | **061**

区工业用地地价远高于外围新城区,武汉城市工业用地出让价格在空间上呈现由中心向外围递减的态势(图4-6)。

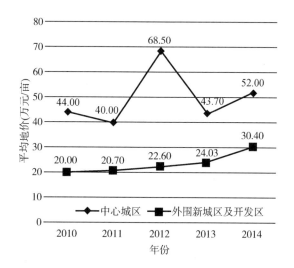

图4-6　2010—2014年武汉工业用地出让价格分布

因此,地价制度对武汉制造业企业区位选址的影响作用表现为:土地有偿使用制度推动了城市土地的市场化,催生了城市地价体系;土地价格评估制度、城市地价动态监测制度、工业用地出让最低价标准、基准地价制度与标定地价制度等一系列地价制度影响了城市基准地价和城市交易地价的形成;工业用地出让价格在都市区内呈现由中心城区向外围城区圈层递减的特征;企业倾向于向具有土地价格优势(较低)的区位集聚。

4.1.3　土地供应:征储制度下的土地供给

1) 土地储备制度推动传统企业内城腾退

土地储备制度作为一种经营管理制度,由政府依照法定程序和运用市场机制,按照土地利用总体规划和城市规划要求,通过收回、收购、置换和征用等方式对城市土地进行前期开发并予以储存,以调控和保障城市各类建设用地需求(图4-7)。我国土地储备制度是在借鉴国外土地银行经验的基础上,结合我国土地制度以及土地利用现状逐步发展起来的。2000年以来,为规范土地储备运作和完善储备制度建设,我国出台了规章与政策法规(表4-4),如上海、杭州、青岛、厦门、武汉等大城市也纷纷出台了地方性法规(表4-5)。在各地制定政府章程和多年实践探索的基础上,2007年11月,《土地储备管理办法》正式颁布实施,标志着我国土地储备制度进入了规范化运作阶段。

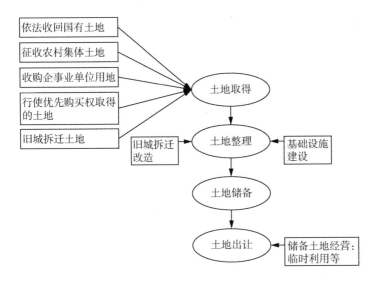

图 4-7　土地储备制度运作流程图

表 4-4　国家涉及土地储备制度的政策文件

序号	文号	文件名称	主要内容
1	国土资源部令第 5 号	《闲置土地处置办法》(1999年 4 月 28 日)	市、县人民政府土地行政主管部门对依法收回的闲置土地,近期无法安排的建设项目,耕种条件未被破坏的,可以组织耕种,不适宜耕种的,可采取绿地等方式作为政府土地储备
2	国发〔2001〕15 号	《国务院关于加强国有土地资产管理的通知》	为增强政府对土地市场的调控能力,有条件的地方政府要对建设用地试行收购储备制度。市、县人民政府可划出部分土地收益用于收购土地,金融机构要依法提供信贷支持
3	国土资发〔2001〕174 号	《国土资源部关于整顿和规范土地市场秩序的通知》	对原有存量建设用地,城市政府要积极试行土地收购储备,统一收购和回收土地,掌握调控土地市场的主动权。收回的土地由政府统一储备、统一开发,按市场需求统一供应
4	建规〔2002〕270 号	《建设部关于加强国有土地使用权出让规划管理工作的通知》	充分认识实施土地收购储备制度、经营性土地使用权招标拍卖和挂牌出让制度的重要意义;切实加强对土地收购储备、国有土地使用权出让的综合调控和指导
5	建规〔2004〕185 号	《关于贯彻〈国务院关于深化改革严格土地管理的决定〉的通知》	加强城乡规划对土地储备、供应的调控和引导。城乡规划行政主管部门要依据城市总体规划和近期建设规划,就近期内需要收购储备、供应土地的位置和数量提出建议。实施土地收购储备,必须符合城市总体规划、近期建设规划

序号	文号	文件名称	主要内容
6	国发〔2008〕3 号	《国务院关于促进节约集约用地的通知》	完善建设用地储备制度。储备土地出让前,应当处理好土地的产权、安置补偿等法律经济关系,完成必要的前期开发,缩短开发周期,防止形成新的闲置土地。经过前期开发的土地,依法由市、县人民政府国土资源部门统一组织出让
7	国土资源部令第 53 号	《闲置土地处置办法》(2012 年 6 月 1 日修正)	对依法收回的闲置土地,可以纳入政府土地储备(2012 年 7 月 1 日实施)
8	国土资规〔2017〕17 号	《国土资源部 财政部 中国人民银行 中国银行业监督管理委员会关于印发〈土地储备管理办法〉的通知》	土地储备工作统一归口国土资源主管部门管理。国土资源主管部门对土地储备机构实施名录制管理。各地应根据国民经济和社会发展规划、国土规划、土地利用总体规划、城乡规划等,编制土地储备三年滚动计划,合理确定未来三年土地储备规模,对三年内可收储的土地资源,在总量、结构、布局、时序等方面做出统筹安排,优先储备空闲、低效利用等存量建设用地

表 4-5　我国主要大城市出台的土地储备办法

序号	文号	名称	实施土地储备的部门
1	杭州市人民政府令第 137 号	《杭州市土地储备实施办法》(1999 年 3 月 10 日,2000 年 8 月 7 日修正)	杭州市土地储备交易中心
2	宁波市人民政府令第 89 号	《宁波市城市土地储备办法》(2011 年 4 月 12 日)	宁波市城市土地储备中心
3	厦府办〔2001〕133 号	《厦门市国有土地储备实施办法》(2001 年 6 月 8 日)	厦门市土地开发总公司
4	苏府〔2001〕31 号	《苏州市土地储备实施办法》(2001 年 7 月 9 日)	市、县土地储备中心
5	武汉市人民政府令第 135 号	《武汉市土地储备管理办法》(2002 年 6 月 10 日)	武汉市土地整理储备中心
6	重庆市人民政府令第 137 号	《重庆市国有土地储备整治管理办法》(2002 年 8 月 22 日)	各市、区县土地储备整治机构

序号	文号	名称	实施土地储备的部门
7	上海市人民政府令第 25 号	《上海市土地储备办法》（2004 年 6 月 9 日）	上海市土地储备中心
8	京国土市〔2005〕540 号	《北京市国土资源局 北京市发展和改革委员会 北京市规划委员会 北京市建设委员会关于印发北京市土地储备和一级开发暂行办法的通知》（2005 年 8 月 3 日）	北京市土地整理储备中心
9	深圳市人民政府令第 153 号	《深圳市土地储备管理办法》（2006 年 6 月 5 日）	深圳市土地储备中心
10	南京市人民政府令第 253 号	《南京市土地储备办法》（2006 年 12 月 29 日）	南京市土地储备中心

  1999 年，经由武汉市人民政府批准，武汉市土地整理储备中心正式成立。2000 年 7 月，武汉市人民政府发布《关于建立土地储备制度的通知》（武政〔2000〕65 号），标志着武汉土地储备制度正式确立并进入法制化、规范化阶段。该通知规定：凡中心城区范围内（包括江岸、江汉、硚口、汉阳、武昌、青山、洪山）用于经营性房地产开发的存量土地，由土地中心统一收购；凡征用集体土地，由土地储备中心统一办理征用事宜。2004 年 12 月，武汉市土地交易中心挂牌成立，并相继出台了《市人民政府关于印发武汉市加强土地资产经营管理实施方案的通知》《武汉市土地交易管理方法》《武汉市土地储备管理办法》等 10 余个政策法规文件，武汉土地储备制度进一步成熟与完善。

  为深入了解武汉市土地整理储备中心的组织架构、运作模式及流程，分析土地储备制度对武汉制造业企业区位选址的影响作用，笔者对供职于武汉市土地整理储备中心新城中心的工作人员 L 女士进行了访谈调研。根据查阅相关历史资料（专栏 4-1）及访谈记录（专栏 4-2）发现，土地储备制度对城市内的存量用地更新发挥着重要作用，对武汉制造业企业的影响作用主要体现在以下方面：通过回收、购买及置换等储备方式对武汉存量土地进行更新置换，推动武汉主城内的传统制造业企业进行内城腾退及新厂选址（郊迁或外迁），盘活存量土地，提高土地的经济效益。据《武汉市国土规划年鉴（2003）》统计资料可知，截至 2003 年 12 月 31 日，武汉共完成了中心城区 372 家改制收尾企业的 1 003 宗土地资产处置工作。

专栏4-1　硚口区工业改造项目

在《武汉市国土规划年鉴(2003)》中,对硚口区传统工业企业的回购、储备、出让过程这样描述:

"作为全国老工业基地的武汉,有不少企业的厂房和设施闲置。如何筹集改制成本,利用存量土地促进现代制造业发展,是土地资产经营中碰到的新课题。2003年5月,在对硚口区工业存量土地利用现状和现有产业情况进行摸底的基础上,武汉市政府决定,在硚口古田地区试点启动汉正街都市工业区项目。这个项目采用'政府储备、中心出资、租赁经营、市场运作'的模式,由武汉市土地整理储备中心(下文简称'市土地中心')代表市政府筹资帮助国有企业实现改制,收购企业土地,改造建成汉正街都市工业园,吸引新的投资者低成本入驻。

该工业区位于硚口解放大道两侧,用地面积为1 391亩,规划定位为服务汉正街小商品市场的生产基地和制造业基地。该工业区分两期建设,首期由市土地中心出资2.3亿元收购583亩企业,经过厂房修整、分隔和道路、环境建设后,兴建塑料文体制品、家电五金和服装工业园。目前,市土地中心已投入3 320.2万元收购了武汉市国营东风电镀厂等6家企业的115.77亩土地,建设工作进展顺利,60余家中外客商有入驻意向。硚口区获得了园区10年的经营权和税收收益,市土地中心也不完全是'为人作嫁'。储备10年,现收购价每亩40万元的土地通过调整用途上市交易,预计可升值到每亩150万—160万元,甚至更高。可以说,这是一个'双赢'项目。"

——《武汉市国土规划年鉴(2003)》

专栏4-2　访谈记录

对供职于武汉市土地整理储备中心新城中心工作人员L女士(下文简称"L")的访谈记录如下:

笔者(下文简称"B"):武汉市土地整理储备中心的组织构架是怎样的?

L:武汉市土地整理储备中心于1999年11月成立,全市共有13家土地储备机构。2003年,武汉市市郊各区和开发区已全部建立了土地储备机构和土地有形市场,以促进郊区和开发区土地资产经营工作的有序展开。武汉市土地整理储备供应中心具体承担中心城区范围(江岸区、江汉区、硚口区、汉阳区、武昌区、青山区、洪山区)内土地储备供应的日常工作,郊区及开发区(东西湖区、汉南区、蔡甸区、江夏区、黄陂区、新洲区以及武汉经济技术开发区、武汉东湖新技术开发区)土地储备机构具体承担本辖区土地储备供应的日常工作。我分中心的主要职责是对中心城区存量用地的土地进行回收及整理。

B:土地储备的对象有哪些?

L:土地储备的对象涉及两个层面的内容:一是储地来源,中心主要是对存量土地(如旧工业区、旧住宅区等)、新增集体建设用地(如城中村、远城区集体土地)进行储备;二是储地对象,中心主要是服务于经营性房地产开发企业,主要目的是为房地产开发商在老城区实施房地产开发创造条件,深圳万科、上海复地、香港凯恩斯、北京泰跃、深圳余地、南京三金、浙江耀江等全国很有实力的开发商都曾来过武汉投资房地产业。一般我们比较愿意对老工业企业、工业基地进行回收,因为回收的地价便宜,回收以后通过土地整理再投入土地交易市场进行出让(以招拍挂为主),可以获得较高收益。

B:土地储备的目的是什么?

L:土地储备的主要目的是调控城市土地的供给和需求,从而实现土地一级市场的国家垄断。目前我们储备的用地主要是用于经营性房地产开发,同时也会协助政府出资进行一些基础设施建设,如小学、图书馆、展览馆(武汉市民之家等)、高压线走廊、生态修复工程等都会涉及。

B:目前存在的问题有哪些?

L:中心目前主要以存量土地储备为主,但武汉市内存量土地日趋紧张,且土地分中心部门设置较多,我们也在策划在远城区进行土地的储备及开发。

——笔者根据访谈内容整理

2) 征储制度保障新增企业土地供应

我国一直以来都是走以工业化带动城市化的发展路径,工业经济建设对土地需求量大,但"双轨制"土地产权结构也逐渐成为制约城市发展的重要制度因素。为此,我国政府为保证城市化进程的顺利推进,进行了一系列征地制度改革。纵观我国土地征收制度演变(表4-6):1986年颁布的《中华人民共和国土地管理法》将土地征收相关条例上升到法律的高度,并将《国家建设征用土地条例》(1982年)同时废止;2004年对《中华人民共和国宪法》进行了修改,明确了"征收"和"征用"的不同含义和适用范围,赋予了"征地补偿"的法律意义;2004年对《中华人民共和国土地管理法》再次修改,并颁布了《关于完善征地补偿安置制度的指导意见》,对土地补偿费的分配原则、被征地农民的安置途径、征地工作程序及征地实施监管问题做了详细规定。征地制度的建立与完善一方面为我国城市经济建设中土地资源的供给提供了制度保障,另一方面也促使各城市一系列"圈地运动"现象的产生。据2003—2013年《中国国土资源年鉴》,全国土地征收面积从2003年的2 860.26 km² 增长至2013年的3 896.08 km²。

表4-6 涉及国家土地征收制度的政策性文件

序号	文件名称	主要内容
1	《中华人民共和国土地管理法》(1986年出台,1988年、2004年修订,全国人民代表大会常务委员会)	第四款修改为:国家为了公共利益的需要,可以依法对土地实行征收或者征用并给予补偿

序号	文件名称	主要内容
2	《中华人民共和国宪法修正案》(2004 年,全国人民代表大会)	宪法第十条第三款"国家为了公共利益的需要,可以依照法律规定对土地实行征用"修改为"国家为了公共利益的需要,可以依照法律规定对土地实行征收或者征用并给予补偿"
3	《关于完善征地补偿安置制度的指导意见》(2004 年,国土资源部)	土地补偿费和安置补助费合计按 30 倍计算,尚不足以使被征地农民保持原有生活水平的,由当地人民政府统筹安排,从国有土地有偿使用收益中划出一定比例给予补贴
4	《国务院关于深化改革严格土地管理的决定》(2004 年,国务院)	完善征地补偿和安置制度:完善征地补偿办法(征地补偿做到同地同价);妥善安置被征地农民;健全征地程序;加强对征地实施过程监管
5	《关于贯彻落实〈国务院关于深化改革严格土地管理的决定〉的通知》(2004 年,农业部)	解决安置被征地农民的承包土地,应统筹考虑承包土地的供应与需求,有计划、有步骤地进行,不得通过违法调整、收回农户承包地的方式解决
6	《国务院关于加强土地调控有关问题的通知》(2006 年,国务院)	切实保障被征地农民的长远生计。征地补偿安置必须以确保被征地农民原有生活水平不降低、长远生计有保障为原则
7	《中共中央关于推进农村改革发展若干重大问题的决定》(2008 年,中国共产党第十七届中央委员会第三次全体会议)	改革征地制度,严格界定公益性和经营性建设用地,逐步缩小征地范围,完善征地补偿机制。依法征收农村集体土地,按照同地同价原则及时足额给农村集体组织和农民合理补偿
8	《中华人民共和国物权法》(2007 年,全国人民代表大会)	为了公共利益的需要,依照法律规定的权限和程序可以征收集体所有的土地和单位、个人的房屋及其他不动产
9	《国土资源部关于进一步做好征地管理工作的通知》(2010 年,国土资源部)	推进征地补偿新标准实施,确保补偿费用落实到位;采取多元安置途径,保障被征地农民生产生活;做好征地中农民住房拆迁补偿安置工作,解决好被征地农民居住问题;规范征地程序,提高征地工作透明度;切实履行职责,加强征地管理

土地征收与土地储备的不断完善为城市建设提供了大量土地,为新增制造业企业的土地供应提供了制度保障(图 4-8)。随着武汉土地储备与征收制度的逐步建立(表 4-7),武汉土地供应总量不断攀升,工矿企业土地供应量占比一直保持在 30% 的水平(图 4-9)。2012 年,《武汉市工业用地计划管理办法(试行)》进一步明确了新增建设用地向工业项目倾斜的规定,新增建设用地成为制造业企业土地供应的主要来源[①],新城区成为武汉制造业企业区位选址的主要空间载体。2000—2016 年,武汉开发区和新城区制造业用地供应和出让规模远大于中心城区(图 4-10)。

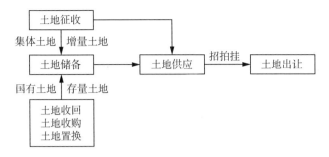

图 4-8　土地征收、储备、供应及出让的相互关系及流程

表 4-7　涉及武汉土地储备与征收制度的政策性文件

序号	文件名称	主要内容
1	《武汉市土地交易管理办法》（2002年，武汉市人民政府）	设立土地交易有形市场，作为土地交易的专门场所。对武汉土地交易中心的主要职责、土地交易程序、土地交易方式做了详细规定
2	《武汉市土地储备管理办法》（2002年，武汉市人民政府）	对武汉市土地整理储备供应中心主要工作职能、收购补偿方式、土地储备机构收购土地程序及土地储备资金管理等做了详细规定
3	《武汉市征用集体所有土地房屋拆迁管理办法》（2004年，武汉市人民政府）	对被征用集体土地的拆迁管理、拆迁补偿和安置做了详细规定
4	《武汉市征用集体所有土地补偿安置办法》（2003年，武汉市人民政府）	对被征集体所有土地的土地、青苗及地上附着物补偿和农业人口安置做了详细规定
5	《武汉市工业用地计划管理办法（试行）》（2012年，武汉市人民政府）	优先保障工业项目用地计划，全市年度新增建设用地计划的35％以上、新城区年度新增建设用地计划的50％以上用于工业项目。积极推进工业用地先行征收和整理。鼓励各区根据城市总体规划、土地利用总体规划和近期建设规划，对近期建设拟使用涉及的集体土地进行先行征收……超前做好工业用地征收转用、整理储备工作，重点用于重大项目的启动区、中小企业的集聚区、标准厂房用地区的工业项目建设
6	《武汉市人民政府关于进一步加强土地供应管理　促进节约集约用地的意见》（2016年，武汉市人民政府）	坚持土地资源市场配置，深化土地有偿使用：明确国有土地划拨供应范围；明确国有土地公开出让范围；明确国有土地协议出让范围；丰富国有土地供应方式。完善土地价格确认机制，强化土地收益管理。自2016年3月1日起施行

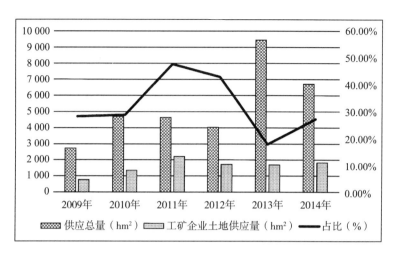

图 4-9 2019—2014 年武汉历年土地供应总量及工矿企业土地供应量

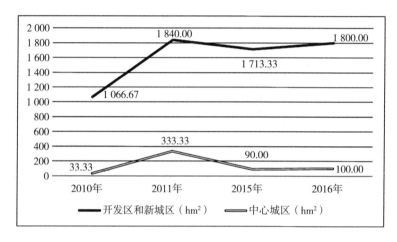

图 4-10 2010—2016 年武汉各区制造业用地供应量

4.2 开发区制度对武汉都市区制造业企业区位的作用分析

4.2.1 我国开发区发展概况

开发区是指在一定地域范围内实行特殊优惠政策,以扩大出口、赚取外汇、增加就业、引进先进技术和管理方法,促进经济发展的地区(黄建洪,2014)。从发展类型来看,开发区包括城市规划区内设立的经济技术开发区、高新技术产业开发区、保税区、国家旅游度假区等享有国家特定优惠政策的各类开发区。从行政级别来看,开发区又可被分为由国务院和省、自治区、直辖市人民政府批准设立的国家级开发区、省级开发区和市级开发区。我国开发区以 1984 年第一批经济技术开发区的设立为起点,依次经历了"起步建设—扩张积累—竞争分异—成熟规范"等发展阶段(刘鲁鱼等,2004)。开发区作为一种新的产业空间组织模式在中国城市出现,不仅成为快速城镇化过程中的重要空间载体和新型空间单元,而且带动了城市整体的空间扩张和结构转型。与国外的开发区相比较,中国开发区模式具有鲜明的中国特色,我国学者王兴平等(2013)将其概括为制造型和劳动密集型为主导的中国特色产业链模式、大空间粗放型的中国特色空间利用模式、政府和行政体制主导的中国特色园区管理模式。而制造业是我国开发区的主导产业类型(表4-8)。

表4-8 我国主要大城市国家级开发区基本情况

名称	批准时间	主导产业
天津经济技术开发区	1984-12	电子通信、汽车和机械制造、生物医药、食品饮料、新能源等
广州经济技术开发区	1984-12	化学原料及化学制品制造业、食品制造业、电气机械及器材制造业等
上海闵行经济技术开发区	1986-01	精细化工、纺织纤维、新材料、造纸等
北京中关村科技园	1988-05	通信、生物健康、节能环保、集成电路、新材料等
杭州高新技术产业开发区	1991-03	电子与信息、光机电一体化、生物、医药技术等
南京高新技术产业开发区	1991-03	电子信息业、光机电、化工新材料、生物医药等
武汉东湖新技术开发区	1991-03	光电子信息、生物医药、高端装备制造、新能源和节能环保等
天津滨海高新技术产业开发区	1991-03	信息技术、新能源与新能源汽车、高端装备制造、海洋产业等
上海张江高新技术产业开发区	1992-11	信息技术、新材料、生物医药等
武汉经济技术开发区	1993-04	汽车及零部件、电子电器、食品饮料、生物医药、新能源新材料等
重庆经济技术开发区	1993-04	电子信息、高端装备制造等
苏州工业园区	1994-02	电子、通信设备、精密机械、医药等
北京经济技术开发区	1994-08	电子信息、集成电路及发光二极管(LED)、生物医药、装备制造等
成都经济技术开发区	2000-02	汽车及零部件、先进制造等
南京经济技术开发区	2002-03	电子信息、生物医药、机械、新材料等

开发区本质上就是一种制度产物(洪燕,2006)。开发区特殊的制度安排成为推动开发区发展和引导土地、资本、产业、技术、人才等各要素规模集聚的主要动力。不同于土地制度、财税制度等单一类型制度,开发区制度在制度内容上更具优惠与系统性,涵盖了土地、财税、金融、科创、外贸等多方面政策,通过实施用地倾斜、财税支持、创新激励、产业扶持、外资开发等一系列优惠政策,吸引各类型企业向开发区集聚。不同等级、不同类型

的开发区制度会有所差异,也会对企业区位选址产生不同的影响。

1991年,武汉东湖高新技术开发区(现更名为武汉东湖新技术开发区)被国务院批准为首批国家级高新技术产业开发区,成为武汉第一个国家级开发区。经过20余年的建设发展,截至2015年,武汉共有国家级开发区3个、省级开发区7个、市级开发区6个(表4-9)。

表4-9 武汉开发区建设情况汇总

级别	开发区名称	建立时间	规划面积(km²)	所在区	备注
国家级	武汉东湖新技术开发区	1988年	518.00	洪山区	1991年被国务院批准为首批国家级高新技术产业开发区,2009年被国务院批准为国家自主创新示范区
	武汉经济技术开发区	1991年	389.70	汉南区	1993年被国务院批准为国家级经济技术开发区,2006年托管蔡甸区军山街道,2013年12月整体托管汉南区
	吴家山经济技术开发区	1992年	21.00	东西湖区	2000年升级为省级经济开发区;2010年升级为国家级经济技术开发区,现更名为"武汉临空港经济技术开发区"
省级	盘龙城经济开发区	1992年	20.00	黄陂区	2005年批准为省级开发区
	阳逻经济开发区	1993年	35.00	新洲区	—
	江夏经济开发区	1992年	12.93	江夏区	原武汉东湖新技术开发区庙山小区,2004年变更为省级开发区
	青山经济开发区	1988年	10.12	青山区	—
	蔡甸经济开发区	—	197.00	蔡甸区	—
	汉南经济开发区	1992年	2.36	汉南区	—
	武汉化学工业区	2008年	71.63	青山区	—
市级(都市工业园)	江岸经济开发区	1994年	1.98	江岸区	—
	江汉经济开发区	1992年	0.83	江汉区	—
	硚口经济开发区	1993年	0.52	硚口区	—
	汉阳经济开发区	1993年	16.71	汉阳区	—
	武昌经济开发区	1992年	0.50	武昌区	—
	洪山经济开发区	1992年	0.33	洪山区	—

4.2.2 用地政策:指标倾斜,保障建设空间

土地优惠政策在开发区建设初期发挥着关键作用,其中土地指标倾斜和土地价格优惠是引导制造业企业向开发区集聚的关键因素。但随着开发区建设日趋成熟,土地价格优势的作用也将会逐渐减弱。一方面,国家、省、市均出台相关政策要求建设用地指标向开发区倾斜,从而保障了开发区建设的土地供应量(表4-10),如《武汉市人民政府关于批转武汉市工业用地计划管理办法(试行)的通知》(武政规〔2012〕9号)中规定"90%的用地计划应安排在工业园区内";另一方面,通过给予土地价格优惠、调整土地支付方式等方法,采取"定制化"的土地价格出让,引导企业入园。根据笔者对武汉蔡甸经济开发区的调研可知,其土地优惠政策中明确规定"土地出让价格根据项目或企业的不同情况,按低于实际开发成本的20%—30%给予优惠"。在对武汉东湖新技术开发区武汉国家生物产业基地建设管理办公室C女士访谈时,她说:"我们一般会根据企业具体情况给予土地价格优惠,原则上不低于土地成本(包括土地征用费、基础设施开发费以及利息支出)的70%即可。在生物城建设初期(2010年左右),我们尽量压低土地价格来吸引企业投资,土地成本大概是15万—20万元/亩。随着园区发展日趋成熟,产业配套日益齐全,土地成本上涨,土地价格优惠已经不能成为企业入驻最具竞争力的条件了,现在的土地成本已达50万元/亩。"

表4-10 国家、湖北、武汉政府涉及开发区土地政策的相关文件

序号	文号	政策文件	主要内容
1	国办发〔2005〕15号	《国务院办公厅转发商务部等部门关于促进国家级经济技术开发区进一步提高发展水平若干意见的通知》	涉及农用地转用和土地征收,依法需报国务院批准的,国家级经济技术开发区可按城市分批次用地形式单独组织报批,经所在地县级以上地方人民政府逐级审核同意后,报国务院审批;在土地利用总体规划范围内,不改变土地使用用途且符合国家产业政策的建设项目用地,有关部门应依法、及时办理相关手续
2	商资发〔2006〕257号	《商务部、国土资源部关于印发〈国家级经济技术开发区经济社会发展"十一五"规划纲要〉的通知》	保障国家级开发区生产建设用地有效供给。国家级开发区的建设用地用途以现代制造业、高技术产业和承接服务外包业为主,除必要的配套设施外,不擅自改变土地用途
3	国发〔2010〕9号	《国务院关于进一步做好利用外资工作的若干意见》	规范和促进开发区发展,发挥开发区在体制创新、科技引领、产业集聚、土地集约方面的载体和平台作用。支持符合条件的省级开发区升级,支持具备条件的国家级、省级开发区扩区和调整区位,制定加快边境经济合作区建设的支持政策措施

序号	文号	政策文件	主要内容
4	鄂政发〔2012〕67号	《湖北省人民政府关于进一步支持开发区发展的意见》	开发区内工业用地土地出让金应按国家有关政策缴纳,一次性缴纳有困难的,可在规定的期限内分两期缴纳。探索实行开发区工业用地短期出让,降低企业用地成本。对先进开发区予以表彰和奖励,在项目布局、投资安排、用地计划、能源消费总量指标等方面予以倾斜
5	鄂政发〔2015〕31号	《湖北省人民政府关于促进开发区转型升级创新发展的若干意见》	各地建设用地计划指标向开发区倾斜,严格控制区外用地。支持工业用地实行弹性出让和年租制度,盘活现有土地存量资产
6	武政规〔2012〕9号	《武汉市人民政府关于批转武汉市工业用地计划管理办法(试行)的通知》	工业项目用地必须符合城市总体规划和土地利用总体规划要求,且90%的用地计划应当安排在工业园区内

4.2.3 财税政策:财税减免,降低企业成本

税收和财政优惠政策是开发区制度体系中的重要组成部分,在开发区建设初期对吸引企业入驻发挥了至关重要的作用。其中,税收优惠政策在招商引资方面、财政政策在园区载体开发(主要是基础设施建设)方面做出了重要贡献。目前我国大多数开发区(尤其是国家级开发区)都在国家法律规定的范围内给予企业税收优惠,涉及的税种主要包括企业所得税、增值税、营业税、消费税、关税及地方税等。地方政府在国家规定的范围内给予企业期限不等的企业所得税减免优惠,其中对外商投资者的优惠倾斜更为明显,主要政策依据包括:《指导外商投资方向暂行规定》(2002年)、《中华人民共和国外资企业法实施细则》(2014年)、《中华人民共和国外资企业法》(2016年)、《中华人民共和国中外合资经营企业法》(2016年)等。为创造公平竞争的税收环境,2008年1月1日起我国开始实行《中华人民共和国企业所得税法》(下文简称"新税法")。新税法结束了外商投资的特殊优惠待遇,并取消了地域优惠,鼓励和引导开发区在高技术、节能环保等新兴产业领域的发展,对国家需要重点扶持的高技术产业,减按15%的税率征收企业所得税。与此同时,国家对开发区的初期建设给予了巨大的财政支持,对开发区新增财政收入实行全额或部分返还,如对于首批设立的14个国家级经济技术开发区在财政收入上享受两个"5年期全额返还"和一个"3年期递减返还"政策,以支持开发区的建设和发展。除此之外,国家财政还向处于建设初期的开发区提供少量为期15年的贴息贷款。

武汉东湖新技术开发区(下文简称"东湖开发区")享受国家级高新技

术开发园区、国家自主创新示范区等多种财税优惠政策。在税收优惠方面,东湖开发区对园区内经过认定的高新技术企业的企业使用税、营业税、土地使用税和地方所得税等实行一系列优惠(表 4-11),如规定凡进入东湖开发区的高新技术企业自投产年度起免征所得税两年,两年以后,减按 15% 的税率征收企业所得税(一般按 25%),对生产型外资企业实行"二免三减半"②的优惠等。在费用减免方面,根据《武汉市人民政府关于促进工业经济平稳较快发展的意见》(武政〔2013〕45 号)规定,对东湖开发区、武汉经济技术开发区、武汉化学工业区、6 个新城区和 3 个跨三环中心城区工业倍增发展区内的工业项目实行减免建设维护和服务性收费等一系列相关减免政策(表 4-12)。

表 4-11 东湖开发区税收优惠政策

税种	优惠政策
企业所得税	凡进入东湖开发区的高新技术企业自认定之日起,减按 15% 的税率征收所得税(一般按 25% 征收),出口产品产值达到当年总产值 70% 以上的,经税务部门核实,减按 10% 的税率征收所得税[源自《关于企业所得税若干优惠政策的通知》(财税字〔94〕001 号);《湖北省高新技术企业、高新技术产品认定和优惠办法(试行)》(湖北省人民政府令第 60 号)]
	新办的内资高新技术企业,经企业申请,税务机关批准,从投产年度起,两年内免征所得税[源自《关于企业所得税若干优惠政策的通知》(财税字〔94〕001 号);《湖北省高新技术企业、高新技术产品认定和优惠办法(试行)》(湖北省人民政府令第 60 号)]
	外商投资企业的企业所得税和外国企业就其在中国境内设立的从事生产、经营的机构、场所的所得应纳的企业所得税,按应纳税的所得额计算,税率为百分之三十;地方所得税,按应纳税的所得额计算,税率为百分之三[源自《中华人民共和国外商投资企业和外国企业所得税法》(中华人民共和国主席令第 45 号)]
营业税	对单位和个人(包括外商投资企业、外商投资设立的研究开发中心、外国企业和外籍个人)从事技术转让、技术开发业务和与之相关的技术咨询、技术服务业务取得的收入,免征营业税[源自《湖北省地方税务局关于进一步加强涉外地方税收工作的通知》(鄂地税发〔2000〕20 号)]
	注册在示范地区的居民企业在一个纳税年度内,转让技术的所有权或 5 年以上(含 5 年)许可使用权取得的所得不超过 500 万元的部分,免征企业所得税;超过 500 万元的部分,减半征收企业所得税[源自《财政部 国家税务总局关于推广中关村国家自主创新示范区税收试点政策有关问题的通知》(国财税〔2015〕62 号)]
地方所得税	对设在开发区的外商投资企业,经税务部门批准,可采取先征后返的办法,从开始获利年度起,10 年内享受免征地方所得税的优惠待遇[源自《武汉市人民政府关于进一步鼓励外商投资若干政策的通知》(武政〔1998〕46 号)]

表 4-12　涉及武汉开发区费用减免相关政策规定

序号	政策文件	主要内容
1	《武汉市人民政府关于进一步鼓励外商投资若干政策的通知》(武政〔1998〕46 号)	鼓励外商到东湖高技术开发区和武汉经济技术开发区(以下简称开发区)投资。在开发区投资的外商投资企业,除地价外,实行市级权限内确定的行政事业性收费零费率
2	《武汉市人民政府关于促进工业经济平稳较快发展的意见》(武政〔2013〕45 号)	对武汉东湖新技术开发区、武汉经济技术开发区、武汉化工区,以及我市 6 个新城区和 3 个跨三环线中心城区"工业倍增"发展区内的工业项目,免收城市绿化补偿费、人防工程易地建设费、白蚁防治费等 3 项行政事业性收费;减半征收水土保持补偿费、堤防维护费、生活垃圾服务费等 3 项行政事业性收费;免收防雷装置设计技术审查费,减半征收防雷装置施工跟踪检测费和雷电风险评估费

4.2.4　金融政策:信贷扶持,降低融资门槛

开发区建设离不开金融资金的支持与保障,我国在开发区建设初期通过实施一系列金融信贷扶持政策,为企业资本筹措提供便利和帮助,具体包括低息贷款或者贴息贷款、发行债券及风险基金、创办风险投资公司、金融政策支持等多种方式(表 4-13)。

表 4-13　国家涉及开发区金融扶持政策的相关文件

序号	文号	政策文件	政策内容
1	商资发〔2006〕257 号	《商务部、国土资源部关于印发〈国家级经济技术开发区经济社会发展"十一五"规划纲要〉的通知》	促进国家级开发区与金融机构合作,建立股权式投资实体,投资区内高成长性的企业,建立推进市场化的金融合作模式。争取国家政策性银行对国家级开发区基础设施和重点产业的贷款。探索新的投融资方式,在有效规避汇率风险的前提下,通过项目融资、特许经营权转让、企业股权转让等多种形式,进入境外资本市场,争取更多的境外资金。积极争取政府贷款、国际组织援助资金投向中西部和东北地区等老工业基地国家级开发区开发建设。鼓励国家政策性银行、保险公司和商业银行等金融机构对国家级开发区基础设施项目及公用事业项目给予信贷支持。支持国家级开发区企业通过股票、债券等资本市场扩大直接融资。通过市场化运作,建立国家级开发区投资基金,支持国家级开发区发展高新技术产业和现代制造业、现代服务业

序号	文号	政策文件	政策内容
2	财建〔2012〕94号	《关于印发〈国家级经济技术开发区 国家级边境经济合作区基础设施项目贷款中央财政贴息资金管理办法〉的通知》	中央财政对西部地区开发区、战略性新兴产业集聚和自主创新能力强的开发区,给予重点贴息支持。开发区管辖区域范围内已落实贷款并已按期支付利息的基础设施在建项目,均可按规定申报贴息资金
3	国发〔2010〕28号	《国务院关于中西部地区承接产业转移的指导意见》	第25条 对中西部地区符合条件的国家级经济技术开发区和高新技术开发区公共基础设施项目贷款实施财政贴息
4	国办发〔2005〕15号	《国务院办公厅转发商务部等部门关于促进国家级经济技术开发区进一步提高发展水平若干意见的通知》	继续对国家级经济技术开发区给予金融政策支持。鼓励国家政策性银行、商业银行对符合条件的国家级经济技术开发区区内基础设施项目及公用事业项目给予信贷支持,支持符合条件的区内企业通过资本市场扩大直接融资等。大力支持中西部地区国家级经济技术开发区发展。继续实行对中西部地区国家级经济技术开发区基础设施建设项目的贷款贴息政策,适当增加贷款贴息规模

　　截至2013年,东湖开发区先后制定出台了15项科技金融服务专项政策,并得到省、市政府金融专项政策的支持,形成了独特的科技金融创新政策支撑体系。在金融机构、企业利用资本市场、中小企业融资、创业投资、贷款保证保险等领域,通过落户补贴、办公场地支持、专项资金支持、鼓励金融创新等优惠方式,为园区内的企业搭建多方式的投融资平台,将其打造成为股权资本化、智力资本化的"资本特区"(武汉大学湖北发展问题研究中心等,2016)(表4-14、表4-15)。

表4-14　东湖开发区涉及金融扶持的相关政策性文件

序号	文号	政策文件	支持领域
1	武新管发改〔2014〕42号	《武汉东湖新技术开发区管委会关于印发〈东湖国家自主创新示范区打造资本特区的暂行办法〉的通知》	金融机构
2	武新管发改〔2012〕17号	《武汉东湖新技术开发区管委会关于充分利用资本市场促进经济发展的实施意见》	企业利用资本市场
3	武新管〔2012〕13号	《武汉东湖新技术开发区创业投资引导基金管理暂行办法》	创业投资
4	武银管办发〔2014〕20号	《改进和完善东湖国家自主创新示范区科技型企业贷款保证保险业务的补充意见》	贷款保证保险
5	武银管发〔2013〕72号	《东湖国家自主创新示范区科技型企业贷款保证保险业务操作指引》	贷款保证保险

表 4-15　东湖开发区金融扶持方式及内容

鼓励方式	具体内容
落户补贴	对示范区新设立或新迁入的金融机构,按照注册资本(或营运资金)的1%给予一次性落户奖励,最高奖励金额为2 000万元
办公场地支持	对示范区新设立或新迁入的金融机构及金融中介服务机构购、建自用办公用房的,给予一次性补贴。补贴标准为每平方米1 000元,根据机构实际使用需要最高不超过200万元。对示范区新设立或新迁入的天使投资基金租赁自用办公用房的,每年按照实际租金水平或市场指导价格的50%给予补贴,运营期间不得转租
专项资金支持	对示范区新设立或新迁入的天使投资机构,自开业年度起10年内,根据其经营发展情况,给予一定补贴。对示范区从事天使投资的个人,在其10年投资期内,根据其进行天使投资的情况,给予一定补贴
鼓励金融创新	对示范区高新技术企业或科技型中小企业购买科技保险的,按照其投保费用的30%给予补贴,单一企业每年本项补贴上限为50万元

4.2.5　科创政策:创新先导,吸引科创人才

随着开发区建设初期享有的土地优惠、财税优惠、金融扶持等政策效用的减弱,技术和人才的创新激励要素显得越来越重要。科创人才政策通过一系列的奖励措施来激励创新、引进人才,为制造业企业(尤其是新技术型企业)提供良好的创新发展环境,吸引制造业企业入驻园区。

自2010年以来,在国家"双创"发展战略背景下,武汉也相继出台了一系列科创人才政策(表4-16),鼓励科技创新,吸引人才集聚。2012年,《武汉市人民政府关于促进东湖国家自主创新示范区科技成果转化体制机制创新的若干意见》(简称"黄金十条")出台,在鼓励科技人员留岗创业、开展国有知识产权管理制度改革、建设新型产业技术研究院、瞪羚企业认定与培育、设立股权激励代持专项资金、发展天使投资与风险投资、科技企业孵化器与加速器发展等关键领域做出具体的政策规定,通过资金奖励、用地优惠、费用减免、税收返还等方式激发各类创新主体的创新创业活动,促进科技成果转化(表4-17)。2013年,东湖开发区在原政策框架下进一步出台了《武汉东湖新技术开发区管委会促进东湖国家自主创新示范区科技成果转化体制机制创新的若干意见实施导则》,深入贯彻"黄金十条"。2014年,东湖开发区启动了《武汉东湖新技术开发区管委会关于建设创业光谷的若干意见》(简称"创业十条"),从优化服务、完善平台、繁荣主体、丰富要素、营造环境五个方面统筹,以激发创业资源。2015年1月,湖北省第十二届人民代表大会常务委员会第十三次会议表决通过《东湖国家自主创新示范区条例》,该条例作为一部保障、促进、引领东湖开发区创新发展的"基本法",进一步为东湖开发区的创新驱动发展、先行先试提供了可持续、更坚实的制度保障和动力(表4-18)。

表 4-16 武汉涉及科创人才的相关政策文件

序号	文号	文件名称
1	武政规〔2010〕13 号	《武汉市人民政府关于强化企业技术创新主体地位 提升企业自主创新能力的若干研究》
2	武政规〔2010〕18 号	《武汉市人民政府关于印发武汉市建设国家创新型试点城市实施方案的通知》
3	武办发〔2010〕22 号	《武汉市委办公厅 市政府办公厅关于印发〈武汉市实施"黄鹤英才计划"的办法(试行)〉的通知》
4	武财企〔2011〕298 号	《武汉市财政局、武汉市科技局关于印发〈武汉市科学技术研究与开发资金管理办法〉的通知》
5	武发〔2012〕9 号	《中共武汉市委、武汉市人民政府关于推进文化科技创新、加快文化和科技融合发展的意见》
6	武政〔2012〕22 号	《武汉市人民政府关于进一步支持科技企业孵化器建设与发展的意见》
7	武政〔2012〕95 号	《武汉市人民政府关于进一步加快科技成果转化的意见》
8	武科〔2012〕97 号	《关于推动科技金融市区联动促进科技型企业发展的实施意见》
9	武政规〔2013〕14 号	《武汉市人民政府关于实施"青桐"计划鼓励大学生到科技孵化器创业的意见》
10	武政〔2013〕17 号	《武汉市人民政府关于颁发 2012 年度武汉市科学技术奖的决定》
11	武政〔2013〕28 号	《武汉市人民政府关于进一步深化全民创业工作的意见》
12	武政〔2013〕53 号	《武汉市人民政府关于印发武汉市自主创新能力提升计划(2013—2016 年)的通知》
13	武政办〔2013〕125 号	《武汉市人民政府办公厅关于印发〈武汉市科技创业天使投资基金暨种子基金管理暂行办法〉的通知》
14	武政〔2014〕57 号	《武汉市人民政府关于依托东湖国家自主创新示范区开展"一区多园"试点工作的实施意见》
15	武文〔2016〕12 号	《中共武汉市委、武汉人民政府关于加快实施"创谷计划"的通知》
16	武政〔2016〕39 号	《武汉市人民政府关于促进科技金融改革创新工作的实施意见》
17	武政规〔2017〕15 号	《武汉市人民政府关于进一步促进科技成果转化的意见》

表 4-17　东湖开发区鼓励创新的主要方式

鼓励方式	具体内容
资金奖励	对于在东湖开发区登记注册的科技型企业,符合国家科技型中小企业创新基金申报条件的,给予不低于 30 万元的资金支持。每年支持 200 家
用地优惠	在东湖开发区按照规划建设与运营科技企业孵化器和加速器,限定租售对象和租售价格的,按工业用地性质及价格标准供应土地(国内一般按照商业用地供地)
费用减免	对于在东湖开发区登记注册的科技型内资企业,注册资本在 100 万元以下的,允许注册资本"零首付"。企业在运行中,涉及市级及以下的行政服务性收费事项一律取消;国家规定的行政事业性收费事项按照收费标准的下限收取
税收返还	入驻东湖开发区的风险投资机构,对其实际缴纳的营业税、企业所得税市级和开发区留成部分,5 年内按照 100%标准给予奖励

表 4-18　东湖开发区鼓励科技创新的相关政策性文件

序号	文号	政策文件	支持领域
1	武政〔2012〕73 号	《武汉市人民政府关于促进东湖国家自主创新示范区科技成果转化体制机制创新的若干意见》(简称"黄金十条")	科技成果转化
2	武新管〔2012〕114 号	《武汉东湖新技术开发区关于促进科技企业孵化器建设与发展的实施办法》	孵化器建设发展
3	武新管〔2013〕92 号	《武汉东湖新技术开发区管委会促进东湖国家自主创新示范区科技成果转化体制机制创新的若干意见实施导则》("黄金十条"实施细则)	科技成果转化
4	武新管〔2013〕144 号	《东湖国家自主创新示范区股权激励代持专项基金管理办法》	股权激励
5	武新管科创〔2014〕19 号	《武汉东湖新技术开发区管委会关于加快产业技术创新联盟建设与发展的实施意见》	创新联盟
6	武新管科创〔2014〕11 号	《武汉东湖新技术开发区管委会关于鼓励高新技术企业认定的暂行办法》	高企认定
7	武新管〔2014〕190 号	《武汉东湖新技术开发区管委会关于建设创业光谷的若干意见》(简称"创业十条")	创新创业
8	武新管(2013)191 号	《武汉东湖新技术开发区关于实施"青桐"计划的暂行办法》	大学生创业

序号	文号	政策文件	支持领域
9	武新规〔2015〕6号	《武汉东湖新技术开发区科技创新券实施办法(试行)》	创新与产学研合作
10	武新规〔2015〕5号	《武汉东湖新技术开发区瞪羚企业认定及培育办法》	瞪羚企业认定与培育
11	2015年1月15日湖北省第十二届人民代表大会常务委员会第十三次会议通过	《东湖国家自主创新示范区条例》	制度建设

2009年,东湖开发区实施"3551光谷人才计划",力争在3年时间内,涵盖光电子信息、生物、环保节能、高端装备制造、现代服务业5大产业领域,引进和培养50名左右掌握国际先进技术的科技领军人才和1000名左右在新兴产业领域从事科技创新、成果转化的高层次人才。2014年,武汉进一步修订并出台《武汉东湖新技术开发区"3551光谷人才计划"暂行办法》,设立1亿元光谷人才基金,探索建立"无偿资助+股权投资"的人才资助方式。截至2014年底,东湖开发区通过税收优惠、股权激励、社会福利、设立基金等方式,累计吸引国家"千人计划"创业类人才35人,湖北省"百人计划"133人,"3551光谷人才计划"772人(团队)(表4-19)。

表4-19 东湖开发区人才引进政策的主要方式

鼓励方式	主要内容
税收优惠	自1999年7月1日起,科研机构、高等学校转化科技成果以股份或出资比例等股权形式给予个人奖励,获奖人在取得股份、出资比例时,暂不缴纳个人所得税;个人的所得(不含偶然所得,是经国务院财政部门确定征税的其他所得)用于资助科研机构、高等学校研究开发经费的支出,可以全额在下月(工资薪金所得)或下次(按次计征的所得)或当年(按年计征的所得)计征个人所得税时,从应纳税所得额中扣除,不足抵扣的,不得结转抵扣[源自《湖北省地方税务局转发国家税务总局关于加强技术创新发展高科技有关所得税规定的通知的通知》(鄂地税发〔2000〕66号);《武汉市地方税务局转发省地方税务局转发的财政部、国家税务总局关于加强技术创新发展高科技有关税收规定的通知的通知》(武地税发〔2000〕156号)]
股权激励	设立首批5亿元的股权激励代持专项资金,对符合股权激励条件的团队和个人,给予股权认购、代持及股权取得阶段所产生的个人所得税代垫等支持[源自《武汉市人民政府关于促进东湖国家自主创新示范区科技成果转化体制机制创新的若干意见》(武政〔2012〕73号)]

鼓励方式	主要内容
社会福利	凡博士、硕士、本科毕业生,具有高级职称的科技人才,以及"武汉·中国光谷"急需的各类人才,被光电子信息企业正式录用的,人事、公安、计划等部门可根据用人单位的申请优先办理入户手续,其配偶、子女可同时随迁[源自《武汉东湖新技术开发区关于加快光电子信息产业发展的若干意见》(武新管〔2012〕208 号)]
设立基金	重点对引进的国际、国内光电子信息领域的中青年高级人才予以资助,包括无偿提供住房、给予相应的医疗保障等。对短期来东湖开发区工作的高级人才、特聘专家,经认定后,每月补助 1 万元[源自《武汉东湖新技术开发区关于加快光电子信息产业发展的若干意见》(武新管〔2012〕208 号)]

4.3 生态环保制度对武汉都市区制造业企业区位的作用分析

4.3.1 我国生态环保制度演变

中央十八大报告明确提出生态文明建设的重要地位,并提出要建立"最严格的环境保护制度""加大自然生态系统和环境保护力度"等生态保护目标。随着我国各大城市逐渐进入工业化后期,原来以牺牲生态环境换取"粗放式"用地和经济增长的模式已不再适用,环境保护建设已显示出越来越重要的地位。本书所指的生态环保制度主要包括生态保护制度和环境保护制度:① 生态保护制度主要是通过生态管控方法来约束企业区位选址,控制建设用地的快速扩张对城市生态空间的侵蚀。自 2005 年深圳首次提出《深圳市基本生态控制线管理规定》之后,无锡、广州、长沙、武汉等各大城市陆续开展了生态控制线的规划和立法(表 4-20)。② 环境保护制度主要包括环境规划制度、环境影响评价制度、环境许可证制度、"三同时"制度、环境资源税费制度、环境标准制度、环境监测制度及突发事件应急预警处置制度等(秦天宝,2013)。不同类别的环境保护制度在实施环节、实施内容上有所差异,发挥的制度作用也有所不同。其中对制造业企业区位选址有重要影响作用的是环境影响评价制度,它是指对规划和建设项目实施后可能造成的影响进行评价、预测和评估,并提出预防或减轻不良环境影响的对策和措施的制度,是我国环境保护制度的重要类型之一。1989 年,在《中华人民共和国环境保护法》中首次提出"环境影响报告书的批准是建设项目开展实施的前提"。1998 年,《建设项目环境保护管理条例》正式确立了环境影响评价制度。2002 年,《中华人民共和国环境影响评价法》将环境影响评价制度分为规划的环境影响评价和建设项目的环境影响评价两大类,并规定"建设项目批准之前必须进行环境影响评价",进一步提升了环境影响制度的法律效力(表 4-21)。

表 4-20　我国部分大城市生态控制线制度建设情况

城市	控制规模 （km²）	控制范围占 城市规划区面 积的比例(%)	相关政策文件
深圳	974.5	500.00	《深圳市基本生态控制线管理规定》(2005 年)；《深圳市基本生态控制线优化调整方案》(2013 年)
无锡	530.0	32.40	《无锡市基本生态控制线管理规定》(2006 年)
广州	5 228.0	70.30	《广州市基本生态控制线规划》(2007 年)；《广州市基本生态控制线管理规定》(2013 年)
长沙	3 066.0	61.82	《长沙市基本生态控制线规划》(2010 年)；管理规定暂未发布
武汉	6 391.0	75.00	《武汉市生态框架保护规划》(2008 年)；《武汉市基本生态控制线管理规定》(2012 年)；《武汉都市发展区1：2 000 基本生态控制线规划》(2013 年)；《武汉市基本生态控制线管理条例》(2016 年)

表 4-21　涉及国家环境影响评价制度的相关政策文件

序号	文号	政策文件	主要内容
1	中华人民共和国主席令第 22 号(1989 年)	《中华人民共和国环境保护法》	建设项目的环境影响报告书，必须对建设项目产生的污染和对环境的影响做出评价。环境影响报告书经批准后，计划部门方可批准建设项目设计任务书
2	国发〔1996〕31 号	《国务院关于加强环境保护若干问题的决定》	建设对环境有影响的项目必须依法严格执行环境影响评价制度和环境保护设施与主体工程同时设计、同时施工、同时投产的"三同时"制度
3	中华人民共和国国务院令第 253 号(1998 年)	《建设项目环境保护管理条例》	国家实行建设项目环境影响评价制度。国家根据建设项目对环境的影响程度，按照下列规定对建设项目的环境保护实行分类管理
4	中华人民共和国主席令第 77 号(2002 年)	《中华人民共和国环境影响评价法》	建设项目的环境影响评价文件未经法律规定的，审批部门审查或者审查后未予批准的，该项目审批部门不得批准其建设，建设单位不得开工建设

序号	文号	政策文件	主要内容
5	国发〔2009〕38号	《国务院批转发展改革委等部门关于抑制部分行业产能过剩和重复建设引导产业健康发展若干意见的通知》	提高环保准入门槛,严格建设项目环评管理,坚决抑制产能过剩、重复建设行业中重污染企业的退出步伐。钢铁、水泥、平板玻璃、煤化工、多晶硅、风电设备等被列入产能过剩和重复建设限制行业
6	中华人民共和国环境保护部令第33号(2015年)	《建设项目环境影响评价分类管理名录》	国家根据建设项目对环境的影响程度,对建设项目的环境影响评价实行分类管理。建设单位应当按照本名录的规定,分别组织编制环境影响报告书、环境影响报告表或者填报环境影响登记表
7	环办环评〔2016〕14号	《关于规划环境影响评价加强空间管制、总量管控和环境准入的指导意见(试行)》	加强环境准入,是指在符合空间管制和总量管控要求的基础上,提出区域(流域)产业发展的环境准入条件,推动产业转型升级和绿色发展。在综合考虑规划空间管制要求、环境质量现状和目标等因素的基础上,提出环境准入负面清单和差别化环境准入条件,发挥对规划编制、产业发展和建设项目环境准入的指导作用

4.3.2　生态准入:生态控制线划定与底线管理

武汉生态控制线保护立法过程,经历了一个长期"孕育"的过程。2008年,《武汉市生态框架保护规划》确立了"两轴两环,六楔多廊"的生态框架体系,通过多层面生态控制因子综合研究方法来划定禁、限建分区,提出了工业项目准入原则与控制指引(表4-22)。2012年,《武汉市基本生态控制线管理规定》(武汉市人民政府令第224号)颁布,武汉成为继深圳后全国第二个以"政府令"形式划定基本生态控制线的特大城市。2013年,为实现生态控制线的精准化管理,《武汉都市发展区1∶2 000基本生态控制线规划》出台,划定了河湖、湿地、山体以及重要的城市明渠等12类地域为生态底线区,要求生态框架范围内禁止建设工业项目,仅允许交通建设、市政设施、生态农业、公园绿地四类项目进入,对不符合准入条件的项目按照"保留、整改、迁移"三种方式分类处置。2016年5月,《武汉市基本生态控制线管理条例》经湖北省人民代表大会常务委员会会议批准,并于10月1日正式开始施行。作为全国首部基本生态控制线保护的地方立法,《武汉市基本生态控制线管理条例》标志着武汉生态控制管理进入了法治阶段,体现了城市生态管控的强制性与法制化(表4-23)。武汉生态控制线管理制度的确立和完善为制造业企业区位选址设定了明确的准入门槛,一方面推动了处于生态敏感地区已建企业的搬迁改造,另一方面限制了新制造企业在生态敏感地区选址。

表4-22 禁、限建区工业用地控制指引

划分区域	类别		保护控制要点
禁建区	工业用地	新建工业项目	禁止
		已建工业项目	工业项目应全部从禁建区内搬迁腾退,恢复生态功能
限建区		新建工业项目	禁止
		已建工业项目	合法已建项目,一类工业经整改环评达标后保留,二类、三类工业项目搬迁腾退;违建项目责令限期搬迁腾退,恢复生态功能

表4-23   涉及武汉生态控制线划定与管理的相关规划和政策文件

政策文件	主要内容
《武汉市生态框架保护规划》(2008 年)	禁建区内不应该允许工业项目保留;对于现状大片的工业园区,规划应将其划入限建区和适建区;对于现状小型零散的工业用地,根据国家产业发展和土地使用政策,应该坚决执行"工业入园",即规划整合小型零散工业、集中统一入工业园区。限建区原则上不应允许新建工业、仓储项目。同时,准入项目需应满足低强度、低密度的建设控制要求,并保证项目生态用地总量不低于60%
《武汉市基本生态控制线管理规定》(2012年)	基本生态控制线范围内在本规定实施之前已经审批但尚未开工的建设项目,应当转为资源消耗低、环境影响小的用途,并严格控制开发强度和用地功能。基本生态控制线范围内的现有违法建设项目,相关部门不得补办有关手续,并按照有关法律、法规和本市查处违法建设的有关规定予以处理
《武汉都市发展区1:2 000 基本生态控制线规划》(2013年)	经测算,划定1:2 000 基本生态控制线所围合的生态框架范围为1 813.6 km²,其中生态底线区的总范围为1 556 km²,生态发展区范围为238 km²。 在充分考虑项目的用地性质、对生态影响的程度、实际建设情况以及审批手续的合法性后,将现状建设项目分为保留型、整改型和迁移型三种类型,以指导各区政府对基本生态控制线内现有建设项目进行清理和处理
《武汉市基本生态控制线管理条例》(2016年)	基本生态控制线范围内区域分为生态底线区和生态发展区,实行分区管控。区人民政府应当按照市人民政府制定的统一标准,对基本生态控制线范围内既有项目进行清理,制定分类处置意见

4.3.3 环境准入:环境污染型企业准入与搬迁

1) 项目准入:环境影响评价

自20世纪90年代以来,武汉地方政府开始执行严格的环境影响评价制度,通过制定一系列实施政策,严格控制污染型项目进入(表4-24)。武汉市经济和信息化委员会规划处和环保局政策法制处相关负责人在访谈时说道:"近几年,在引进企业的过程中,有几家金属冶炼大型项目非常好,但均因达不到环保要求而被放弃,环评是企业项目准入立项的第一个重要环节。2015年,武汉共立案查处96起环评违规项目,中心城区共32起,处罚金额322万元。"

表4-24　涉及武汉环境影响评价制度的相关政策文件

政策文件	主要内容
《武汉市环境保护条例》(1991年12月21日通过,并于1997年、2010年进行修订)	建设污染环境的基本建设项目和技术改造项目(以下简称建设项目),必须执行环境评价制度,将防治污染的设施与主体工程同时设计、同时施工、同时投产
《武汉市建设项目环境准入管理若干规定》(武环〔2008〕80号)(2008年10月17日印发,于2008年9月1日起施行)	工业项目选址应符合产业发展规划、城市总体规划、土地利用规划、生态保护规划等相关规划,三环线内不得新建化工项目;新建工业项目原则上应进入经合法批准成立的开发区或工业园,避免分散布局(对用地有特殊要求的除外)。自然保护区、风景名胜区、现有及规划的住宅区内不得新建工业项目;二环线内不得新、改、扩建有污染的工业项目。禁止在长江、汉江等饮用水水源保护区范围内以及全市重点保护湖泊周边建设污染水环境的生产性项目;长江市区江段上游、汉江武汉段严格限制建设可能对饮用水源带来安全隐患的化工、造纸、印染、电镀等工业项目,禁止建设可能排放剧毒物质以及持久性有机污染物的工业项目
《武汉市环保局印发关于切实加强和改进建设项目环保审批工作意见的通知》(武环〔2013〕19号)(2013年2月25日发布)	市级及以上工业倍增示范园区、工业园区、开发区内建设项目环评审批应以规划环评为指导,严格环境准入,未开展规划环评的,环保行政主管部门不予受理入区(园)建设项目环评审批

环境影响评价制度作为工业项目立项前最为重要和严格的准入制度之一,通过环境影响评价及环境许可等一系列实施环节对未达到环境标准的企业进行源头管控,成为制造业企业区位选址的前置准入条件。

2) 项目退出:重化工企业搬迁

"一五""二五"时期,武汉作为中部地区钢铁、机械等重化工重点发展城市,建设了武汉钢铁厂、武汉重型机床厂、武汉锅炉厂、武汉九通汽车厂、武昌造船厂、武汉烟草厂等20多家全国知名的大型国有工业企业,使得武汉主城内目前仍存在众多重化工企业,对城市环境造成巨大压力。

1999年,武汉市出台《武汉市加快市区内污染工业企业搬迁改造若干规定》(武政〔1999〕85号),规定"工业发展严格限制区(一环内)和工业发展限制区(二环到一环)内有污染的工业企业必须按照各城区和各部门企业搬迁改造规划按期实施搬迁改造"。2008年,武汉市政府常务会议通过了《关于加快推进三环线内化工企业搬迁整治工作的实施意见》,进一步推动了主城内工业企业的搬迁改造。2014年,《武汉市改善空气质量行动计划(2013—2017年)》出台,明确要求在2015年内完成三环线内全部化工企业的关停或搬迁。在此政策背景下,武汉市自2008年以来陆续对三环(主城)内的127家化工企业采取搬迁、转产、升级改造或关停四种整治措施,其中内迁27家企业至武汉化工新城,外迁41家企业至鄂州、黄冈、黄石、孝感、麻城等城市,转产8家企业发展都市型工业和现代服务业,升级改造2家医药生产企业(汪毅,2014)(表4-25)。

表4-25　武汉传统重化工企业搬迁改造情况

序号	企业名称	是否改制	是否外迁	概况
1	武汉锅炉股份有限公司	改制	搬迁	始建于1953年,原武汉锅炉厂。2009年9月搬迁至东湖开发区
2	武汉重型机床集团有限公司	改制	搬迁	2011年10月并入中国兵器工业集团。2010年3月从武昌中北路整体搬迁至东湖开发区佛祖岭产业园
3	武汉一棉集团有限公司	改制	搬迁	始建于1952年,原国营武汉第一棉纺织厂。2006年改制为民营企业。2012年5月厂区从中心城区彻底退出,搬迁至阳逻等地
4	武汉塑料工业(集团)股份有限公司	改制	搬迁	1988年改为集团股份有限公司。1996年12月在深圳证券交易所挂牌交易,后迁至武汉经济技术开发区,现整体并入东风鸿泰控股集团有限公司
5	武汉鼓风机有限公司	改制	搬迁	始建于1958年,原武汉鼓风机厂改制重组而成的外商独资企业,已从洪山区关山街道外迁至东湖开发区藏龙岛
6	武汉一枝花油脂化工有限公司	改制	搬迁	武汉油脂化学厂的老厂位于汉阳区月湖堤,改制分离出武汉一枝花油脂化工有限公司,现位于汉阳区永丰街道四台工业园
7	武汉裕大华集团股份有限公司	改制	搬迁	创建于1919年,原名武昌裕华纱厂。2010年完成易地搬迁,迁往蔡甸区姚家山开发区
8	武昌船舶重工集团有限公司	改制	部分搬迁	总部没有搬迁(待迁),已在阳逻经济开发区、庙山开发区及青岛海西湾有大型制造基地

序号	企业名称	是否改制	是否外迁	概况
9	武汉客车制造股份有限公司	改制	待迁	始建于 1958 年,隶属于三环集团。2009 年三环集团与国创高科实业集团商定,整体从汉阳搬迁至江夏
10	武汉钢铁(集团)公司	未改制	未搬迁	青山区原址
11	武汉无机盐化工有限公司	改制	搬迁	湖北省石化行业重点创汇企业,从硚口区迁往洪山区左岭镇
12	武汉方圆钛白粉有限责任公司	改制	外迁	外迁至黄冈化工园区,占地 300 亩,投资 3.5 亿元建设年产 2.5 万 t 的硫铁钛联产法清洁生产钛白粉搬迁项目
13	武汉青江化工集团股份有限公司	改制	外迁	外迁至黄冈化工园

因此环境保护制度对制造业企业区位选址的影响作用表现为两个方面:一方面,环境影响评价制度限制污染型企业在城市(尤其是主城)选址;另一方面,城市污染企业搬迁改造计划又进一步推动了制造业企业由主城搬离。

4.4 制度作用下武汉都市区制造业企业区位演变特征

4.4.1 土地制度促进制造业企业"郊区化"

进一步对 1992—2014 年不同时期武汉都市区制造业用地出让面积进行统计,主城区的制造业用地出让面积占比由 1992—2000 年的 42.33% 下降至 2009—2014 年的 3.31%。与之相反,外围新城区及开发区的制造业用地出让面积占比由 1992—2000 年的 57.67% 上升至 2009—2014 年的 96.69%(表 4-26)。由此可见,外围新城及开发区的制造业用地出让面积远大于主城区。

表 4-26 1992—2014 年武汉都市区制造业用地出让面积

年份	项目	主城区	外围新城及开发区	合计
1992—2000 年	出让面积(hm^2)	253.98	345.99	599.97
	所占比例(%)	42.33	57.67	100.00
2001—2008 年	出让面积(hm^2)	1 374.87	6 693.02	8 067.89
	所占比例(%)	17.04	82.96	100.00
2009—2014 年	出让面积(hm^2)	340.66	9 960.94	10 301.60
	所占比例(%)	3.31	96.69	100.00

在土地制度变革背景下，土地价格的空间分异与土地供应机制保障是影响制造业企业"郊区化"的重要因素：一方面，土地价格评估、城市地价动态监测、工业用地出让最低价标准、基准地价与标定地价等一系列地价制度催生了城市地价体系，促使城市空间出现以地价为基准的分层现象（叶昌东，2016），制造业用地的土地价格呈现由中心向外围递减的特征。另一方面，土地储备制度通过回收、购买及置换等多种方式推动传统制造企业的内城腾退与郊迁，土地征收制度又为新增制造业企业的土地供给提供了制度保障，进一步推动了制造业企业的"郊区化"过程（图4-11）。

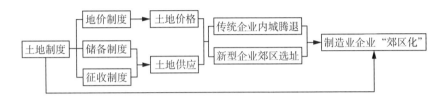

图 4-11　土地制度对制造业企业区位的影响作用分析

4.4.2　开发区制度推动制造业企业"园区化"

进一步将 2010 年、2013 年制造业用地矢量图与武汉开发区边界叠合，以主城区和外围新城区作为空间统计单元，分别计算制造业用地面积和园区内制造业用地面积，以统计园区入园率③。如表 4-27 所示，2010—2013 年，制造业用地整体入园率由 62.52% 上升至 73.84%，其中主城区入园率由 40.87% 上升至 63.52%，外围新城区入园率由 80.23% 上升至 80.40%。结果表明，武汉都市区制造业企业"园区化"特征明显，且外围新城区的园区化率整体高于主城区，主城区入园率有所提升，这主要是由于开发区的政策效应促使企业进一步向园区集聚，且开发区主要集中于外围新城区。

表 4-27　2010 年、2013 年武汉都市区园区制造业用地及入园率统计

区域	2010 年			2013 年		
	制造业用地面积(km^2)	园区内制造业用地面积(km^2)	入园率（%）	制造业用地面积(km^2)	园区内工业用地面积(km^2)	入园率（%）
主城区	70.47	28.80	40.87	69.66	44.25	63.52
外围新城区	86.16	69.13	80.23	109.46	88.01	80.40
合计	156.63	97.93	62.52	179.12	132.26	73.84

开发区作为政府进行产业空间规划的政策工具和政策区，是在政府干预下所形成的产业空间地域单元，具有明显的空间管理界限与行政管理权限。不同类型的园区在政策等级、区位选址、发展模式、布局形态上有所差

异,它们通过共享设施、资源、知识、信息、政策多种资源平台,引导土地、技术、人才、资本等要素向园区集聚,从而推动制造业企业"园区化"(图4-12)。

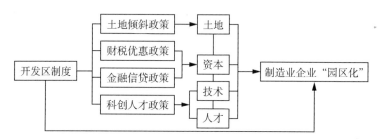

图4-12 开发区制度对制造业企业区位的影响作用分析

第4章注释

① 武汉市土地储备中心新城中心的工作人员 L 女士在访谈时说道:"随着土地储备制度的发展及储备制度的功能转变,特别是在存量土地有限的情况下,地方政府将更多的增量用地(集体土地)纳入土地储备范围,增量土地在土地储备中的占比越来越大。"

② "二免三减半"政策是指外商投资企业可享受自取得第一笔生产经营收入所属纳税年度起 2 年免征、3 年减半征收企业所得税的待遇。

③ 入园率即都市区各开发区内制造业用地面积与制造业用地总面积的比值,可反映制造业企业的园区化程度。

5 制度对大城市制造业产业组织的作用分析

5.1 武汉制造业产业组织结构特征

制造业一直是产业组织学所关注的焦点,经济学家马歇尔最早观察和研究的产业问题基本上都属于工业部门(涵盖制造业)。他认为组织是仅次于土地、劳动力和资本的第四种生产要素,主要包括单一企业的组织、同一产业中各种企业的组织、相互有关的各种产业的组织以及对公众保障安全和对许多人提供帮助的国家组织。本书研究的产业组织即指制造业组成的方式和结构,主要是指制造业内部各行业、企业的相互关系(Becattini,1990)。本节基于结构—行为—绩效(SCP)分析框架①,具体分析制造业产业规模结构、类型结构与关联结构三个方面的组织结构特征。

5.1.1 规模结构特征:行业集中度分布

规模结构是指制造业不同行业内部企业规模结构分布,即同一产业内企业的集中或分散程度(大型、中型、小型企业的分工协作关系),通常用行业集中度指标进行测度。行业集中度(Concentration Ratio)又称市场集中度(Market Concentration Rate),是产业组织理论中用于分析某一行业市场结构集中程度的重要测量指标,以衡量企业的数目和相对规模的差异,具体是指某行业前 N 家最大的企业所占市场份额(包括产值、产量、销售额、销售量、职工人数、资产总额等)的总和。

已有文献中包含了大量的测度行业集中度的方法,如赫芬代尔系数、赫希曼—赫芬代尔系数、胡弗系数、信息熵系数、锡尔系数和基尼系数等(阿尔弗雷德·韦伯,1997;孟晓晨等,2010)。其中,赫芬代尔—赫希曼指数(HHI指数)方法理论源于贝恩(Bain)的"结构—行为—绩效"理论(即SCP理论)。该理论认为,市场集中化程度与市场垄断、市场竞争之间存在着某种正向或反向关系:当市场集中化程度很高时,企业的垄断化程度也相应很高,企业个数少且企业规模大,此类企业被称为寡占型企业;当市场集中化程度较低时,企业的竞争程度较为明显,企业个数多且由中小型企业组成,此类企业被称为竞争型企业;当只有一家企业绝对垄断时,该指数等于1,当所有企业规模相同时,该指数等于$1/n$,故而这一指标在$1/n$至1之间变动,数值越大,垄断性越强,反之,竞争性越强。

赫芬代尔—赫希曼指数计算公式为

$$HHI = \sum_{i=1}^{n} \left(\frac{X_i}{X}\right)^2 = \sum_{i=1}^{n} S_i^2 \qquad (5-1)$$

式中,X代表行业的总规模,X_i代表i企业的规模;$S_i = X_i/X$,代表第i个企业的市场(或者就业人数)比值;n代表该行业内的企业数。

本章采用赫希曼—赫芬代尔系数方法对武汉都市区制造业行业的集中度进行测度,分析制造业各行业市场的垄断与竞争程度的分布差异,以识别武汉制造业产业组织的规模结构特征。利用武汉市第三次全国经济普查企业数据,对武汉制造业31个行业[《国民经济行业分类》(GB/T 4754—2011)中序号为13—43的大类行业]的集中度进行测度。2013年,武汉都市区内的制造业企业共计12 032家,制造业从业人数87.86万人,31个行业的HHI指数值结果见附表4-2。

为了更准确地反映武汉制造业行业的结构分布特征,本书运用市场结构分类方法(孟晓晨等,2010),按照从高到低的顺序将31个制造业行业的HHI指数值标注在散点图上,从分析结果可以看出,HHI指数值最大的3个行业与后面行业的HHI指数值差异较大(图5-1)。将HHI指数值等于0.35作为寡占型企业的分界点,在该区间(0.35≤HHI指数值<1)的行业代表寡占型企业。再把3个寡占型行业去掉,继续观察剩下的28个制造业行业HHI指数值散点图的下一个断点位置(图5-2)。从图5-2可以看出,0.1是又一个明显断点,在该区间(0.1≤HHI指数值<0.35)的行业既有规模较大的企业,也有中小型规模的企业,此类行业被称为领先型行业。HHI指数值小于0.1(0<HHI指数值<0.1)的行业都是由大量中小型企业组成,此类行业被称为竞争型行业。因此,将武汉制造业两位数行业结构划分为寡占型(0.35≤HHI指数值<1)、领先型(0.1≤HHI指数值<0.35)和竞争型(0<HHI指数值<0.1)。其中,寡占型行业有3个,主要是以大型垄断企业为主导,黑色金属冶炼和压延加工业代表企

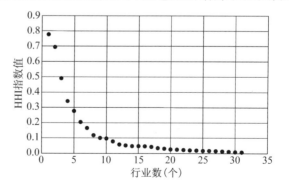

图 5-1　2013年两位数制造业31个行业HHI指数值散点图

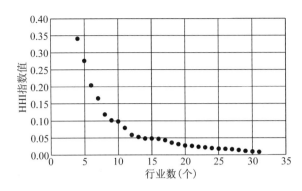

图 5-2　2013 年去掉寡占型行业的 28 个制造业行业 HHI 指数值散点图

业——武汉钢铁(集团)公司,烟草制品业的代表企业——武汉烟草(集团)有限公司,石油加工、炼焦和核燃料加工业代表企业——中韩(武汉)石油化工有限公司,此类企业均属于武汉典型的大型垄断企业;领先型行业有5个,既有规模较大的企业,也有中小型企业,如化学纤维制造业,铁路、船舶、航空航天和其他运输设备制造业,医药制造业等行业;竞争型行业有23个,主要是以中小型企业为主导,包括计算机、通信和其他电子设备制造业等技术型行业,纺织业等劳动密集型行业(表 5-1)。

表 5-1　2013 年武汉都市区两位数制造业行业结构分类

类型	具体行业	特点
寡占型 (0.35≤HHI 指数值<1)	黑色金属冶炼和压延加工业/烟草制品业/石油加工、炼焦和核燃料加工业	以大型垄断企业为主导
领先型 (0.1≤HHI 指数值<0.35)	化学纤维制造业/铁路、船舶、航空航天和其他运输设备制造业/金属制品、机械和设备修理业/废弃资源综合利用业/酒、饮料和精制茶制造业/医药制造业	既有规模较大的企业,也有中小型企业
竞争型 (0<HHI 指数值<0.1)	计算机、通信和其他电子设备制造业/其他制造业/食品制造业/文教、工美、体育和娱乐用品制造业/纺织业/专用设备制造业/有色金属冶炼和压延加工业/皮革、毛皮、羽毛及其制品和制鞋业/农副食品加工业/家具制造业/汽车制造业/木材加工和木、竹、藤、棕、草制品业/电气机械和器材制造业/造纸和纸制品业/通用设备制造业/印刷和记录媒介复制业/橡胶和塑料制品业/化学原料和化学制品制造业/仪器仪表制造业/金属制品业/纺织服装、服饰业/非金属矿物制品业	以中小型企业为主导

5.1.2 类型结构特征:产业结构分布

类型结构是指制造业内部不同产业类型的结构比例关系。根据产业经济学对产业的分类方法可知,对制造业内部产业分类有多种方法。

(1)国际标准分类方法。按《国民经济行业分类》(GB/T 4754—2011)分类标准,制造业内部共有31个行业大类、181个中类以及532个小类产业,它们是划分制造业内部产业结构的基础。根据《武汉统计年鉴(2014)》和武汉市第三次全国经济普查企业数据可知,2013年武汉规模以上工业总产值为10 394.07亿元,其中制造业规模总产值为9 460.47亿元,占比为91.02%。对制造业行业内部31个行业大类进行产值统计,产值排名前十的行业主要为汽车制造业(C36),计算机、通信和其他电子设备制造业(C39),黑色金属冶炼和压延加工业(C31),电气机械和器材制造业(C38),烟草制品业(C16),石油加工、炼焦和核燃料加工业(C25),通用设备制造业(C34),农副食品加工业(C13),铁路、船舶、航空航天和其他运输设备制造业(C37),专用设备制造业(C35),其产值占比分别为21.81%、13.34%、9.81%、7.93%、5.43%、4.21%、3.98%、3.67%、3.44%、3.43%(表5-2),基本覆盖了汽车及零部件、钢铁及深加工、石油化工、电子信息、装备制造、食品烟草等重点行业。

表5-2 2013年武汉都市区两位数制造业行业规模以上工业总产值

大类	行业	工业总产值(亿元)			企业个数(家)
		产值(亿元)	排名	比重(%)	
13	农副食品加工业	346.86	8	3.67	314
14	食品制造业	132.95	17	1.41	296
15	酒、饮料和精制茶制造业	217.16	15	2.30	84
16	烟草制品业	513.25	5	5.43	9
17	纺织业	88.80	18	0.94	204
18	纺织服装、服饰业	82.90	19	0.88	790
19	皮革、毛皮、羽毛及其制品和制鞋业	11.02	29	0.12	58
20	木材加工和木、竹、藤、棕、草制品业	19.50	26	0.21	121
21	家具制造业	13.28	28	0.14	198
22	造纸和纸制品业	77.89	20	0.82	278
23	印刷和记录媒介复制业	75.79	21	0.80	590
24	文教、工美、体育和娱乐用品制造业	31.94	24	0.33	155
25	石油加工、炼焦和核燃料加工业	398.36	6	4.21	36

大类	行业	工业总产值(亿元)			企业个数(家)
		产值(亿元)	排名	比重(%)	
26	化学原料和化学制品制造业	240.90	14	2.55	506
27	医药制造业	196.10	16	2.07	197
28	化学纤维制造业	5.01	30	0.05	9
29	橡胶和塑料制品业	260.42	13	2.75	559
30	非金属矿物制品业	268.56	12	2.83	887
31	黑色金属冶炼和压延加工业	927.60	3	9.81	129
32	有色金属冶炼和压延加工业	42.02	23	0.44	89
33	金属制品业	308.41	11	3.26	1 155
34	通用设备制造业	376.43	7	3.98	1 278
35	专用设备制造业	324.91	10	3.43	1 162
36	汽车制造业	2 063.54	1	21.81	654
37	铁路、船舶、航空航天和其他运输设备制造业	325.18	9	3.44	181
38	电气机械和器材制造业	750.02	4	7.93	856
39	计算机、通信和其他电子设备制造业	1 261.92	2	13.34	484
40	仪器仪表制造业	48.78	22	0.51	405
41	其他制造业	4.39	31	0.05	104
42	废弃资源综合利用业	31.35	25	0.33	49
43	金属制品、机械和设备修理业	15.13	27	0.16	195
	合计	9 460.37	—	100.00	12 032

（2）按生产要素分类方法。按照生产要素(劳动力、资本和技术)在各产业中的相对密集程度,可将制造业划分为劳动密集型、资本密集型和技术密集型产业[②]。2013 年,武汉制造业内部劳动密集型、资本密集型和技术密集型的工业总产值分别为 1 710.99 亿元、5 541.34 亿元、2 208.04 亿元,其比重分别为 18.09%、58.57%、23.34%；企业个数分别为劳动密集型 3 850 家、资本密集型 6 645 家、技术密集型 1 537 家,其比重分别为 32.00%、55.23%、12.77%。结果表明,武汉资本密集型产值与企业个数的所占比重均占绝对优势,产业结构以资本密集型为主导(图 5-3、图 5-4)。

（3）按产业战略分类方法。高技术产业与战略性新兴产业是城市制造业发展的重点战略产业类型,是城市产业发展的后发动力,对推进城市产业结构体系的可持续健康发展具有重要作用。根据《高技术产业(制造业)分类(2013)》可知,高技术产业(制造业)主要是指国民经济行业中研发

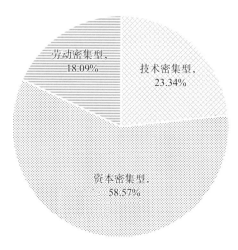

图 5-3　2013 年武汉制造业内不同类型产业的产值占比

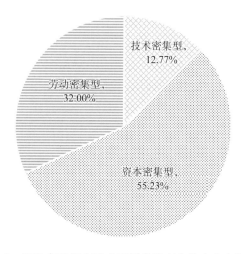

图 5-4　2013 年武汉制造业不同类型产业的企业个数占比

(R&D)投入强度(即 R&D 经费支出占主营业务收入的比重)相对较高的制造业行业,主要包括医药制造业,航空、航天器及设备制造业,电子及通信设备制造业,计算机及办公设备制造业,医疗仪器设备及仪器仪表制造业以及信息化学品制造业 6 大类,共计 62 个制造业行业小类(四位数行业)。根据《战略性新兴产业分类(2012)(试行)》可知,对应《国民经济行业分类》(GB/T 4754—2011)中的行业类别,战略性新兴产业主要包括节能环保产业、新一代信息技术产业、生物产业、高端装备制造产业、新能源产业、新材料产业、新能源汽车产业 7 大类,剔除了技术维护、运营等相关生产服务行业,共计 392 个制造业行业小类(四位数行业)。对照《战略性新兴产业分类(2012)(试行)》《高技术产业(制造业)分类(2013)》《武汉统计年鉴(2014)》所界定的产业范畴,结合武汉市第三次全国经济普查相关数据,分别对武汉都市区内的战略性新兴产业和高技术产业的产值与企业个数进行统计(参见附表 4-3、附表 4-4):战略性新兴产业企业数共计 9 628 家,占制造业企业总数的 80.02%,其中节能环保产业(35.06%)、新材料产业(20.27%)占比较高(图 5-5);高技术产业企业数共计 1 357 家,占制造业企业总数 11.28%,其中电子及通信设备制造业(40.68%)、医疗仪器设备及仪器仪表制造业(38.76%)占比较高(图 5-6)。据《武汉统计年鉴(2014)》可知,2003—2013 年,武汉高技术产业[③]增加值由 200.68 亿元增长到 1 700.19 亿元,占工业增加值的比重由 46.9% 增长至 54.61%,其中先进制造产业的增速和占比最大(图 5-7)。因此,高技术产业与战略性新兴产业均在武汉制造业中占有重要地位,并且其比重呈现逐年递增的趋势,节能环保、新材料、电子信息及生物医药均是未来发展的重点新兴产业。

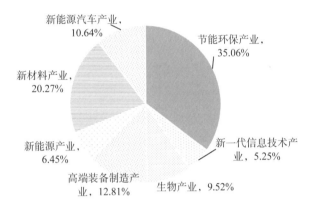

图 5-5 2013 年武汉战略性新兴产业企业数占比

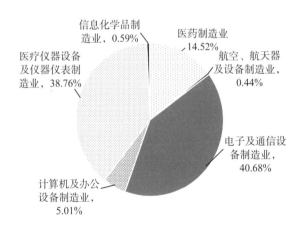

图 5-6 2013 年武汉高技术产业企业数占比

5.1.3 关联结构特征:产业链分布

产业关联是指产业之间通过产品供需关系形成的互相关联、互为存在的内在联系,主要体现在产业链分布形态上,包括产业之间的产品联系、生

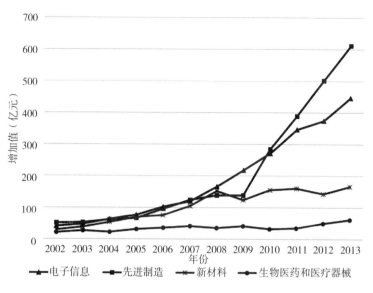

图 5-7　2002—2013 年武汉高技术产业内部各产业增加值变化

产技术联系、价格联系、投资联系等内容。波特(Porter,1998)最早通过检查每个业务单元的价值链来考察是否存在实际的或潜在的共享机会,并将产业关联分为有形关联与无形关联。芮明杰等(2006)将产业关联分为市场关联、生产关联与技术关联。陆军等(2011)将产业关联分为纵向关联与横向关联:产业纵向关联是指同一产业链上下游的关联;产业横向关联是指位于产业链同一位置的产业之间的关联。王俊豪(2012)将产业关联联系归纳为产品劳务联系、生产技术联系、价格联系、劳动联系与投资联系。

　　产业关联的结构特征主要体现在产业链的分布上。产业链的早期思想来自亚当·斯密关于分工的思想。在福特制时期,产业链被认为是制造业企业内部的活动,因而表现出一种纵向的内部产业关联。随着后福特时代的到来,产业链形态发生了分化,表现出模块化与网络化(丁永健,2010)的结构特征:一方面,产业链发生了垂直解体,产业链分工由企业内部向企业外部转移,关联方式由有形产品关联向知识关联演进,表现出模块化;另一方面,在各模块企业之间建立了资源、信息、技术、经济、社会等关系镶嵌,不同产业模块之间构成了复杂的网络关系。

　　武汉现已形成了 11 条重点产业链,分别为汽车及零部件、电子信息、装备制造、食品烟草、能源及环保、钢铁及深加工、石油化工、日用轻工、建材、生物医药、纺织服装。2013 年,11 条重点产业链中的规模以上总产值占武汉市规模以上工业总产值的 98.65%,并形成了六大千亿支柱产业(汽车及零部件、电子信息、装备制造、食品烟草、钢铁及深加工、能源及环保)。从重点产业的占比来看,汽车及零部件、装备制造、电子信息、食品烟草的占比较高且增长较快,钢铁及深加工的占比明显下降(图 5-8)。下文将重点对武汉 11 条重点产业链的行业构成、行业关联、产值变化、代表企业等特征进行分析。

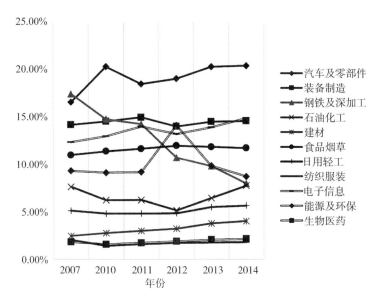

图 5-8　2007—2014 年武汉 11 条重点产业链产值比重变化情况

（1）汽车及零部件产业链。该产业链是武汉最大的产业集群,已基本形成完整的"汽车研发—零部件生产—整车制造—汽车贸易"汽车产业价值链(图 5-9)。上游包括原料(包括钢铁、轮胎橡胶、玻璃等)采购与设计研发,中游包括整车生产、零配件供应商,下游包括物流配送、批发零售和售后服务(汽车金融、维修)。2013 年,武汉汽车及零部件产业链①的总产值为 2 063.54 亿元,占工业总产值的 21.81%。其中,在汽车制造业中,整车制造企业有 7 家⑤,占企业总个数的 1.07%;汽车零部件及配件制造企业有 623 家,占企业总个数的 95.26%。武汉汽车及零部件产业链的形成以神龙汽车有限公司、东风本田汽车有限公司、通用汽车有限公司等整车龙头生产企业为核心,众多零部件企业围绕布局的生产组织结构特征。

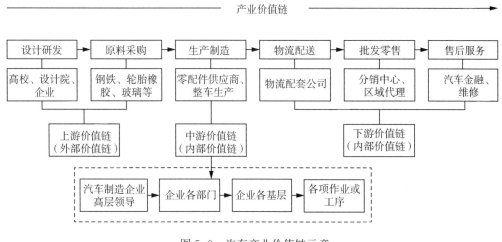

图 5-9　汽车产业价值链示意

(2) 电子信息产业链。该产业链上游主要涵盖电子材料及基础元器件,中游涵盖显示面板、光纤光缆及光电器件,下游涵盖终端应用产品及各种光通信设备。2013年,武汉电子信息产业链[6]的总产值为2 011.94亿元,占工业总产值的21.27%。武汉电子信息制造企业众多,产业链条延伸广,领域涉及光通信、移动通信、激光(图5-10)、集成电路(图5-11)等,产业链本地配套率达24%。武汉电子信息产业链的代表企业有富士康(武汉)科技工业园、武汉长飞光纤光缆有限公司、武汉烽火通信科技股份有限公司、武汉华工激光工程有限责任公司等。

图5-10 激光产业链示意

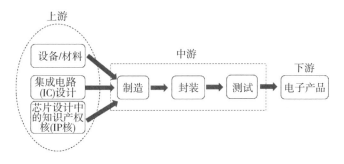

图5-11 集成电路产业链示意

(3) 装备制造产业链。装备制造是为国民经济各部门进行简单再生产和扩大再生产而提供技术装备的各种制造工业的总称,属于资本密集型制造业。2013年,武汉装备制造产业链[7]的总产值为2 133.73亿元,占工业总产值的22.55%。武汉装备制造产业在电力设备、数控机床、船舶制造、激光设备及工程机械等重要领域形成明显领先优势,如数控机床形成"关键功能部件—数控系统—重型机床"的产业链条,激光设备形成"激光器系统—激光加工成套设备—激光加工服务"的产业链条。武汉装备制造产业链的代表企业有武钢工程技术集团有限责任公司、三环集团有限公司、中冶南方工程技术有限公司、武汉华中数控股份有限公司等。

(4) 食品烟草产业链。该产业链属于典型的劳动密集型产业,其中烟草行业垄断性质强。2013年,武汉食品烟草产业链[8]的总产值为1 210.22亿元,占工业总产值的12.79%。武汉食品烟草产业链的代表企业有湖北周黑鸭食品有限公司、湖北中烟工业有限责任公司等。

（5）能源及环保产业链。2013年，武汉能源及环保产业链⑨的产值为2 029.12亿元，占工业总产值的21.45%。武汉能源产业在光伏发电，核能、风电和生物质能新能源领域具有良好的发展条件和产业基础，如太阳能产业已形成"晶体硅/非晶硅—太阳能光伏电池—太阳能电池组件—太阳能光伏构件—系统集成—工程应用"的产业链条，风能产业已形成"整机—电控系统—齿轮箱—其他零配件"的产业链条，代表企业有武汉国测诺德新能源有限公司、中船重工（武汉）凌久高科有限公司、中国人民解放军第3303工厂等。武汉环保产业在大气污染防治、固体废弃物处理、水污染防治、环境检测仪器等领域有较好基础，已形成"系统设计—设备成套—工程施工—安装调试—运行管理"的完整产业链条，代表企业有武汉凯迪电力股份有限公司、中钢集团天澄环保科技股份有限公司、武汉市天虹仪表有限责任公司等。

（6）钢铁及深加工产业链。钢铁及深加工产业是指以黑色金属（铁、铬、锰三种金属元素）作为主要开采、冶炼及压延加工对象的工业产业，是国民经济的基础行业和典型的资本密集型产业，产业关联性强。2013年，武汉钢铁及深加工产业链⑩的产值为927.60亿元，占工业总产值的9.81%。武汉钢铁（集团）公司是武汉历史最长、规模最大的钢铁代表企业，与汽车、船舶、金属制品、铁路机车、机械制造、家用电器等下游产业企业有广泛的生产联系（图5-12）。

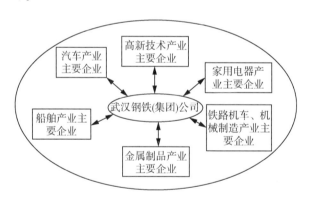

图5-12　以武汉钢铁（集团）公司为中心的钢铁产业链示意

（7）石油化工产业链。石油化工产业是以原油为原料，经过复杂的技术工艺加工成符合国民经济发展需要的各种油品和化工产品的产业总称，是典型的资源和资本密集型产业，在国民经济中占有重要地位。石油化工产业链复杂，用途广泛，是一种典型的中间投入型行业。上游主要是石油开采业，负责勘探与开发油气资源；中游主要是石油加工（以石油、天然气为原料生产各种石油产品）、石油储运及石油销售，包括乙烯工程、基础化工、煤化工等；下游主要是指通过石油制成的各类消费品，包括服装纺织、汽油、轮胎、涂料、化肥等。武汉石油化工产业链⑪主要涵盖精炼石油产品制造、炼焦两个子行业，且以精炼石油产品制造为主，其企业数占比达

94.34%。2013年,武汉石油化工产业链的产值为398.36亿元,占工业总产值的4.21%。目前,武汉围绕80万t乙烯项目建设,扩大石油炼制规模,延伸乙烯产品链,形成"原油深加工—基础化工原料—合成树脂、合成纤维、合成橡胶、医药中间体等—轮胎、工程塑料、涂料、电子化学品、纺织面料、塑料包装"的产业链。

(8)生物医药产业链。2007年,在国家发展和改革委员会制定的《生物产业发展"十一五"规划》中对生物产业做了一个明确界定:生物产业是将现代生物技术和生命科学应用于生产以及经济社会各相关领域,为社会提供商品和服务的产业统称,具体包括生物医院、生物农业、生物能源、生物制造、生物环保、生物医药研发外包(CRO)、生物信息以及与生物产业密切相关的医疗器械等新兴产业领域。生物产业一般与医药产业紧密结合,常常将医药产业包含在广义的生物产业中,即生物医药产业。生物医药是一个高技术、高投入、高风险、高回报、高度集中的产业,属于技术与资本密集型产业。生物医药产业不仅需要厂房等固定资产投资,而且需要大量的科技研发投资,且研发周期较长,一般为3—5年,与大学、研究机构关系密切。然而一旦失败,就会形成巨大的沉没成本,给企业造成巨大损失。2013年,武汉生物医药产业链[12]的产值为437亿元,占工业总产值的4.62%,都市区内的医药制造企业有197家。目前,武汉已形成"大学与科研机构、技术公司、外包企业—制药企业—市场(医院)"的互动产业链,上游为技术研发,包括大学与科研机构、生物技术公司、生物外包公司,相互之间形成技术合作、技术转移、技术外包等关系,如武汉科诺生物农药有限公司与湖北农业科学院联合开发,生产出苏云金杆菌(BT生物农药);中游为生物医药制造,由传统大型制药公司主导,如武汉人福高科技产业股份有限公司、远大医药(中国)有限公司、李时珍医药集团有限公司、马应龙药业集团股份有限公司等龙头企业;下游为销售与应用,通过销售及应用与医院、市场合作将成果转化为生产力,武汉拥有华中地区最大的同济医院、协和医院以及大中小型企业医院数百家(图5-13)。

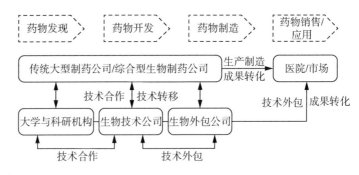

图5-13 生物医药产业链示意

(9)纺织服装产业链。纺织服装产业属于消费品工业,是典型的劳动密集型轻工业。纺织服装产业链的上游包括原料种植生产(包括棉花种植、化纤生产、纺织印染以及辅料的生产)、服装设计等,中游包括布料染整、建设印染等产品制造过程,下游指产品消费。2013 年,武汉纺织服装产业链[13]的产值为 187.73 亿元,占工业总产值的 1.98%。武汉纺织服装产业的代表企业有武汉爱蒂集团有限公司、武汉猫人服饰股份有限公司等内衣制造企业,武汉太和控股股份有限公司、湖北佐尔美服饰有限公司、武汉乔万尼时尚女装有限公司、武汉红人实业集团股份有限公司等服装企业。纺织服装企业一般零散分布,联系不强,与物流设施联系紧密。

(10) 日用轻工产业链。该产业链包括文教产业链和家具制造产业链,是典型的劳动密集型、都市型轻工业。2013 年,武汉日用轻工产业链[14]的总产值为 218.40 亿元,占工业总产值的 2.31%。

(11) 建材产业链。建材产业是生产建筑材料的工业部门的总称,被广泛应用于建筑、军工、环保、高技术产业和人民生活等领域。2013 年,武汉建材产业链[15]的产值为 576.97 亿元,占工业总产值的 6.10%。

5.2　产业发展制度对武汉制造业产业组织的作用分析

按照古典经济学理论,自由竞争的市场机制作为"看不见的手"支配着整个社会经济活动。然而,由于市场的不完全竞争、外部性及公共物品的不均衡性等问题,市场也会出现"失灵"的领域。因此,需要政府制定相应制度政策对产业组织发展进行必要的干预,实现帕累托改进。产业发展制度作为政府为规范市场竞争秩序、弥补或修正市场在资源配置中的固有缺陷、调节市场资源配置不合理的状况、提高市场运行效率而制定和实施的干预性、指导性的政策措施,以推进产业组织、产业结构和产业布局的优化升级,从而实现产业经济效益的最大化和经济的可持续发展,防止负外部性的发生。对大城市制造业产业组织结构起影响作用的产业发展制度主要包括产业组织政策、产业结构政策、产业集群政策,它们分别对制造业产业组织的规模结构、类型结构和关联结构进行调控,进而影响产业组织的空间特征:一方面,促进和控制不同行业的规模发展以引导城市产业组织结构的合理化,形成不同程度的集聚与分散;另一方面,限制产业发展类型以调控城市产业结构,引导不同产业链的集聚,培育产业集群(图 5-14)。

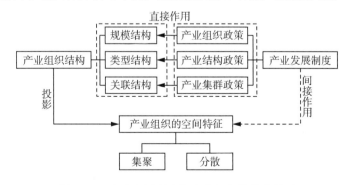

图 5-14　产业发展制度与产业组织结构的关系

5.2.1　规模调控:产业组织政策促进和控制行业规模

产业组织政策是政府通过调控行业内部规模结构以促进产业组织合理化的鼓励性或限制性政策,既能保证整个产业实现规模经济,又能保持市场竞争的活力,以实现产业、行业间较为合理的规模等级结构,提高产业绩效。已有的产业组织政策通常分为两类:一类是促进竞争的中小型企业政策,中小型企业的发展有利于保持较低的市场集中率,使市场充满活力,具有抑制垄断的作用,具体包括中小型企业政策、反垄断政策、反不正当竞争行为政策等;二是防止"分散"的规模经济政策,主要适用于自然垄断产业,鼓励其专业化和规模化发展,通过设定规模准入门槛、限制过度竞争来提高产业集中度(王俊豪,2012)。本节主要从促进"竞争"的中小型企业政策和防止"分散"的规模经济政策两个方面来分析产业组织政策对制造业产业组织规模结构的影响。

1) 促进"竞争"的中小型企业政策

由于中小型企业在各国企业总数中都占极高比重(一般为 95% 以上),在经济增长、就业、税收等方面具有重要影响作用,因此发达国家都十分重视中小型企业政策的制定和实施。中小型企业一般在发展初期会面临融资难、税负重的现实问题,政府常通过税收优惠、融资扶持、技术创新激励、支持人才培养等政策手段,为中小型企业的发展提供全方位的支持。例如,韩国在 1996 年制定《中小企业基本法》,鼓励把普通企业改造成生产品种多、小批量的专业化企业,并与大企业形成互相配套的分工协作关系。美国政府采取降低公司所得税率、推行加速折旧、个人所得税下调、资本收益税调整等税收政策来支持中小型企业的发展。英国政府通过建立"企业基金",实施"小企业贷款保证计划""企业投资计划""企业资本信托计划",帮助中小型企业渡过早期创业阶段。德国制定《职工技术培训法》,采取脱产、半脱产和业余培训等方式为中小型企业培养各类专门人才(刘合生,2012)。

我国自 2003 年实施《中华人民共和国中小企业促进法》以来,国务院又先后发布了《国务院关于鼓励支持和引导个体私营等非公有制经济发展的若干意见》(国发〔2005〕3 号)、《国务院关于进一步促进中小企业发展的若干意见》(国发〔2009〕36 号)、《国务院关于鼓励和引导民间投资健康发展的若干意见》(国发〔2010〕13 号)、《国务院关于进一步支持小型微型企业健康发展的意见》(国发〔2012〕14 号)等一系列政策文件,在财税政策、金融政策、创新政策等多方面给予中小型企业激励优惠,减少中小型企业的经济负担,解决中小型企业的融资困难,鼓励中小型企业创新创业,积极推进中小型企业的发展(表 5-3)。

表 5-3　2010 年以来我国中小型企业发展的国家相关政策

政策类型	政策文件
综合性政策	《国务院关于印发工业转型升级规划（2011—2015 年）的通知》（国发〔2011〕47 号）
	《国务院关于进一步支持小型微型企业健康发展的意见》（国发〔2012〕14 号）
	《关于印发中小企业划型标准规定的通知》（工信部联企业〔2011〕300 号）
	《"十二五"中小企业成长规划》（工业和信息化部，2011 年）
	《国务院关于扶持小型微型企业健康发展的意见》（国发〔2014〕52 号）
财税政策	《财政部　国家税务总局关于进一步支持小微企业增值税和营业税政策的通知》（财税〔2014〕71 号）
	《关于小型微利企业所得税优惠政策的通知》（财税〔2015〕34 号）
	《财政部关于印发〈中小企业发展专项资金管理暂行办法〉的通知》（财建〔2015〕458 号）
金融政策	《国务院办公厅关于金融支持小微企业发展的实施意见》（国办发〔2013〕87 号）
	《中国银行业监督管理委员会关于完善和创新小微企业贷款服务　提高小微企业金融服务水平的通知》（银监发〔2014〕36 号）
创新政策	《科技部关于进一步促进科技型中小企业创新发展的若干意见》（国科发政〔2011〕178）号
	《科技部关于印发进一步鼓励和引导民间资本进入科技创新领域意见的通知》（国科发财〔2012〕739 号）
	《科技部、财政部关于 2014 年度第一批科技型中小企业创业投资引导基金阶段参股项目立项的通知》（国科发资〔2014〕397 号）

2005 年以来，武汉先后出台了《武汉市实施〈中华人民共和国中小企业促进法〉办法》《关于加快民营经济发展促进中小企业成长的若干意见》等政策文件，进一步落实了国家中小型企业发展相关政策，如设立中小型企业发展专项资金和科技型中小型企业技术创新基金以解决中小型企业融资难等问题、加大财税优惠力度以减轻小微型企业税收负担（表 5-4）。2010 年，武汉市提出工业"倍增计划"，实施中小型企业民营经济壮大工程，重点培育 100 家中小型工业企业和 100 家民营科技企业，支持企业开展科技创新活动，扶持其做大做强。2012 年，在《武汉市中小企业和民营经济发展十二五规划》中，进一步明确了中小型企业的投资方向：一方面要向新能源、新材料、生物、电子信息、节能环保新领域拓展；另一方面要积极发展新兴业态和专业市场（如食品、日用轻工、纺织服装、造纸包装印刷、新型建材等）。按照中小型企业划分标准（参见附表 4-5），2013 年武汉中小型制造业企业个数占制造业企业总数的 89.86%，除装备制造与汽车制造业外，武汉中小型企业主要集中在劳动密集型行业和技术密集型行业，这也顺应了《武汉市中小企业和民营经济发展十二五规划》中对中小型企业

投资领域方向的确定,即主要集中在战略性新兴产业、专业市场(食品、日用轻工、纺织服装、造纸包装印刷、新型建材)等(表 5-5)。

表 5-4　2005 年以来武汉支持中小企业发展的相关政策

政策类型	政策文件
综合政策	《武汉市实施〈中华人民共和国中小企业促进法〉办法》(武汉市人民代表大会常务委员会公告第 15 号)
	《关于加快民营经济发展促进中小企业成长的若干意见》(中共武汉市委、武汉市人民政府,2010 年)
	《武汉市中小企业和民营经济发展十二五规划》(武汉市人民政府,2012 年)
	《武汉市人民政府关于印发支持企业发展若干意见及支持工业经济发展等政策措施的通知》(武政〔2015〕35 号)
财税政策	《武汉市地方税务局关于进一步支持小型微型企业发展的实施意见》(武汉市地方税务局,2014 年)
金融政策	《武汉市中小企业发展专项资金管理暂行办法》(武财企〔2005〕403 号)
	《武汉市中小企业信用担保机构风险补偿资金管理暂行办法》(武财企〔2011〕305 号)
创新政策	《武汉市财政局、市科技局关于印发〈武汉市科技型中小企业技术创新基金管理暂行规定〉的通知》(武财企〔2006〕447 号)

表 5-5　2013 年武汉都市区中小企业数最多的十大制造业行业

行业	中小企业个数(家)	企业总个数(家)	中小企业占企业总数的比重(%)
通用设备制造业	1 196	1 278	93.58
专用设备制造业	1 093	1 162	94.06
金属制品业	1 073	1 155	92.90
非金属矿物制品业	812	887	91.54
电气机械和器材制造业	758	856	88.55
纺织服装、服饰业	684	790	86.58
印刷和记录媒介复制业	561	590	95.08
橡胶和塑料制品业	501	559	89.62
汽车制造业	484	654	74.01
化学原料和化学制品制造业	468	506	92.49

注:按照《中小企业划型标准规定》(工信部联企业〔2011〕300 号)中对中小微型企业规模的界定,按照从业人数<100 人作为中小微型企业规模的标准统计。

2) 防止"分散"的规模经济政策

20 世纪 50 年代,新兴发达国家把规模经济的产业组织政策作为重点,并着重在汽车、机械等战略性新兴产业中采取具有相当力度的干预手段,建立专业化的分工协作体系,以促进形成"合理化卡特尔"⑯。如日本政府在1956年公布了《机械工业振兴临时措施法》,对企业的生产品种、产量、技术、零件和原材料的采购方法实行了严格限制,促成机械工业在较短时期内形成了生产专业化和大批量生产体制。1962年,美国政府制定了《石油工业法》,掌握了新企业进入产业和进行技术改造的审批权,促进了石油工业的大型化,提高了市场集中度,实现了石油行业的规模经济。

规模经济政策通过国家政府强有力的政策干预,提高了优势垄断行业的市场集中度,避免了因资源分散而造成的经济效益低下。我国规模经济政策主要针对垄断制造行业,如钢铁、汽车、石油、烟草等行业都具有明显的规模经济特征。在规模经济政策的实施上,一方面,政府通过制定最小经济规模标准、设置进入壁垒,控制新企业的规模准入门槛,维护大企业的垄断地位;另一方面,鼓励原有规模偏小企业通过企业兼并、联合等方式来扩大规模,提高行业市场集中度,实现规模经济(表5-6)。以钢铁工业为例,钢铁工业是典型的规模经济行业,但我国大多数钢铁行业还不具备规模优势。2000年以来,国家强化实施了一系列钢铁行业产业组织政策:一方面,限制和禁止钢铁产业新建项目,从而提高了钢铁产业的进入壁垒;另一方面,支持和鼓励有条件的钢铁大型企业进行跨地区的联合重组,进而淘汰了一批落后产能的钢铁企业,提高了产业集中度。2013年,武汉都市区钢铁、石油、烟草、汽车四大典型规模经济行业的行业集中度分别为0.777 4、0.694 3、0.490 6、0.027 1,除汽车制造业外,其他三大行业都已表现出明显的垄断特征。

表5-6　国家重点行业规模经济发展的相关政策

	政策文件	相关内容
总体政策	《国务院关于印发工业转型升级规划(2011—2015年)的通知》(国发〔2011〕47号)	以汽车、钢铁、水泥、船舶、机械、电子信息、电解铝、稀土、食品、医药、化妆品等行业为重点,推动优势企业强强联合、跨地区兼并重组、境外并购和投资合作,引导兼并重组企业管理创新,促进规模化、集约化经营,提高产业集中度
钢铁工业	《钢铁产业调整政策》(2005年颁布,2015年修订)	支持优势钢铁企业强强联合,实施战略性重组;鼓励钢铁企业通过收购、股权转让、技术入股、管理整合以及民营资本参与等多种方式进行实质性联合重组;压减过剩产能、淘汰落后产能、退出低效产能;支持优势钢铁企业强强联合,实施战略性重组;鼓励钢铁企业与上下游企业兼并重组,依托产业链优势提高竞争力;引导省(区、市)内钢铁企业兼并重组,形成优强企业主导、中小企业"专精特新"协调发展的产业格局,优化市场环境、加快改造升级

	政策文件	相关内容
钢铁工业	《工业和信息化部关于印发钢铁工业调整升级规划（2016—2020年）的通知》（工信部规〔2016〕358号）	支持产钢大省的优势企业以资产为纽带,推进区域内钢铁企业兼并重组,形成若干家特大型钢铁企业集团,改变"小散乱"局面,提高区域产业集中度和市场影响力。兼并重组要实施减量化,避免"拉郎配"
石油工业	《工业和信息化部关于印发石化和化学工业发展规划（2016—2020年）的通知》（工信部规〔2016〕318号）	形成一批具有国际竞争力的大型企业集团、世界级化工园区和以石化化工为主导产业的新型工业化产业示范基地,行业发展质量和竞争能力明显增强。开展现有化工园区的清理整顿,对不符合规范要求的化工园区实施改造提升或依法退出
汽车工业	《汽车工业产业政策》（1994年颁布,分别于2004年、2009年修订）	推动汽车产业结构调整和重组,扩大企业规模效益,提高产业集中度,避免散、乱、低水平重复建设。鼓励汽车企业集团化发展,形成新的竞争格局。支持汽车生产企业以资产重组方式发展大型汽车企业集团,鼓励以优势互补、资源共享合作方式结成企业联盟,形成大型汽车企业集团、企业联盟、专用汽车生产企业协调发展的产业格局
烟草工业	《中华人民共和国烟草专卖法实施条例》（1997年发布,2016年修订）	设立烟草制品生产企业,应当由省级烟草专卖行政主管部门报经国务院烟草专卖行政主管部门批准,取得烟草专卖生产企业许可证,并经工商行政管理部门核准登记

因此,产业组织政策主要从两个方面来影响武汉制造业的规模结构发展:一方面,通过促进"竞争"的中小型企业政策,运用财政扶持、税收优惠、金融支持、创新创业等措施手段,鼓励中小型企业发展,尤其是以劳动密集型、技术密集型行业为代表的中小型企业。另一方面,通过防止"分散"的规模经济政策,运用设置行业准入门槛、促进行业兼并等方式,维护寡头经济行业在城市产业经济体系中的重要地位。

5.2.2 类型调控:产业结构政策鼓励和限制产业类型

产业结构政策是依据一定时期内的产业发展现状,遵循产业结构的一般规律以及判断一定时期内的产业变化趋势,构建产业结构体系政策的综合。在产业结构政策中,不同产业类型在产业体系中的地位和作用有所不同,其支持的力度也有所差异,具体包括传统产业升级政策、支柱产业强化政策、新兴产业培育政策、过剩产业淘汰政策、落后产业限制政策等内容。本节主要从产业培育政策和产业准入政策两个方面来分析产业结构政策对制造业产业类型的作用。

1）类型鼓励:产业培育政策

2010年,《国务院关于加快培育和发展战略性新兴产业的决定》（国发〔2010〕32 号)明确了战略性新兴产业的重点发展方向、领域和地位,指出"战略性新兴产业是以重大技术突破和重大发展需求为基础,对经济社会全局和长远发展具有重大引领带动作用的产业",提出未来要努力使战略性新兴产业成为国民经济的先导产业和支柱产业。2012 年,《国务院关于印发"十二五"国家战略性新兴产业发展规划的通知》(国发〔2012〕28号)进一步明确了现阶段我国战略性新兴产业包括节能环保、新一代信息技术、生物、高端装备制造、新能源、新材料、新能源汽车七大产业领域。国家通过一系列财政、税收、金融、创新等政策来大力促进战略性新兴产业的发展(表 5-7)。

表 5-7　国家颁布实施的促进新兴产业发展的相关政策

政策文件	相关内容
《国务院关于加快培育和发展战略性新兴产业的决定》(国发〔2010〕32 号)	提出当前我国加快培育和发展的战略性新兴产业重点领域和方向,包括节能环保产业、新一代信息技术产业、生物产业、高端装备制造产业、新能源产业、新材料产业、新能源汽车产业七大产业
《国务院关于印发工业转型升级规划(2011—2015 年)的通知》(国发〔2011〕47 号)	积极培育发展智能制造、新能源汽车、海洋工程装备、轨道交通装备、民用航空航天等高端装备制造业;培育发展新材料产业,加快传统基础产业升级换代,构建资源再生和回收利用体系
《产业结构调整指导目录(2011 年本)》(2013 年修正)(中华人民共和国国家发展和改革委员会令第 9 号)	对鼓励类产业领域和类型进行了详细划分规定
《国务院关于印发"十二五"国家战略性新兴产业发展规划的通知》(国发〔2012〕28 号)	加快培育和发展节能环保、新一代信息技术、生物、高端装备制造、新能源、新材料、新能源汽车等战略性新兴产业
《战略性新兴产业分类(2012)(试行)》(国家统计局,2012 年)	对应《国民经济行业分类》中的行业类别,把我国战略性新兴产业分为 7 个门类,34 个大类,152 个中类,470 个小类,332 个次小类,共包含 721 种产品
《战略性新兴产业重点产品和服务指导目录(2016 版)》(国家发展和改革委员会,2017 年)	依据《"十二五"国家战略性新兴产业发展规划》明确的 5 大领域 8 个产业,进一步细化到 40 个重点方向下 174 个子方向,近 4 000 项细分的产品和服务
《"十三五"国家战略性新兴产业发展规划》(国务院,2016 年)	构建现代产业体系,进一步发展壮大新一代信息技术、高端装备、新材料、生物、新能源汽车、新能源、节能环保、数字创意等战略性新兴产业,推动更广领域新技术、新产品、新业态、新模式蓬勃发展,建设制造强国

　　武汉亦采取了财税、金融、人才等一系列激励政策来鼓励战略性新兴

产业的发展(表5-8)。2009年起,武汉市政府规定各部门用于产业发展的基金要统筹60%投向新兴产业。2009年12月,《武汉市新兴产业投资贴息补助实施办法》出台,鼓励对13个战略性新兴产业进行财政补贴。2009年9月,《武汉市十五个新兴产业发展实施方案及指导意见》出台,旨在从税费优惠、人才支持、配套建设、金融投资等多方面给予优惠,鼓励新兴产业发展。2010年,武汉市提出工业"倍增计划",提出重点培育电子信息产业、汽车产业、装备制造产业、钢铁产业、石油化工产业和食品加工产业。2012年5月,武汉在全国率先发布《武汉市人民政府关于推进战略性新兴产业超倍增发展的若干意见》,详述了七大新兴产业的未来发展路径。2013年10月,武汉市政府设立了102亿元的引导基金,支持武汉战略性新兴产业的发展。除此以外,2011年以来,武汉市委市政府实施"黄鹤英才计划"、武汉东湖新技术开发区实施"3551光谷人才计划",通过引进新兴产业领域的领军人才,鼓励战略性新兴产业的发展(罗文,2014)。

表5-8   2010年以来武汉颁布实施的促进新兴产业发展的相关政策

政策文件	相关内容
《武汉市人民政府办公厅关于印发武汉市新兴产业投资贴息补助实施办法的通知》(武政办〔2009〕179号)	对集成电路、新型显示、节能环保、新能源、新一代移动通信、生物、激光、新动力汽车、软件及服务外包、动漫、地球空间信息、数控机床、新材料等13个战略性新兴产业中且符合条件的制造业项目进行补贴
《中共武汉市委办公厅市政府办公厅关于印发〈武汉市实施"黄鹤英才计划"的办法(试行)〉的通知》(武办发〔2010〕22号)	争取到2015年有重点地引进和培养100名左右具有世界领先水平的创新团队核心成员或领军人才,1 000名左右具有国内领先水平的高层次创新创业人才
《武汉市十五个新兴产业发展实施方案及指导意见》(武汉市政府常务会议,2011年)	从税费优惠、人才支持、配套建设、融资等多方面给予一揽子优惠政策,旨在发展壮大新一批千亿元产业。如新动力汽车:将武汉经济技术开发区建设成国际性新动力汽车样板区,全市3成以上的公汽,要换成新动力汽车,在部分地段限行燃油汽车。节能环保产业:到2015年,将武汉初步建设成为国内技术领先、华中地区规模最大的节能环保产业基地,重点发展高效节能装备、水污染治理技术、大气污染治理、资源综合利用以及环境监测装备制造技术。新材料产业:对于出口产品,从武汉与沿海口岸城市增加的国内运费,给予补贴
《关于实施工业发展"倍增计划"加快推进新型工业化的若干意见》(武发〔2011〕4号)	围绕新一代信息技术、新材料、节能环保、生物医药、新能源、高端装备制造和新能源汽车等新兴产业领域,聚焦政策,推进项目,滚动培育,抢占制高点。到"十二五"时期末,全市新兴产业产值占工业总产值比重由2010年的26%提高到35%以上

政策文件	相关内容
《武汉市人民政府关于推进战略性新兴产业超倍增发展的若干意见》（武政〔2012〕31号）	通过实施一批重大产业项目、突破一批重大产业关键技术、实施一批产业创新应用示范、完善产业技术创新机制、加大财政资金支持力度、建立和完善工作体系来引导新兴产业健康迅速发展
《武汉东湖新技术开发区"3551光谷人才计划"暂行办法》（武新管〔2014〕180号）	以企业为载体,在光电子信息、生物、节能环保、高端装备制造和现代服务业等5大重点产业领域,引进和培养50名左右掌握国际领先技术、引领产业发展的领军人才,1000名左右在新兴产业领域内从事科技创新、成果转化、科技创业的高层次人才
《武汉市工业发展"十二五"规划》（武汉市人民政府办公厅,2012年）	培育发展七大战略性新兴产业:新一代信息技术、节能环保、新能源、生物、高端装备制造、新材料、新能源汽车
《武汉市国民经济和社会发展第十三个五年规划纲要》（武汉市第十三届人民代表大会第五次会议,2016年）	构建"现有支柱产业—战略性新兴产业—未来产业"有机更新的迭代产业体系:(1)七大支柱产业:汽车及零部件、钢铁、石化、装备制造、烟草食品、家电轻工、纺织服装。(2)六大战略性新兴产业:信息技术、生命健康、智能制造、新材料产业、新能源产业、节能环保产业。(3)未来产业:重点聚焦人工智能、无人机、无人驾驶汽车、3D打印(三维打印)、可穿戴设备等领域
《武汉市人民政府关于印发武汉市战略性新兴产业发展引导基金管理办法》（武政规〔2016〕27号）	引导基金是由市人民政府设立并按照市场化方式运作的政策性基金,通过财政性资金投入,引导社会资本重点支持全市战略性新兴产业发展。重点投资领域:光电子与新一代信息技术、先进装备制造、生命健康、新材料、新能源、节能环保、新能源汽车、现代服务业(文化创意、现代物流)和现代农业等战略性新兴产业

2) 类型限制:产业准入政策

产业准入政策主要是指对产能过剩、技术落后、重复建设、环境危害、不利于安全生产、不符合市场要求的一系列特定的产业发展领域和发展类型进行淘汰和限制的政策安排,以预防过度投资,规范市场行为,优化城市产业结构。我国政府一直采用"负面清单"产业管理模式,设定资源、能源、环保准入门槛,列明不予投资的产业领域和类型来管控产业发展类型(表5-9)。2005年以来,国务院出台了一系列化解产能过剩的政策:一方面,出台了《国务院关于加快推进产能过剩行业结构调整的通知》(国发〔2006〕11号)、《国务院批转发展改革委等部门关于抑制部分行业产能过剩和重复建设引导产业健康发展若干意见的通知》(国发〔2009〕38号)等政策文件,严控新上项目,控制钢铁、水泥、平板玻璃等传统产能过剩行业项目的审批,预防过度投资;另一方面,出台了《国务院关于进一步加强淘汰落后产能工作的通知》(国发〔2010〕7号)、《工业和信息化部关于下达2013年工业行业淘汰落后和过剩产能目标任务的通知》(工信部〔2013〕138号)等政策文件,淘汰钢铁、水泥、平板玻璃、煤化工、多晶硅、风电设备等产能严重过剩的行业企业,调整和优化产业结构。

表 5-9　国家颁布实施的主要行业准入类政策

政策文件	相关内容
《工商投资领域制止重复建设目录(第一批)》(国家经济贸易委员会令第 14 号)	工商投资领域制止重复建设目录,共涉及 17 个行业,共 201 项内容(已废止)
《国务院关于投资体制改革的决定》(国发〔2004〕20 号)	对属于《政府核准的投资项目目录》中重大项目和限制类项目实行核准
《关于当前经济形势下做好环境影响评价审批工作的通知》(环办〔2008〕95 号)	对有色金属冶炼及矿山开发、钢铁加工、电石、铁合金、焦炭、垃圾焚烧及发电、制浆、化工、造纸、电镀、印染、酿造、味精、柠檬酸、酶制剂、酵母等污染较重的建设项目,其环境影响评价文件应由省级或地市级环境保护行政主管部门负责审批,不得简化手续下放审批权限
《国务院批转发展改革委等部门关于抑制部分行业产能过剩和重复建设引导产业健康发展若干意见的通知》(国发〔2009〕38 号)	严格产能过剩和重复建设产业的市场准入,提高钢铁、水泥、平板玻璃、传统煤化工等产业的能源消耗、环境保护、资源综合利用等方面的准入门槛。对多晶硅、风电设备等新兴产业要及时建立和完善准入标准,避免盲目和无序建设
《产业结构调整指导目录(2011年本)》(2013 年修正)(中华人民共和国发展和改革委员会令第 9 号)	对全行业从鼓励类、限制类、淘汰类进行了划分规定。在限制类条目设置上加强了对产能过剩和低水平重复建设产业的限制,从产品规格、参数和生产装置规模等方面分别对限制范围进行了比较明确的界定,提高了准入标准
《外商投资产业目录(2015 修订)》(中华人民共和国国家发展和改革委员会、中华人民共和国商务部令第 22 号)	列明了鼓励、限制、禁止外商投资项目类型。其中涉及制造业限制类投资产业目录和禁止类投资产业目录
《国务院关于实行市场准入负面清单制度的意见》(国发〔2015〕55 号)	市场准入负面清单包括禁止准入类和限制准入类,适用于各类市场主体基于自愿的初始投资、扩大投资、并购投资等投资经营行为及其他市场进入行为
国家相关产业准入条件	规定了焦化、电石、铁合金、印染、粘胶纤维、纯碱、水泥、日用玻璃等多个行业的准入条件

2015 年,武汉市政府下发《市人民政府关于发布政府核准的投资项目目录(武汉市 2015 年本)的通知》,明确指出对于钢铁、电解铝、水泥、平板玻璃、船舶等产能严重过剩行业的企业项目,不再办理土地供应、能评、环评审批等相关业务,这就意味着此产业类型项目将无法在武汉立项。同时,依据《工业和信息化部关于下达 2014 年工业行业淘汰落后和过剩产能目标任务的通知》(工信部产业〔2014〕148 号)和《湖北省人民政府办公厅

关于印发湖北省钢铁和煤炭行业化解过剩产能实施方案的通知》（鄂政办函〔2016〕72号），武汉陆续对产能过剩企业进行了清理和淘汰（表5-10）。2013年，武汉东湖新技术开发区（国家级）管委会也相应公布了《东湖高新区内资准入负面清单（试行）》，对光电子信息、节能环保、高端装备制造禁止投资的领域进行了明确规定（表5-11）。

表 5-10　武汉颁布实施的产业准入类相关政策

政策文件	相关内容
《武汉市环保局关于印发〈武汉市建设项目环境准入管理若干规定〉的通知》（武环〔2008〕80号）	工业项目应符合国家产业政策和行业准入条件，不得采用淘汰或禁止使用的原料、工艺、技术和设备
《东湖开发区内资准入负面清单（试行）》（2014年版）（武汉东湖新技术开发区管委会，2014）	对东湖开发区主导产业的36个重点领域和相关配套产业的投资准入实施负面清单管理，明确各主导产业禁止投资领域
《市人民政府关于发布政府核准的投资项目目录（武汉市2015年本）的通知》（武政〔2015〕37号）	对于钢铁、电解铝、水泥、平板玻璃、船舶等产能严重过剩行业的项目，各级核准机关不得以其他任何名义、任何方式备案新增产能项目，各相关部门和机构不得办理土地供应、能评、环评审批和新增授信支持等相关业务，并合力推进化解产能严重过剩矛盾各项工作
《湖北省2016年钢铁行业化解过剩产能退出企业名单公告》（湖北省发展和改革委员会，2016年）	湖北省钢铁行业2016年计划整体退出5家企业，拆除主体设备12座，化解过剩产能228万t。目前5家企业主体设备已全部停产封存，断水断电，承诺永不恢复生产，并按计划逐步拆除

表 5-11　武汉东湖新技术开发区内资准入负面清单（部分）

产业（行业）	禁止投资领域	政策依据
光电子信息	激光视盘机生产线〔激光压缩视盘（VCD）系列整机产品〕；模拟阴极射线管（CRT）黑白及彩色电视机项目；专业电镀、铅酸蓄电池	《产业结构调整指导目录（2011年本）（修正）》《东湖国家自主创新示范区发展规划纲要（2011—2020年）》；《东湖国家自主创新示范区总体规划（2011—2020年）环境影响报告书》
节能环保	化学原料和化学制品制造业、化学纤维制造业、橡胶和塑料制品业、废弃资源综合利用业、危险废物治理	《东湖国家自主创新示范区发展规划纲要（2011—2020年）》《东湖国家自主创新示范区总体规划（2011—2020年）环境影响报告书》
高端装备制造	电镀、金属表面处理等排放重金属废水、废气的项目	

　　因此，产业结构政策主要从两个方面影响武汉制造业的产业体系结

构:一方面,产业培育政策通过财政、税收、金融、创新等激励来促进战略性新兴产业的发展,引导制造业发展重点领域与方向;另一方面,通过产业准入政策来设定资源、能源、环保准入门槛,限制制造业产业发展领域与类型。

5.2.3 关联调控:产业集群政策引导产业链地理集聚

"产业集群"一直是产业布局理论研究中的重要概念,是指基于"产业链"上下游关联而在地理空间上表现出集聚特征的各种主体的集合。产业集群既有产业属性,也具有空间属性、政策属性;既是基于市场机制作用形成,也受政府制度调控。波特(Porter,1998)首次将产业集群引入政策研究,他将产业集群定义为在某一特定领域内互相联系、在地理位置上集中的公司和机构的集合,通常包括生产商、供应商和提供培训、教育、信息、研究、技术支持等一系列机构。我国学者王缉慈等(2010)将"产业集群"全面概括为"地理邻近性、产业间联系、行为主体之间的互动关系"。地理邻近性、产业间联系是产业集群的必要条件,而地方行为主体之间的互动关系与知识创新环境是产业集群有别于产业集聚区、产业园区等其他概念的重要特征[⑰]。

产业集群政策是指引导和扶持产业集群发展,为集群发展创造良好的外部环境,并提供应有服务的相关政策。1999年以来,发达国家纷纷开始实施集群战略(Cluster Initiative),将区域内邻近的企业、政府和研究共同体结成联盟来促进产业集群的发展。如1998年美国加州经济战略小组通过实施科技政策、税收政策、协作政策和区域发展政策等,为产业集群发展提供了完善的设施配套和良好的政策环境;2001年,日本经济产业省制定并推动了"产业集群计划",通过财政支持等手段推动了信息技术(IT)、生物技术、环境、能源等新兴产业领域的发展;法国政府通过实施"竞争力集群"政策,计划在2006—2009年斥资15亿欧元,扶持67个具有产业竞争力的产业集群发展(吉庆华,2010)。

2005年以来,我国政府在国家、区域和地方等层面出台了一系列引导和支持产业集群发展的政策(表5-12),尤其是通过建立产学研等各方主体协同创新的机制和体制,培育创新产业集群,提升区域和地方产业竞争力,完善产业空间布局。武汉在"十一五""十二五"国民经济和社会发展规划纲要中均提出,要不断拉长和延伸产业链,重点支持电子信息、汽车、装备制造、钢铁、石油化工、食品六个千亿产业集群发展,以国家级开发区为依托,促进高技术创新产业集群的发展。2013年,《武汉市工业重点产业链构建工程规划》提出要依托十条产业链构建十大产业集群,包括汽车及零部件、光电子信息、高端装备制造、食品和农副产品深加工、生物和医药、家用电器、精品钢材及深加工、石油化工、节能环保和时尚产业(表5-13)。产业集群政策依据产业关联结构特性,依托开发区、产业园区等空间载体,引导同一产业链的上下游产业或相关企业及主体在相邻地域集聚,促进产业集群的形成,提升产业效益。

表 5-12 国家颁布实施的产业集群相关政策

政策文件	相关内容
《国务院关于鼓励支持和引导个体私营等非公有制经济发展的若干意见》(国发〔2005〕3号)	引导和支持企业从事专业化生产和特色经营,促进以中小企业集聚为特征的产业集群健康发展
《中华人民共和国国民经济和社会发展第十一个五年规划纲要》(第十届全国人民代表大会第四次会议,2006年)	按照引导产业集群发展、减少资源跨区域大规模调动的原则优化产业布局,促进主要使用海路进口资源的产业在沿海地区布局,主要使用国内资源和陆路进口资源的产业在中西部重点开发区域布局
《国家发展改革委办公厅关于请报送产业集群发展情况的通知》(发改办企业〔2007〕1872号)	在全国开展产业集群统计工作
《国务院办公厅关于落实中共中央国务院关于促进中部地区崛起若干意见有关政策措施的通知》(国办函〔2006〕38号)	建立一批特色产业基地,形成产业链和产业体系,逐步实现优势高技术产业集群,形成若干高技术产业增长点。根据当地资源优势,培育和发展各具特色的优势产业,形成产业集群
《国家发展改革委关于印发促进产业集群发展的若干意见的通知》(发改企业〔2007〕2897号)	从区域和产业布局、节约发展、壮大龙头企业、增强自主创新能力、推进发展循环经济和生态型工业、培育区域品牌、发展生产性服务业和引导区域产业转移八个方面,系统地提出了我国产业集群发展的总体思路和政策措施,标志着集群政策已经进入国家战略层面
《关于印发国家高新技术产业化及其环境建设(火炬)十一五发展纲要和国家高新技术产业开发区十一五发展规划纲要的通知》(2011年)	要加强对国家级和省级高新区、大学科技园、高新技术产业基地的指导与支持,引导地方政府重视产业集群的发展,促进技术创新链与产业链融合,把科研活动、产业化基地与产业集群有机结合起来
《中华人民共和国国民经济和社会发展第十二个五年规划纲要》(第十一届全国人民代表大会第三次会议,2011年)	引导生产要素集聚,依托国家重点工程,打造一批具有国际竞争能力的先进制造业基地。以产业链条为纽带,以产业园区为载体,发展一批专业特色鲜明、品牌形象突出、服务平台完备的现代产业集群
《国务院关于进一步支持小型微型企业健康发展的意见》(国发〔2012〕14号)	促进产业集群转型升级。开展创新型产业集群试点建设工作
《创新型产业集群试点认定管理办法》(国科发火〔2013〕230号)	创新型产业集群是指产业链相关联企业、研发和服务机构在特定区域集聚,通过分工合作和协同创新,形成具有跨行业跨区域带动作用和国际竞争力的产业组织形态。提出创新型产业集群试点需满足的条件、工作程序和组织管理等

政策文件	相关内容
《工业和信息化部办公厅关于请报送产业集群发展情况的通知》(工信厅企业函〔2014〕140 号)	在全国开展产业集群报送工作

表 5-13　武汉颁布实施的产业集群相关政策

政策文件	相关内容
《武汉市国民经济和社会发展第十一个五年总体规划纲要》(武汉市第十一届人民代表大会第四次会议,2006 年)	综合运用产业政策,整合生产要素资源,积极引导企业集群发展,不断拉长和延伸产业链,重点支持若干个千亿元产业和百亿元企业发展。以东湖新技术开发区、武汉经济技术开发区等国家级开发区为载体,以一批科技实力较强的企业为基础,实现高新技术产业布局集群化和发展多元化
《武汉市工业产业链(企业群)发展规划纲要(2007—2011 年)》(武汉市人民政府,2008)	形成了具有比较优势的 15 条产业链(企业群):(1)钢材及深加工;(2)汽车及零部件;(3)消费类电子;(4)桥梁与钢结构;(5)现代通信(6)半导体;(7)机械与装备;(8)交通运输设备;(9)石油化工;(10)环保新能源与新材料;(11)食品与烟草;(12)医药;(13)家用电器;(14)造纸印刷与包装;(15)纺织服装
《武汉市国民经济和社会发展第十二个五年总体规划纲要》(武汉市第十二届人民代表大会第七次会议,2011 年)	形成电子信息、汽车、装备制造、钢铁、石油化工、食品等六个千亿产业集群。壮大战略性新兴产业和高新技术产业,在光电子信息、生物、能源环保、高端装备制造、高技术服务业等领域培育特大型龙头企业和产业集群。在沿三环线至外环线区域建设由重点产业集群、工业园区和功能组团构成的环城工业带。构建新型化工产业集群
《关于实施工业发展"倍增计划"加快推进新型工业化的若干意见》(武发〔2011〕4 号)	支持每个远城区抓好 1 个新型工业化示范园区建设,每个园区突出发展 1 个支柱产业、1—2 个特色产业集群,力争"十二五"期末全市远城区工业总产值突破 7000 亿元
《武汉市工业重点产业链构建工程规划》(武汉市政府常务会议,2013 年)	延伸产业链、形成企业群,建设 10 条产业链(企业群):(1)汽车及零部件;(2)光电子信息;(3)高端装备制造;(4)食品和农副产品深加工;(5)生物和医药;(6)家用电器;(7)精品钢材及深加工;(8)石油化工;(9)节能环保;(10)时尚产业

5.3　制度作用下武汉都市区制造业产业组织的空间特征

产业的集聚与分散是产业空间组织的本质特征。韦伯的集聚经济理论、马歇尔的产业区理论(Guillebaud,1961)、波特(Porter,1998)的竞争优势理论、克鲁格曼(Krugman,1991,1992)的新经济地理理论均从国家、区域、地方、企业等不同空间尺度对产业集聚理论进行了探讨。下文将具体就产业发展制度作用下的产业组织规模结构、类型结构和关联结构的空间特征进行识别。

5.3.1 基于"规模结构"的空间特征

利用2013年武汉市第三次全国经济普查数据,借助GIS的空间分析工具,采用衡量产业地理集聚度的MS指数方法,对武汉都市区内31个制造业行业的地理集聚度进行测度,再将31个制造业行业的空间集聚程度与规模结构相结合,以识别基于"规模结构"的产业组织空间特征。

1) 31个制造业行业地理集聚度的测度

马瑞尔(Maurel)和塞迪洛(Sedillot)(Maurel et al., 1999)提出的MS指数是测度产业地理集聚度的重要方法。MS指数方法能够控制产业中企业规模分布的影响,从而区分产业的空间集中是由外部性导致的地理集聚,还是由产业的规模集中导致的地理集聚。MS指数通过计算某行业任意两家企业选择在同一个地区的概率 $p_j = \left(\sum_{j=1}^{n} S_j^2 - H \right)/(1-H)$,然后计算,即

$$\gamma = \frac{p - \sum_{j=1}^{n} X_i^2}{1 - \sum_{j=1}^{n} X_i^2} = \frac{\dfrac{\sum_{j=1}^{n} s_j^2 - \sum_{j=1}^{n} X_j^2}{1 - \sum_{j=1}^{n} X_j^2} - H}{1 - H} \qquad (5\text{-}2)$$

式中,n 为地理统计单元的个数;S_j 为在第 j 个地理单元中某产业就业人数占该产业在整个研究区域就业人数的比重;X_j 为第 j 个地理单元所有产业就业人数占整个研究区域所有产业就业人数的比重;H 为赫芬代尔—赫希曼指数,反映行业内企业的规模分布结构[18]。若 $\gamma=0$,说明企业在做选址决策的时候是完全随机且不受外部干扰的;若 $\gamma>0$,说明导致了比随机过程的空间分布更加集中。γ 值越大,则说明产业的空间集聚程度越高。

MS指数值的取值范围与所研究的空间单元的大小密切相关。一般来讲,空间单元越小,指数值越小,结果也越精确。将武汉都市区以3 km×3 km的网格划为552个方格,作为MS指数研究的基本空间单元。首先计算武汉制造业各行业的MS指数值(图5-15),再根据其散点分布图去掉3个特别高的数值,以观察中间的断裂点。经观察发现0.02是一个明显的断裂点,因此将 $\gamma=0.02$ 作为集聚与分散的临界点(图5-16)。其中,当 $\gamma>0.02$,则说明该行业在空间上表现出集聚状态;当 $\gamma<0.02$,则说明该行业在空间上表现出随机性,即空间离散。通过对武汉市31个两位数制造业行业MS指数值的测度,可得出31个制造业行业在武汉都市区空间上的集聚—分散程度。同时将武汉制造业分为两类:MS指数值大于0.02

的15个行业企业在空间上倾向于集聚分布,称之为空间集聚型行业;MS指数值小于0.02的16个行业在空间上倾向于分散,称之为空间分散型行业(表5-14)。

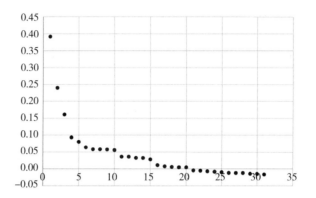

图 5-15　武汉两位数制造业行业的 MS 指数值排序

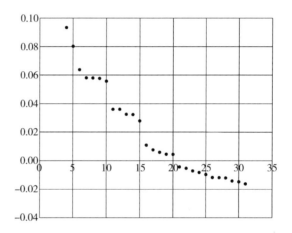

图 5-16　去掉 3 个特别高数值的武汉两位数制造业行业的 MS 指数值排序

表 5-14　武汉都市区两位数制造业行业空间分布类型

类型	具体行业
集聚型 (MS 指数 值＞0.02)	废弃资源综合利用业/金属制品、机械和设备修理业/烟草制品业/有色金属冶炼和压延加工业/黑色金属冶炼和压延加工业/纺织服装、服饰业/铁路、船舶、航空航天和其他运输设备制造业/汽车制造业/酒、饮料和精制茶制造业/石油加工、炼焦和核燃料加工业/化学纤维制造业/农副食品加工业/纺织业/计算机、通信和其他电子设备制造业/专用设备制造业
分散型 (MS 指数 值＜0.02)	其他制造业/化学原料和化学制品制造业/医药制造业/皮革、毛皮、羽毛及其制品和制鞋业/木材加工和木、竹、藤、棕、草制品业/家具制造业/金属制品业/电气机械和器材制造业/食品制造业/文教、工美、体育和娱乐用品制造业/印刷和记录媒介复制业/橡胶和塑料制品业/通用设备制造业/造纸和纸制品业/仪器仪表制造业/非金属矿物制品业

2）五种典型的规模类型及其空间特征

将31个制造业行业的行业集中度（HHI指数值）与地理集聚度（MS指数值）结合（参见附表4-6）后发现，武汉制造业产业组织的规模结构整体呈现大型、中型、小型企业并存，以中小型企业为主导的特征，产业组织的空间特征呈现集聚与分散的特征，并分别表现出五种空间组织类型，即寡占—集聚型、领先—集聚型、领先—分散型、竞争—集聚型、竞争—分散型（表5-15）。其中，武汉钢铁及深加工、石油化工、食品烟草三大垄断行业，在空间上具有明显的集聚特征（即寡占—集聚型），基本顺应了我国规模经济政策导向，在空间模式上表现为一个垄断型大型企业为主，其他中小型企业环绕其周围，形成"众星拱月""轮轴式"[19]的空间组织特征。装备制造、食品烟草等行业具有较为明显的规模经济特征，存在几个大规模的领先企业，而这些领先企业周边又会围绕若干个具有紧密联系的中小型企业，属于"领先—集聚型"。生物医药行业则呈现规模领先的大型企业与中小型企业在空间上零散分布，空间临近性不强，属于"领先—分散型"。汽车及零部件行业属于"竞争—集聚型"，行业规模经济优势不明显，这主要是由于目前7家整车企业规模有限，中小型零部件企业众多，未来需进一步加强对汽车及零部件行业规模经济政策的引导和实施。武汉中小型企业主要集中在食品烟草、纺织服装、汽车及零部件、电子信息、日用轻工等劳动密集型和技术密集型产业，它们均属于"竞争—集聚型"。技术密集型产业（如电子信息）在空间上具有明显的集聚特征，区位指向性明显，主要分布在武汉东湖新技术开发区（国家级），劳动密集型产业（如食品烟草、日用轻工、纺织服装、造纸印刷、建材等）在空间上零散随机分布，属于"竞争—分散型"。

表5-15　武汉都市区制造业产业空间组织类型及特征

空间组织类型	行业类型	规模结构特征	空间组织特征	空间模式示意
寡占—集聚型	黑色金属冶炼与压延加工业（C31）/石油加工、炼焦和核燃料加工业（C25）/烟草制品业（C16）	规模经济特征明显，市场集中度高，由一个垄断型大型企业主导	以一个垄断型大型企业为主，行业内其他的中小型企业环绕在其周围，形成"众星拱月""轮轴式"的空间组织特征	
领先—集聚型	酒、饮料和精制茶制造业（C15）/铁路、船舶、航空航天和其他运输设备制造业（C37）/废弃资源综合利用业（C42）/金属制品、机械和设备修理业（C43）/化学纤维制造业（C28）	具有较为明显的规模经济特征，存在几个大规模的领先企业	几个规模领先的大企业周边会围绕若干个具有紧密联系的中小型企业	

空间组织类型	行业类型	规模结构特征	空间组织特征	空间模式示意
领先—分散型	医药制造业(C27)	具有较为明显的规模经济特征,存在几个大规模的领先企业	规模领先的大型企业与中小型企业在空间上分布零散	
竞争—集聚型	农副食品加工业(C13)/纺织业(C17)/纺织服装、服饰业(C18)/有色金属冶炼和压延加工业(C32)/专用设备制造业(C35)/汽车制造业(C36)/计算机、通信和其他电子设备制造业(C39)	以大量中小型企业为主,市场集中度不高,市场竞争激烈,没有明显控制市场的垄断型企业	企业之间具有较为密切的技术经济联系,且共享劳动力、基础设施配套、技术创新等资源,因而在空间上表现为集聚的特征	
竞争—分散型	食品制造业(C14)/皮革、毛皮、羽毛及其制品和制鞋业(C19)/木材加工和木、竹、藤、棕、草制品业(C20)/家具制造业(C21)/造纸和纸制品业(C22)/印刷和记录媒介复制业(C23)/文教、工美、体育和娱乐用品制造业(C24)/化学原料和化学制品制造业(C26)/橡胶和塑料制品业(C29)/非金属矿物制品业(C30)/金属制品业(C33)/通用设备制造业(C34)/电气机械和器材制造业(C38)/仪器仪表制造业(C40)/其他制造业(C41)	以大量中小型企业为主,市场集中度不高,市场竞争大,没有明显控制市场的垄断型企业	企业之间没有明显的前后向经济联系,彼此独立,在空间分布上表现出随机分散特征	

5.3.2 基于"类型结构"的空间特征

1) 31 个制造业行业的空间特征

根据武汉市第三次全国经济普查数据,借助 GIS 平台,通过核密度分析方法识别 31 个制造业行业的空间组织特征,不同行业在都市区内形成不同特征的集聚与分散现象(表 5-16,参见附录 5)。

表 5-16　武汉都市区 31 个制造业行业的空间分布特征

门类	大类	行业名称	空间组织特征	企业个数(家)
C	13	农副食品加工业	在东西湖经济技术开发区、江夏区郑店街道有明显集聚,在黄陂区盘龙城经济开发区、武湖农场、洪山区洪山街道有零散分布	314
	14	食品制造业	在东西湖经济技术开发区有明显集聚,在武昌区、汉阳区、江夏经济开发区大桥新区、江岸区后湖街道有零散分布	296
	15	酒、饮料和精制茶制造业	在东西湖经济技术开发区有明显集聚,在沌口经济开发区、江夏区庙山、江夏经济开发区大桥新区、汉南区、蔡甸区有零散分布	84
	16	烟草制品业	在汉阳区有明显集聚,在东西湖经济技术开发区、汉南区有零散分布	9
	17	纺织业	在汉阳区、硚口区有明显集聚,在蔡甸经济开发区、阳逻经济开发区、东西湖经济技术开发区有零散分布	204
	18	纺织服装、服饰业	集聚特征不明显,在江汉区、江岸区、汉阳区有零散分布	790
	19	皮革、毛皮、羽毛及其制品和制鞋业	在江岸区、硚口区、东西湖区、武湖农场有明显集聚,在新洲区阳逻街道、黄陂区天河街道、盘龙城经济开发区、江夏经济开发区大桥新区、蔡甸区爹山街道有零散分布	58
	20	木材加工和木、竹、藤、棕、草制品业	在汉阳区、东西湖经济技术开发区有明显集聚,在武昌区、沌口经济开发区有较为明显集聚,在新洲区阳逻街道、武湖农场、江夏区郑店街道、蔡甸区爹山街道、江岸区后湖街道有零散分布	121
	21	家具制造业	在汉阳区永丰街道、阳逻经济开发区有明显集聚	198
	22	造纸和纸制品业	在汉阳区永丰街道有明显集聚,在东西湖区、汉南区、沌口经济开发区有零散分布	278
	23	印刷和记录媒介复制业	在江汉区汉兴街道、东西湖区将军路街道有明显集聚,在汉阳区、江岸区、武昌区有零散分布	590
	24	文教、工美、体育和娱乐用品制造业	在硚口区易家墩街道、江岸区后湖街道有明显集聚,在东西湖区、洪山区、汉阳区有零散分布	155
	25	石油加工、炼焦和核燃料加工业	在江岸区后湖街道、青山区有明显集聚	36
	26	化学原料和化学制品制造业	在硚口区易家墩街道、东西湖经济技术开发区、武汉东湖新技术开发区有明显集聚,在青山区、洪山区有较为明显集聚,在沌口经济开发区、江夏区纸坊街道、江岸区后湖街道、黄陂区滠口街道、阳逻经济开发区、汉南区有零散分布	506

门类	大类	行业名称	空间组织特征	企业个数(家)
C	27	医药制造业	在武汉东湖新技术开发区有明显集聚,在江夏区庙山、沌口经济开发区、东西湖区、汉阳区有零散分布	197
	28	化学纤维制造业	在汉阳区永丰街道、蔡甸区蔡甸街道有明显集聚,在黄陂区天河街道、洪山区、江汉区、江岸区、硚口区、青山区有零散分布	9
	29	橡胶和塑料制品业	在汉阳区、东西湖经济技术开发区、武汉经济开发区沌口街道、汉南区有明显集聚,在武昌区、江岸区、青山区、江夏经济开发区大桥新区、阳逻经济开发区有零散分布	559
	30	非金属矿物制品业	在汉阳区、阳逻经济开发区有明显集聚,在江夏区纸坊街道、武汉东湖新技术开发区有零散分布	887
	31	黑色金属冶炼和压延加工业	在阳逻经济开发区有明显集聚,在汉南区、汉阳区有零散分布	129
	32	有色金属冶炼和压延加工业	在青山区、江岸区谌家矶街道、汉阳区长丰街道有明显集聚,在汉南区、武汉东湖新技术开发区、江夏区郑店街道有零散分布	89
	33	金属制品业	在青山区、白沙洲有明显集聚,在硚口区长丰街道、白沙洲有零散分布	1 155
	34	通用设备制造业	在青山区、汉阳区有明显集聚,在江岸区谌家矶街道、江岸区后湖街道、硚口区长丰街道、洪山区、武汉东湖新技术开发区、江汉区北湖街道有零散分布	1 278
	35	专用设备制造业	在青山区、武汉东湖新技术开发区有明显集聚,在江岸区谌家矶街道、江岸区后湖街道、硚口区长丰街道、汉阳区有零散分布	1 162
	36	汽车制造业	在武汉经济技术开发区、汉南区有明显集聚	654
	37	铁路、船舶、航空航天和其他运输设备制造业	在白沙洲、江夏区郑店街道、青山区、严家墩、武汉东湖新技术开发区有明显集聚,在汉南区、武汉临空港经济技术开发区(原吴家山经济技术开发区)、黄陂区武湖街道、黄陂区横店街道有零散分布	181
	38	电气机械和器材制造业	在武汉东湖新技术开发区有明显集聚,在汉阳区、东西湖经济技术开发区、硚口区长丰街道有零散分布	856
	39	计算机、通信和其他电子设备制造业	在武汉东湖新技术开发区有明显集聚,在沌口经济开发区、硚口区长丰街道、武汉临空港经济技术开发区(原吴家山经济技术开发区)有零散分布	484

门类	大类	行业名称	空间组织特征	企业个数(家)
C	40	仪器仪表制造业	在武汉东湖新技术开发区、青山区有明显集聚,在硚口区长丰街道、江岸区后湖街道有零散分布	405
	41	其他制造业	在青山区、汉阳区、武汉经济技术开发区有明显集聚,在洪山区、武汉东湖新技术开发区、江夏区郑店街道、汉南区有零散分布	104
	42	废弃资源综合利用业	在青山区、阳逻经济开发区有明显集聚,在沌口经济开发区、江夏区郑店街道、金银湖有零散分布	49
	43	金属制品、机械和设备修理业	在青山区有明显集聚,在汉阳区、江汉区、洪山区有零散分布	195
合计				12 032

2) 重点行业的空间特征

根据《战略性新兴产业分类(2012)(试行)》《高技术产业(制造业)分类(2013)》,利用武汉市第三次全国经济普查都市区内 12 032 家制造业企业的信息数据,并借助 GIS 平台,通过核密度分析方法来分析战略性新兴产业与高技术产业的空间分布格局特征:受开发区政策和产业结构政策的影响,战略性新兴产业在武汉都市区三环线周边环绕布局,在武汉东湖新技术开发区、青山经济开发区、武汉经济技术开发区和东西湖经济技术开发区四大区域有较为明显的集聚(图 5-17)。而高技术产业的空间指向性更强,在武汉东湖新技术开发区关山组团形成强集聚中心(图 5-18)。在产

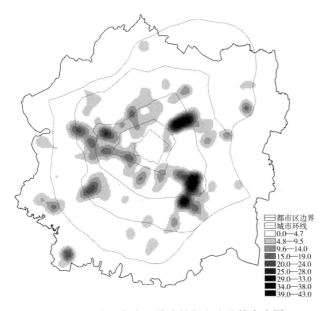

图 5-17 武汉都市区战略性新兴企业核密度图

业类型上,节能环保产业、新材料产业、高端装备制造产业在发展规模上较为领先,新一代信息技术产业、新能源产业的空间集聚程度更高。战略性新兴产业和高技术产业内部不同行业的空间分布特征见表5-17、表5-18。

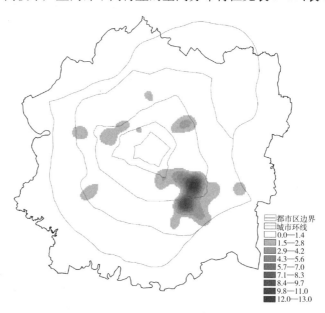

图5-18　武汉都市区高技术企业核密度图

表5-17　武汉都市区战略新兴产业空间分布情况

产业分类名称	空间分布特征	重点企业	企业个数(家)
一、节能环保产业	在武汉东湖新技术开发区光谷动力节能环保科技园、青山区有明显集聚,在汉阳区、硚口区、江夏区庙山有零散分布	凯迪电力股份有限公司、中钢集团天澄环保科技股份有限公司、中冶南方都市环保工程技术股份有限公司、武汉龙净环保工程有限公司、武鼓通风机制造有限公司、天虹仪表有限责任公司、中冶南方工程技术有限公司等	3 376
二、新一代信息技术产业	在武汉东湖新技术开发区(武汉国家地球空间信息产业化基地)有明显集聚,在沌口经济开发区有零散分布	长飞光纤光缆有限公司、烽火通信科技股份有限公司、烽火藤仓光纤技术有限公司、安凯电缆有限公司、凡谷电子技术股份有限公司、长江通信产业集团股份有限公司、中原电子集团有限公司、烽火普天信息技术有限公司等	505

产业分类名称	空间分布特征	重点企业	企业个数(家)
三、生物产业	在武汉东湖新技术开发区、武汉临空港经济技术开发区(原吴家山经济技术开发区)、洪山区有明显集聚,在青山经济开发区、盘龙城经济开发区、沌口经济开发区有零散分布	辉瑞制药有限公司、华大基因科技有限公司、药明康德新药开发有限公司、军事医学科学院军科光谷创新药物研发中心、康圣达医学检验所有限公司、艾迪康医学检验中心有限公司等	917
四、高端装备制造产业	在青山区、武汉东湖新技术开发区智能装备产业基地有明显集聚,在阳逻经济开发区、沌口经济开发区、汉阳区、硚口区、江岸区有零散分布	武汉重型机床集团有限公司、华中数控股份有限公司、武汉机床有限责任公司、康莱特重工机械有限公司、武汉塑料机械总厂、武汉重冶机械成套设备集团有限公司、武汉钢铁重工集团有限公司、航达航空科技发展有限公司等	1 233
五、新能源产业	在武汉东湖新技术开发区有明显集聚,在青山区、阳逻经济开发区、江夏经济开发区有零散分布	国测诺德新能源有限公司、中科凌云新能源科技有限责任公司、武汉云鹤电力机械设备有限公司、金能风电设备有限公司、武汉核电运行技术股份有限公司、武昌船舶重工有限责任公司、武汉锅炉股份有限公司等	621
六、新材料产业	在青山新兴冶金材料基地、武汉东湖新技术开发区、东西湖区有明显集聚,在阳逻新兴化工材料基地、武昌区有零散分布	凡谷电子技术股份有限公司、海创电子股份有限公司、武汉德骼拜尔外科植入物有限公司、理工新能源有限公司、银泰科技电源股份有限公司、武汉锐尔生物科技有限公司等	1 952
七、新能源汽车产业	在武汉经济开发区整车和零部件产业基地、汉南区、蔡甸区常福工业园有明显集聚,在武汉东湖新技术开发区关山组团、硚口区、江岸区、青山区有零散分布	东风电动车辆股份有限公司、东风扬子江(武汉)汽车有限公司、中国长江动力集团有限公司、武汉三环汉阳特种汽车有限公司、佛吉亚(武汉)汽车部件系统有限公司、武汉富康洁能汽车改装有限公司、东风本田汽车有限公司、卧龙电气武汉电机有限公司等	1 024

表 5-18　武汉都市区高技术产业空间分布情况

产业分类名称	空间分布特征	重点企业	企业个数（家）
一、医药制造业	在武汉东湖新技术开发区有明显集聚，在江夏区庙山、沌口经济开发区、东西湖区、汉阳区有零散分布	远大医药（中国）有限公司、健民药业集团股份有限公司、马应龙药业股份有限公司、普生制药有限公司、联合药业有限责任公司等	197
二、航空、航天器及设备制造业	在武汉东湖新技术开发区、东西湖经济技术开发区、江岸区后湖街道有零散分布	易瓦特科技股份公司、航达航空科技发展有限公司、南航金鹰航空实业有限公司、华中航空测控技术有限公司等	6
三、电子及通信设备制造业	在武汉东湖新技术开发区有明显集聚	烽火科技集团有限公司、长光科技有限公司、盈丰电子有限公司、伊思达科技开发有限公司、凯迪科技有限公司	552
四、计算机及办公设备制造业	在武汉东湖新技术开发区、武汉经济开发区有明显集聚，在江岸区、江汉区、江夏区豹澥街道有零散分布	威鹏科技有限公司、冠捷显示科技（武汉）有限公司、帝光电子有限公司、武大卓越科技有限责任公司、蓝星电脑集团有限公司、恒发科技有限公司等	68
五、医疗仪器设备及仪器仪表制造业	在武汉东湖新技术开发区有明显集聚，在洪山区、青山区、江岸区、江汉区、硚口区有零散分布	阿迪克电子股份有限公司、科孚德自动化有限公司、中科创新技术股份有限公司、天虹仪表有限责任公司、华科机电工程技术有限公司、天宇光电仪器有限公司、海德龙仪表科技有限公司等	526
六、信息化学品制造业	在武汉东湖新技术开发区、新洲区、沌口经济开发区有零散分布	捷能互通科技有限公司、亚德诺半导体技术（上海）有限公司武汉分公司、福斯隆科技有限公司、联晨通信科技有限公司等	8

5.3.3　基于"关联结构"的空间特征

从产业链的空间分布趋势来看，随着生产方式从福特制向后福特制转变，产业链解体重组促使各产业模块在地方—区域—国家—全球等不同空间层次广域分布，并建立了紧密的网络化联系（李健，2011）。在都市区层面，同一产业链的上下游产业或相关产业会依托产业园区、开发区在某一空间地域内邻近布局，形成相互联系、地理集中、部门专业化的中小型企业和机构的集合，马歇尔最早将其称为"产业区"（Guillebaud，1961），波特（Porter，1998）将其称为具有模块簇群化组织特征的"产业集群"。

在产业集群政策的作用下,武汉十一大产业在空间上表现出地理邻近、空间集聚的总体分布特征(图5-19)。利用GIS平台进一步对11条产业链的用地集聚情况进行分析,从中可以发现,不同产业链依托产业园区、开发区等产业空间单元呈现不同程度的集聚与分散,其中,钢铁及深加工、电子信息、汽车及零部件三大产业链的用地集聚明显,装备制造、能源环保、生物医药、石油化工、食品烟草、日用轻工、纺织服装、建材八大产业链表现出集聚与分散并存的特征(表5-19)。

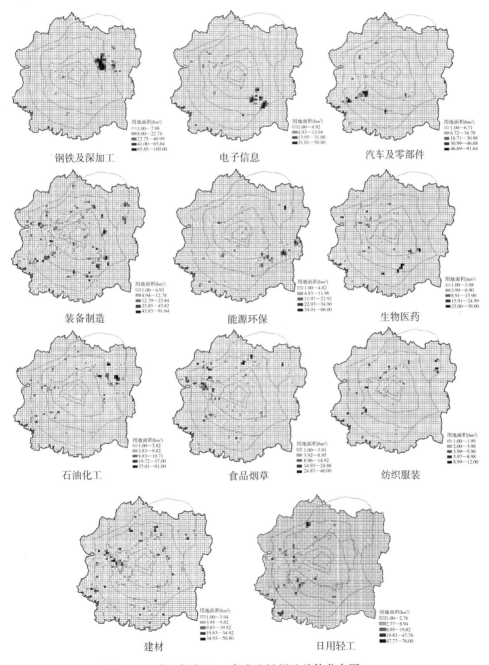

图5-19　武汉都市区11条产业链用地总体分布图

表 5-19 武汉都市区十一大产业链空间分布特征

产业链	产业链环节	集聚区域(空间依托)
汽车及零部件	上游:原料(钢铁、轮胎橡胶、玻璃)设计研发。中游:整车生产、零配件供应商。下游:物流配送、批发零售和售后服务(汽车金融、维修)	依托武汉经济技术开发区(国家级)明显集聚
电子信息	上游:电子材料及基础元器件。中游:显示面板、光纤光缆及光电器件。下游:终端应用产品及各种光通信设备	依托武汉东湖新技术开发区(国家级)有明显集聚
装备制造	数控机床:"关键功能部件—数控系统—重型机床"。激光设备:"激光器系统—激光加工成套设备—激光加工服务"	依托武汉东湖新技术开发区(国家级)、武汉经济技术开发区(国家级)、武汉临空港经济技术开发区(原吴家山经济技术开发区,国家级)有明显集聚,在阳逻经济开发区、青山经济开发区、都市工业园有零散分布
食品烟草	上游:原材料。中游:生产制造。下游:市场营销。同时还带动了玻璃包装、PET瓶包装、瓦楞纸包装、塑料包装等配套业的发展	依托东西湖经济技术开发区、汉阳经济开发区、盘龙城经济开发区有明显集聚,在江夏经济开发区、沌口经济开发区有零散分布
能源环保	太阳能产业链:"晶体硅/非晶硅—太阳能光伏电池—太阳能电池组件—太阳能光伏构件—系统集成—工程应用"。风能产业链:"整机—电控系统—齿轮箱—其他零配件"。环保产业链:"系统设计—设备成套—工程施工—安装调试—运行管理"完整的产业链条	依托武汉东湖新技术开发区(国家级)有明显集聚,在阳逻经济开发区、武汉临空港经济技术开发区(原吴家山经济技术开发区,国家级)有零散分布
钢铁及深加工	上游:盖铁矿石、焦炭、有色金属等资源品行业。下游:市政、公路、桥梁建设、地产、机械、汽车、船舶、家用电器、航空航天	依托青山经济开发区有明显集聚
石油化工	上游:石油开采业,主要指勘探与开发油气资源。中游:石油加工(以石油、天然气为原料生产各种石油产品)、石油储运及石油销售,包括乙烯工程、基础化工、煤化工等。下游:通过石油制成的各类消费品,包括服装纺织、汽油、轮胎、涂料、化肥等	依托青山经济开发区、阳逻经济开发区、武汉化学工业区有明显集聚,在武汉临空港经济技术开发区(原吴家山经济技术开发区,国家级)、武汉经济技术开发区(国家级)有零散分布
生物医药	上游:大学与科研机构等。中游:生物医药制造。下游:销售与应用	依托武汉东湖新技术开发区(国家级)、江夏经济开发区有明显集聚,在武汉临空港经济技术开发区(原吴家山经济技术开发区,国家级)、汉阳经济开发区有零散分布

产业链	产业链环节	集聚区域(空间依托)
纺织服装	上游:原料种植生产(包括棉花种植、化纤生产、纺织印染以及辅料的生产)、服装设计等。中游:布料染整、建设印染等产品制造过程。下游:产品消费	在阳逻经济开发区、汉阳经济开发区、都市工业园有零散分布
日用轻工	文教产业链、家具制造产业链	依托武汉经济技术开发区(国家级)、武汉临空港经济技术开发区(原吴家山经济技术开发区,国家级)、洪山经济开发区分布
建材	建筑材料及其制品、非金属矿及其制品、无机非金属新材料	依托武汉临空港经济技术开发区(原吴家山经济技术开发区,国家级)有明显集聚,在武汉经济技术开发区(国家级)、盘龙城经济开发区、江夏经济开发区有零散分布

注:PET瓶是指瓶里面含有一种叫作聚对苯二甲酸乙二醇酯的塑料材质,是由对苯二甲酸和乙二醇化合后产生的聚合物。

第5章注释

① SCP分析框架详见本书图2-7,即"市场结构(Structure)—市场行为(Conduct)—市场绩效(Performance)"分析框架,该分析框架认为市场结构决定市场行为,市场行为决定市场绩效,市场结构对市场行为和市场绩效起决定作用。

② 根据本书表3-4对劳动密集型、资本密集型和技术密集型的行业划分可知,资本密集型产业是指在单位产品成本中资本成本所占比重较大、每个劳动者所占用的固定资本和流动资本金额较高的产业,主要包括汽车制造业(C36),石油加工、炼焦和核燃料加工业(C25),黑色金属冶炼和压延加工业(C31)等;劳动密集型产业是指生产主要依靠大量劳动力,而对技术和设备的依赖程度低的产业,其衡量的标准是在生产成本中工资与设备折旧和研究开发支出相比所占比重较大,主要包括烟草制品业(C16),农副食品加工业(C13),酒、饮料和精制茶制造业(C15),食品制造业(C14)等;技术密集型产业是指在生产过程中对技术和智力要素的依赖大大超过其他生产要素的产业,主要包括计算机、通信和其他电子设备制造业(C39)、电气机械和器材制造业(C38)、医药制造业(C27)等。

③ 按照《武汉统计年鉴(2014)》中对高技术产业的范畴界定,高技术产业主要包括制造业中的电子信息、先进制造、新材料、生物医药和医疗器械。

④ 按照《国民经济行业分类》(GB/T 4754—2011),汽车及零部件产业链与汽车制造业(C36)对应。

⑤ 武汉7家整车制造企业包括武汉泉龙汽车技术有限公司、上海通用汽车有限公司武汉分公司、湖北三环汉阳特种汽车有限公司、东风本田汽车有限公司、神龙汽车有限公司、东风汽车集团股份有限公司乘用车公司、东风电动车辆股份有限公司。

⑥ 按照《国民经济行业分类》(GB/T 4754—2011),电子信息产业链与电气机械和器材

制造业(C38)/计算机、通信和其他电子设备制造业(C39)对应。

⑦ 按照《国民经济行业分类》(GB/T 4754—2011),装备制造产业链与金属制品业(C33)/通用设备制造业(C34)/专用设备制造业(C35)/铁路、船舶、航空航天和其他运输设备制造业(C37)/电气机械和器材制造业(C38)/仪器仪表制造业(C40)对应,与电子信息产业、能源及环保产业的部分行业存在部分交叉。

⑧ 按照《国民经济行业分类》(GB/T 4754—2011),食品烟草产业链与农副食品加工业(C13)/食品制造业(C14)/酒、饮料和精制茶制造业(C15)/烟草制品业(C16)对应。

⑨ 根据《战略性新兴产业分类(2012)(试行)》可知,将能源及环保产业链分为高效节能产业、先进环保产业、资源循环利用产业、节能环保综合管理服务等,并与《国民经济行业分类》(GB/T 4754—2011)对应,具体包括橡胶和塑料制品业(C29)、非金属矿物制品业(C30)、通用设备制造业(C34)、专用设备制造业(C35)、电气机械和器材制造业(C38)、仪器仪表制造业(C40)等相关子行业,与电子信息、装备制造等部分行业存在一些交叉。

⑩ 按照《国民经济行业分类》(GB/T 4754—2011),钢铁及深加工产业链与黑色金属冶炼及压延加工业(C31)对应,涵盖炼铁、炼钢、钢压延加工、铁合金冶炼、黑色金属铸造等子行业。

⑪ 按照《国民经济行业分类》(GB/T 4754—2011),石油化工产业链与行业分类标准中的石油加工、炼焦和核燃料加工业(C25)对应。

⑫ 按照《国民经济行业分类》(GB/T 4754—2011),生物医药产业链对应行业分类标准中的医药制造业(C27)、化学原料和化学制品制造业(C26)等部分子行业。

⑬ 按照《国民经济行业分类》(GB/T 4754—2011),纺织服装产业链基本对应纺织业(C17)/纺织服装、服饰业(C18)/皮革、毛皮、羽毛及其制品和制鞋业(C19)/化学纤维制造业(C28)。

⑭ 按照《国民经济行业分类》(GB/T 4754—2011),日用轻工产业链基本对应木材加工和木、竹、藤、棕、草制品业(C20)和家具制造业(C21),文教产业链基本对应造纸和纸制品业(C22)/印刷和记录媒介复制业(C23)/文教、工美、体育和娱乐用品制造业(C24)。

⑮ 按照《国民经济行业分类》(GB/T 4754—2011),建材产业链基本对应非金属矿物制品业(C30)、金属制品业(C33),主要包括建筑材料及其制品、非金属矿及其制品、无机非金属新材料三大门类。

⑯ 卡特尔(Cartel)是指由一系列生产类似产品的独立企业所构成的组织,是集体行动的生产者,目的是提高该类产品价格和控制其产量。

⑰ 产业集群与产业园区、产业集聚区在概念上是存在差异的:产业集聚区强调产业关联与空间集聚特征;产业园区(开发区)是政府进行产业空间规划的政策工具,强调政府的规划作用与行政管理;产业集群除了强调产业间的联系与地理邻近性之外,更重视地方行为主体之间的互动关系与知识创新环境。

⑱ 此组数据结果详见附表4-2。

⑲ 1996年,美国学者马库森对产业集群做了四种类型的划分:马歇尔式产业集群、轮轴式产业集群、卫星平台式产业集群、政府依赖型产业集群。按照马库森的观点,轮轴式产业集群主要分布于制造业,中小型企业成为配套企业,高度依赖于大而强的核心企业,核心企业则在集群中起到支配作用。

6 制度对大城市制造业空间布局的作用分析

6.1 影响大城市制造业空间布局的空间规划制度

"规划"是人类有意识的行动方案(人类的大多数行为活动都是按照事先确定的行动方案进行的),并对城市的未来发展具有一定的指引性作用。20世纪80年代以来,随着西方规划理论的"范式转型"(Paradigm Shift),西方学者普遍认为空间规划已不仅仅是一个物质性规划的技术过程,更是一个社会政治过程(Albrechts et al.,2003),是在特定的社会和需求下,政府进行公共管理的制度性安排(张庭伟等,2009)。

6.1.1 我国空间规划体系的现状概述

由于计划经济的历史遗留及政府"条块分割"的管理体制,我国空间规划体系庞杂,导致了规划内容交叉冲突、实施和协调难度大以及规划失效等问题,出现了"规划内容重叠,一个政府、几本规划、多个发展战略"的局面(顾朝林,2015)。空间规划体系的建设与完善一直是我国政府的一项重点任务,也成为学界研究的热点(杨保军等,2016)。2013年,中共十八届三中全会指出"要通过建立空间规划体系,划定生产、生活、生态空间开发管制界限,落实用途管制"。2014年,中央城镇化工作会议指出"要建立空间规划体系,推进规划体制改革,加快规划立法工作"。2018年,中共十九届三中全会通过《深化党和国家机构改革方案》,提出组建自然资源部来统一行使所有国土空间用途管制和生态保护修复职责,意味着我国空间规划体系改革已进入实质推动阶段,这一年也被称为"重塑国家空间规划体系的元年"(张京祥等,2018)。在国家机构改革的背景下,邹兵(2018)、张京祥等(2018)、林坚等(2018)学者陆续提出了国家空间规划体系的重构思路。

2018年以前,我国空间规划体系从无到有,经过了长期的调整与完善,已经形成了由国务院及国家发展和改革委员会主导的"发展规划"、住房和城乡建设部等主导的"城乡建设规划"、国土资源部等主导的"国土资源规划"三个规划系列为主体的空间规划体系(表6-1)。发展规划与欧美的综合性区域规划相似,是一种具有宏观性、战略性和政策性的空间发展干预工具,城乡建设规划和国土资源规划侧重于城市功能布局安排与土地利用的优化配置。除此之外,生态环境规划、基础设施规划、交通系统规划等专项规划也有相对独立的发展(王向东等,2012)。

表 6-1　我国空间规划体系与内容

系列	主管部门	类别	说明
发展规划	国务院及国家发展和改革委员会	国民经济和社会发展规划、国民经济和社会发展区域规划、国民经济和社会发展专项规划、主体功能区规划等	在我国具有较高权威性。其中,国民经济和社会发展规划由《中华人民共和国宪法》授权,五年为一个周期,其他规划系列都被要求与其衔接或以其作为依据;国民经济和社会发展区域规划以跨行政界限的城市群地区、重点开发或保护地区等为规划区域编制实施;国民经济和社会发展专项规划则涵盖众多领域,涉及众多部门,内容庞杂;主体功能区规划的发展历程较短,但一开始就被定为战略性、基础性、约束性的规划而推进
城乡建设规划	住房和城乡建设部以及其他相关主管部门	城镇村体系规划、城市发展战略规划、城市总体规划、城市分区规划、城市近期建设规划、城镇控制性详细规划、城镇修建性详细规划、村庄规划、城镇专项规划等	以《中华人民共和国城乡规划法》为主要法律依据,以众多的部门规章、规范性文件、技术标准为指导,由不同层级、不同深度、法定与非法定规划类别构成,是我国体系完善、管理规范、实施措施有效的规划系列。其中,城镇村体系规划、城市总体规划、城市近期建设规划、城镇控制性详细规划、城镇修建性详细规划、村庄规划是国家法定性规划,而城市发展战略规划虽作为国家非法定规划,但其形式灵活、战略内容重要,许多城市(广州、南京、杭州、天津、武汉等)已自发编制实施
国土资源规划	国土资源部、林业部、农业部等	土地利用总体规划、土地利用专项规划、林地利用保护规划、草原保护建设利用规划、矿产资源规划、水资源规划等	土地利用总体规划是以《中华人民共和国土地管理法》为法律依据,以若干部门规章、规范性文件、技术标准为指导发展起来,因技术成熟、管理规范、实施有力等而具有重要地位;在国土部门的推动下,基本农田保护、土地整理复垦开发等土地利用专项规划和全国性、地区性和行业性矿产资源规划获得了较大发展
生态环境规划	环保部门、国土部门、林业部门等	环境保护规划、生态功能区规划、生态示范区规划、地质灾害防治规划、矿山地质防护规划、水土保持规划、防沙治沙规划、湿地保护规划等	以《中华人民共和国环境保护法》为主要依据,各级政府均编制实施环境保护规划,环境保护规划常被作为专项规划纳入国民经济和社会发展规划、城乡建设规划系列。除此之外,还有《全国生态功能区规划》《地质灾害防治条例》《矿山地质环境保护规定》《中华人民共和国水土保持法》《中华人民共和国防沙治沙法》等专项法律保驾护航
基础设施规划	交通部门、铁路部门等	公路网规划、航道发展规划、港口发展规划、铁路发展规划、电力发展规划、管道发展规划等	相关法定规划包括《中华人民共和国公路法》《中华人民共和国航道管理条例》《中华人民共和国港口法》《中华人民共和国铁路法》《中华人民共和国石油天然气管道保护法》等

6.1.2 影响大城市制造业空间布局的空间规划制度

通过梳理我国现有空间规划体系及其内容发现,对大城市制造业空间布局有直接影响作用的规划类型主要包括主体功能区规划、土地利用规划、城市发展战略规划、城市总体规划、产业空间专项规划、生态环境规划、城市交通规划。其中,主体功能区规划"定分区",划定优化开发、重点开发、限制开发、禁止开发的政策分区;土地利用规划"定指标",确定土地用地总量和年度指标;城市发展战略规划"定思路",根据城市经济发展背景、产业发展阶段,对城市未来的发展方向和思路进行提前布局和引导,满足城市快速发展和土地资源的可控配置;城市总体规划"定坐标",即以主体功能区规划、土地利用规划、城市发展战略规划为依据,结合生态、交通等各专项规划要求,统筹协调各类建设用地的土地开发与空间利用;产业空间专项规划"定结构",确定都市区的产业空间布局及其结构体系;生态环境规划"定底线",划定城市生态红线和环境分区,为制造业空间设定发展底线;城市交通规划"定网络",为制造业空间的郊区化和区域化发展提供交通网络基础(表6-2)。下文将具体分析以上不同空间规划类型在区线、总量、结构和强度方面对大城市制造业空间布局所起到的不同制度作用。

表6-2 影响大城市制造业空间布局的空间规划制度及其制度作用

类型		主要内容	制度作用	涉及规划
主体功能区规划		国土空间的分析评价,各类主体功能区的数量、位置和范围,各个主体功能区的功能定位、发展方向、开发时序和管制要求,差别化配套政策等	划分城市、生态、农业空间边界;划分优化开发、重点开发、限制开发和禁止开发四类政策区域	《全国主体功能区规划》(2010年)、《湖北主体功能区规划》(2012年)、《武汉主体功能区规划》(2014年)
土地利用规划		规划目标与指标、耕地和基本农田保护、城乡建设空间布局与规划控制、基础设施与重大项目建设空间布局、生态空间布局、用途分区与空间管制、补充耕地项目安排、上级任务落实与下级规划指标分解控制等	严控和保障用地供给总量,确定土地利用指标,并相应地向下级行政单元分解和分配土地指标;划分空间管制区域,即允许建设区、有条件建设区、限制建设区、禁止建设区	《武汉市土地利用总体规划(2010—2020年)》
城乡规划	城市发展战略规划	包括城市与区域关系、产业结构调整与产业发展、空间结构与发展策略、基础设施支撑与生态保障等城市发展战略层面的思考与研究	城市总体规划等编制的参考依据,多为研究性质;为城市功能定位、功能布局、产业发展方向提出战略性思路	《武汉城市总体发展战略规划研究》(2004年)、《武汉都市发展区"1+6"空间发展战略实施规划》(2011年)、《武汉2049远景发展战略》(2013年)、《武汉四大板块综合规划》(2014年)

类型		主要内容	制度作用	涉及规划
城乡规划	城市总体规划	以发展定位、功能分区、空间布局、综合交通体系、管制分区、各类基础与公共设施等为主要内容,规划区范围、用地规模、基础与公共设施用地、水源地和水系、基本农田和绿化用地、环境保护、自然与历史文化遗产保护以及防灾减灾等应作为强制性内容	国家法定规划,确定城市功能布局结构、产业空间布局结构;分配各类建设用地指标及比例;划定禁限建分区	《武汉市城市总体规划(1996—2020 年)》《武汉市城市总体规划(2010—2020 年)》
生态环境规划	环境保护规划	以污染防治为重点内容,包括大气、水体、固体废物、噪声、土壤等污染防治	划分各类环境功能区范围和执行标准	《武汉市声环境质量功能区类别规定》(2013 年)、《武汉市环境空气质量功能区类别规定》(2013年)、《武汉市地表水环境功能区类别》(2013年)、《武汉市水功能区划》(2013年)
	生态空间规划	根据区域生态环境要素、生态环境敏感性与生态服务功能空间分异规律,将区域划分成不同的生态功能区,明确各生态功能区的功能定位、保护目标、建设与发展方向等	划定生态框架保护体系和基本生态控制线,禁止侵占生态地区和生态保护红线的行为	《武汉市生态框架保护规划》(2008 年)、《武汉都市发展区1∶2 000 基本生态控制线规划》(2013年)、《武汉市基本生态控制线管理条例》(2016年)等
城市交通规划	城市综合交通规划	包括交通发展战略、综合交通体系组织、对外交通体系、城市道路系统、公共交通系统、客运枢纽、货运系统等内容	统筹城市内外、客货、近远期的交通发展,形成支撑城市可持续发展的综合一体化交通体系	《武汉市综合交通规划(2009—2020 年)》
	港口规划	包括港口总体规划和港口布局规划,前者是指一个港口在一定时期的具体规划,后者是指港口的分布规划(包括国家级和省级),两者均可编制专项规划,有关部门应根据后者编制港口控制性详细规划	港口布局和设施建设的依据,保障重大交通设施建设,促进制造业围绕重大交通设施形成集聚区	《武汉新港总体规划》(2009 年)、《武汉新港空间发展规划》(2010 年)

6.2 空间规划制度对武汉都市区制造业空间布局的作用分析

6.2.1 区线调控:发展与控制的边界和区域

2014年,国家发展和改革委员会、国土资源部、环境保护部、住房和城乡建设部联合发布《关于开展市县"多规合一"试点工作的通知》(发改规划〔2014〕1971号),明确提出空间规划要"划定城市开发边界、永久基本农田红线和生态保护红线,形成合理的城镇、农业、生态空间布局"。从地方实际来看,各省区市从"多规并行"到"两规合一""三规合一""多规合一",均以解决各类空间性规划矛盾为重要目的,统一"目标""指标""坐标"。2010年以来,武汉通过主体功能区规划、土地利用总体规划、城市总体规划、生态控制线规划等多类型规划,运用"三线四区"方法,实现对城市边界和区域发展的管控,奠定和优化大城市整体空间格局,提升城乡空间治理能力。

1)"三线"划定:开发边界与控制边界

"三线"具体包括生态保护红线、永久基本农田保护红线和城市开发边界。从空间管控作用上来讲,可将城市边界划分为开发边界(城市开发边界)和控制边界两大类(生态保护红线、永久基本农田保护红线)。其中生态保护红线是为了确保城市生态安全格局而划定的生态安全底线;永久基本农田保护红线是为了最大限度地保护耕地和保障粮食安全,通过刚性约束方式对基本农田实行特殊保护而划定的控制线;城市开发边界是为了促进城市紧凑发展,严控城市无序蔓延,对城市建设用地划定的最大拓展边界。2014年,武汉先后被国土资源部、住房和城乡建设部确定为全国首批划定永久基本农田保护红线和城市开发边界的试点城市之一,并率先在全国完成了永久基本农田保护红线、城市开发边界的"三线"划定工作:① 生态控制线(生态保护红线)的划定。2012年,武汉市颁布了《武汉市基本生态控制线管理规定》,要求对划定的生态底线区实行严格的空间管制,武汉成为继深圳后第二个以"政府令"形式划定生态控制线的城市。2013年,《武汉都市发展区1∶2000基本生态控制线规划》出台,划定了河湖、湿地、山体以及重要的城市明渠等12类地域为生态底线区(图6-1)。2014年,武汉市组织编制了《全域生态框架保护规划》,完成了农业生态区1∶10000基本生态控制线划定工作。2016年5月,《武汉市基本生态控制线管理条例》经湖北省第十二届人民代表大会常务委员会第二十三次会议批准,并于10月1日正式开始施行,标志着武汉生态控制管理进入了法治阶段。② 永久基本农田保护红线的划定。2015年3月,武汉对城市周边(都市发展区)范围内2808 km²、71万亩耕地图斑开展了基本农田划定工作(马文涵等,2016)。③ 城市开发边界的划定。2014年7月,作为全国首批开发边界划定试点城市,武汉通过"规土融合"方法综合划定了城市开发边界,并将生态保护红线和城市开发边界之间的区域划定为城市弹性发展空间(图6-2)。

图 6-1　武汉都市区生态控制线规划总图

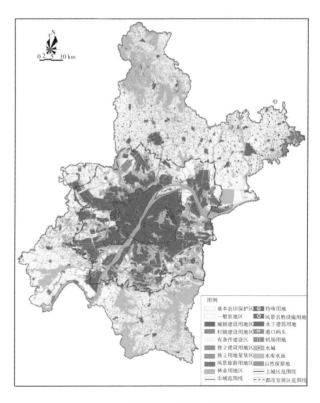

图 6-2　武汉城市开发边界划定

在"三线"划定中,不同的空间规划分别起到了不同的制度作用:主体功能区规划从宏观层面划分了城市、生态、农业空间边界,奠定了区域发展格局;生态控制线规划推动了城市生态保护红线的划定,实现了对生态空间的刚性管控;土地利用总体规划推动了永久基本农田保护红线的划定,在保障土地供应量的同时实现了对耕地的永久保护;城市总体规划基于以上空间规划,推动了城市开发边界的划定(图6-3)。因此,城市制造业空间发展与"三线"管控的关系包括两个方面:一方面,城市制造业空间应布局在城市开发边界范围内;另一方面,应防止制造业空间对生态保护红线和永久基本农田保护红线的侵蚀。

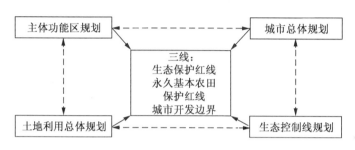

图6-3 "三线"与空间规划制度的关系

2)"四区"划定:发展区域与限制区域

"四区"是根据土地开发利用强度的不同进行管制分区,明确建设用地(尤其是制造业用地)的发展和限制区域。在空间规划制度体系中,主体功能区规划、城市总体规划、土地利用总体规划和生态框架保护规划通过划定不同的管制分区实现对城市空间资源的管理(图6-4,表6-3)。在2011年公布的《全国主体功能区规划》中,将国土空间划分为优化开发区、重点开发区、限制开发区和禁止开发区四类,并确定了不同区域的主体功

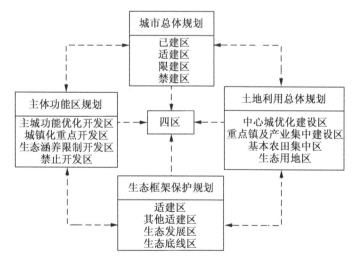

图6-4 "四区"与空间规划制度的关系

能、开发方向和开发控制强度;《城市规划编制办法》(2006 年)和《中华人民共和国城乡规划法》(2008 年)中都明确要求城市总体规划要划定"四区"(已建区、适建区、限建区、禁建区),并作为《中华人民共和国城乡规划法》的强制性内容;2017 年公布的《土地利用总体规划管理办法》第二十二条规定:编制市级、县级、乡(镇)土地利用总体规划……因地制宜划定下列城乡建设用地管制边界和管制区域:(一) 城乡建设用地规模边界;(二) 城乡建设用地扩展边界;(三) 城乡建设用地禁建边界;(四) 允许建设区;(五) 有条件建设区;(六) 限制建设区;(七) 禁止建设区。以武汉为例,《武汉主体功能区规划》(2014 年)将武汉市划分为主城功能优化开发区、城镇化重点开发区、生态涵养限制开发区、禁止开发区四类区域,并对不同区域的功能定位、人口规模、政策指引提出了规划要求。《武汉市城市总体规划(2010—2020 年)》将武汉市域划分为已建区、适建区、限建区和禁建区。《武汉市土地利用总体规划(2010—2020 年)》将武汉划分为中心城优化建设区、重点镇及产业集中建设区、基本农田集中区和生态用地区。《武汉市生态框架保护规划》(2008 年)将武汉市域划分为适建区、其他适建区、限建区、禁建区。虽然不同的规划类型在对空间区域进行划界时常会出现"打架"的情况,但能在不同程度上引导制造业空间布局的总体方向。其中,城镇化重点开发区、重点镇及产业集中建设区、适建区是城市制造业用地的重点发展区域,分布在中心城区外围的城市近郊区;生态涵养限制开发区、生态用地区、限建区均要求科学合理地控制和引导限建区的开发建设行为,原则上不应允许新建工业;禁止开发区、基本农田集中区、禁建区要实行最为严格的保护制度,禁止工业项目。

表 6-3　武汉制造业用地的发展与限制区域

空间规划	发展区域	限制区域		
《武汉主体功能区规划》(2014 年)	城镇化重点开发区:(1)范围:涉及武汉 13 个行政区以及东湖新技术开发区、武汉经济技术开发区、武汉化学工业区。(2)定位:武汉产业、人口的主要聚集区,推进新型工业发展。(3)政策指引:完善产业目录,明确鼓励、限制和禁止的产业导向,严格项目准入制度,推进新型工业发展	主城功能优化开发区:(1)范围:中心城区。(2)定位:以知识密集型产业、总部经济等现代服务业为主的金融商贸中心。(3)政策指引:实施服务业升级计划,培育一批龙头企业,打造服务业集群	生态涵养限制开发区:(1)范围:涉及武汉市各新城区以及洪山区和东湖生态旅游风景区。(2)功能定位:保证农产品的供给以及保障城市生态安全。(3)政策指引:实行环境准入制度,制定不同的产业环境准入标准,并将全面推行排污许可证制度	禁止开发区:(1)范围:国家、省、市各级自然保护区、风景名胜区、森林公园、湿地公园、地质公园、历史文化名村和全市生态底线区。(2)政策指引:积极实施人口退出政策,对禁止开发区域内不符合规定的项目限期迁出,并依法关闭污染物排放企业

空间规划	发展区域	限制区域		
《武汉市城市总体规划（2010—2020年）》	适建区:(1)范围:黄陂横店、宋家岗、滠口和武湖地区,新洲阳逻,东西湖走马岭、蔡甸城关、常福、军山、沌口地区,汉阳四新、黄金口,汉南纱帽,洪山北湖、九峰地区,江夏郑店、金口地区。(2)定位:尚未开发建设,是城镇发展的优先选择地区。(3)产业发展:科学合理地确定开发模式、规模、强度和建设时序	已建区:(1)范围:现有的城镇建成区。主城区、吴家山—金银湖地区以及远城区城关镇所在地。(2)定位:以结构调整、功能优化为主,完善基础设施,提高集约化水平	限建区:(1)范围:饮用水源二级保护区、蓄滞洪区、风景名胜区非核心区、生态绿楔非核心区、森林公园、基本农田保护等。(2)定位:禁建区、适建区和已建之外的地区。(3)产业发展:科学合理地控制和引导限建区的开发建设行为,城镇建设用地应尽可能避让限建区	禁建区:(1)范围:长江、汉江等河流,严西湖等湖泊,风景区、森林公园,遗址公园,地质灾害易发区等。(2)定位:城乡生态保育与建设、历史文化保护的重要地区。(3)产业发展:禁止任何城镇开发建设行为
《武汉市土地利用总体规划(2010—2020年)》	重点镇及产业集中建设区:(1)范围:以武汉绕城公路周边地区为主。(2)定位:中心城优化建设区人口和产业转移以及远城区人口和产业集聚的重点区域。(3)产业发展:促进装备和机电制造、港口运输、高新技术、汽车及零配件生产、食品加工、现代物流等主导产业的发展,积极引导产业集群发展和用地集中布局	中心城优化建设区:(1)范围:中心城区控制范围。(2)定位:城市生产和生活服务中心的职能。(3)产业发展:支持发展高新技术、循环经济和现代服务业。积极引导一般产业逐步外迁,促进产业结构升级	生态用地区:(1)范围:以六片城市生态绿楔以及河流湖泊水体保护区、自然保护区、风景名胜区、生态旅游区等为主。(2)定位:土地资源以水域、耕地和林地为主。(3)产业发展:禁止与主导功能不相符的建设和开发活动。区内现有零星分散的工矿企业应逐步向园区搬迁,规划期间确实无法搬迁的,可保留现状但不得扩大规模	基本农田集中区:(1)范围:主要分布在武汉绕城公路以外。(2)定位:保障粮食安全、落实耕地和基本农田保护目标、布局都市农业产业化基地的重点区域,以耕地为主。(3)产业发展:禁止占用区内的基本农田进行非农建设
《武汉市生态框架保护规划》(2008年)	适建区:包括城镇建设区和其他适建区。其他适建区:是以总体规划确定的建设规模为限定条件,综合考虑地区的发展,在生态安全和环境友好的前提下确定用地范围,作为远景城镇建设的发展备用地,主要为省市级以上重大项目预留	—	限建区:(1)定位:自然条件较好的生态重点保护地或敏感地区,城市建设用地选择应尽可能避让的区域。(2)用地控制:原则上不应允许新建工业、仓储项目。对于已建项目,按照"限制、淘汰、改造、提高"的方针,对限建区内各类行业及产品实行分类管理。限制低附加值、劳动密集型产业的发展,逐渐淘汰污染型企业	禁建区:(1)定位:生态保育和生态维护的重要地区,原则上禁止任何城市建设行为的区域。(2)用地控制:原则上不应允许新建工业、仓储、商业、居住等经营性项目。已建的工业项目应根据国家"工业入园"的政策,逐步搬迁至适建区进行集中发展

6.2.2 总量调控:建设用地总量与各类用地指标

1) 土地利用总体规划严控和保障建设用地总量

自 1986 年颁布《中华人民共和国土地管理法》以来,我国已先后组织开展了三轮土地利用总体规划的编制和实施工作。土地利用总体规划中最为重要的内容之一就是确定土地利用指标(耕地保护、建设用地、耕地占用量、土地整理和开垦等指标),并相应地向下级行政单元分解和分配土地指标。一方面,按照"盘活存量、严控增量"的原则,严控土地供给增量与总量,控制城市建设用地扩张;另一方面,保障城市发展合理的建设用地需求,尤其是为重大项目建设提供用地指标。《武汉市土地利用总体规划(2010—2020 年)》以"严控建设用地总量、以需求引导和供给调节"为原则,合理确定城乡建设用地规模,规划至 2020 年新增建设用地要控制在586 km² 以内,建设用地的净增量要控制在 453.01 km² 以内,建设用地总量要控制在 1 850 km² 以内,并将指标分配至各区(表 6-4)。同时,该规划保障了重大产业项目用地需求,如新增 102 km² 建设用地以支持武汉钢铁(集团)公司江北基地、大型冷轧硅钢国产化制造基地、富士康基地、80 万 t乙烯工程、国家医药生物基地等重要制造业项目建设。

表 6-4 武汉建设用地指标

行政区		2005 年建设用地总规模(km²)	2010 年			2020 年		
			建设用地总规模(km²)	城乡建设用地规模(km²)	城镇工矿用地规模(km²)	建设用地总规模(km²)	城乡建设用地规模(km²)	城镇工矿用地规模(km²)
全市		1 396.99	1 566.00	1 164.00	688.00	1 850.00	1 353.00	910.00
七城区		385.36	450.09	372.53	325.77	497.82	429.55	391.18
远城区	小计	1 011.63	1 115.91	791.47	362.23	1 352.18	923.45	518.82
	东西湖区	98.79	111.24	76.90	44.65	138.80	96.41	65.55
	汉南区	33.87	37.37	23.49	9.29	45.16	27.56	14.22
	蔡甸区	175.90	197.89	156.19	87.22	247.91	188.76	127.14
	江夏区	252.95	278.09	198.37	106.10	337.48	230.84	145.19
	黄陂区	274.32	298.06	192.26	66.26	350.71	214.15	92.11
	新洲区	175.80	193.26	144.26	48.71	232.12	165.73	74.61

2) 城市总体规划分配各类建设用地指标及比例

与土地利用总体规划宏观调控城乡各区土地用途管制、统筹城乡各项土地利用活动不同,城市总体规划侧重于在城市建设范围内对各类建设用地的指标及其比例进行分配,强调城市内部不同功能用地结构的合理分配、资源的均衡布局和空间的有序发展,进而影响大城市制造业的用地指标及其城建设用地占比。《武汉市城市总体规划(2006—2020 年)》提出

"至2020年,武汉都市区建设用地总量要控制在802.01 km²的范围以内,其中工业(主要指制造业)用地总量要控制在193.02 km²的范围以内,占建设用地的比重控制在24.07%"(表6-5)。《武汉市新城组群分区规划(2007—2020年)》对远城区六大新城组群的建设用地总量和工业用地总量及其占比进行了进一步的划分和确定(表6-6)。六大新城组群既是武汉人口和产业向外集聚发展、城镇空间向外拓展的重点区域,也是制造业空间布局的主要承载区域。

表6-5 武汉都市区城镇建设用地结构情况一览表

用地代码	用地性质	2006年(现状)		2010年(现状)		2014年(现状)		2020年(规划目标)	
		面积(km²)	比重(%)	面积(km²)	比重(%)	面积(km²)	比重(%)	面积(km²)	比重(%)
R	居住用地	177.49	28.27	202.96	28.21	234.74	27.47	213.10	25.74
C	公共设施用地	112.56	17.93	110.63	15.38	128.11	15.00	128.27	15.49
M	工业用地	129.92	20.69	157.71	21.92	197.82	23.14	193.02	23.32
W	仓储用地	16.29	2.59	16.01	2.23	20.97	2.45	17.63	2.13
T	对外交通用地	35.62	5.68	48.41	6.73	73.98	8.66	12.09	1.46
S	道路广场用地	84.45	13.45	106.81	14.85	114.12	13.35	118.26	14.28
U	市政公用设施用地	23.25	3.70	26.09	3.63	26.88	3.15	13.57	1.64
G	绿地	48.26	7.69	50.76	7.05	57.98	6.78	131.94	15.94
城镇建设用地		627.84	100.00	719.38	100.00	854.60	100.00	827.88	100.00

注:本表数据均采用《城市用地分类与规划建设用地标准》(GB 137—90)中的标准。2020年规划目标值参考《武汉市城市总体规划(2010—2020年)》。

表6-6 武汉各新城组群建设用地规划指标及工业用地占比

组群名称	建设用地规模(km²)	工业用地(km²)	占比(%)
东部新城组群	90.43	29.18	32.27
东南新城组群	72.23	24.91	34.49
南部新城组群	89.48	18.81	21.02
西南新城组群	75.65	24.27	32.08
西部新城组群	119.91	25.92	21.62
北部新城组群	60.24	18.86	31.31

6.2.3 结构调控:产业功能定位及布局结构

1)城市发展战略引导城市功能定位与发展方向

我国城市发展战略的发展历程可以2005年为时间节点,大致分为两个阶段:① 阶段一,2000—2005 年。我国城市发展战略规划实践的兴起始于 2000 年开始编制的《广州市城市总体规划(2001—2010 年)》(王凯,2011;张兵,2002;李晓江,2003)。随后,城市发展战略规划编制在我国各大城市陆续展开,如深圳、南京、广州、厦门、济南、宁波等①。2005 年建设部出台的《关于加强城市总体规划修编和审批工作的通知》以及 2006 年出台的《城市规划编制办法》,又进一步将战略规划这种"研究性"的实践活动纳入城市总体规划编制的前期工作范畴,意味着战略规划已作为一个单独的规划类型纳入我国空间规划体系之中。在此阶段,各个城市的发展战略在规划方法上追求经济增长与空间外延式拓展,是一种相对理想的"扩张型"战略。② 阶段二,2005 年至今。2005 年以后,受发达国家城市发展战略规划(如《芝加哥迈向 2040 综合区域规划》《永续发展的悉尼 2030》等)中可持续发展、绿色低碳的转型思维影响,国内城市也开始着手编制中长期战略规划,即针对一个较长的时间跨度或历史阶段,用更长远的价值观来指导当下行动,如《"北京 2049"空间发展战略研究》《深圳 2040 城市发展策略》《武汉 2049 远景发展战略》等。在此阶段,国内大城市基于我国发展的实际情况,并且受发达国家与城市战略规划价值导向的影响,开展了基于竞争力与可持续发展"两条腿"走路的双主线思维,是一种兼顾发展与可持续并存的提升型战略。如《深圳 2040 城市发展策略》以建设人性化城市和提升城市竞争力为主要方向,《武汉 2049 远景发展战略》基于竞争力和可持续发展两条线索展开。

2000 年以后,武汉先后编制了《武汉城市总体发展战略规划研究》(2004 年)、《武汉都市发展区"1+6"空间发展战略实施规划》(2011 年)、《武汉 2049 远景发展战略》(2013 年)《武汉四大板块综合规划》(2014 年)等发展战略规划,基本顺应了我国城市发展战略规划发展的价值走向。武汉城市战略规划的编制基本围绕武汉历版城市总体规划的前期准备和后期实施展开,并在不同时期针对制造业发展进行了不同的空间部署:2004年,为配合 2006 年城市总体规划的修编工作,武汉编制了《武汉城市总体发展战略规划研究》。该研究在城市产业功能布局的基础上提出划分三个产业圈层:一是武汉中心城,以高新技术产业和现代服务业为主导;二是中心城外围 50 km 区域,推进旧城区工业外迁和新型工业园区建设,以电子信息、汽车及零部件、钢铁及深加工、生物医药、石油化工等制造业为重点;三是半径为 50—150 km 的区域,发展江汉平原农业、水产资源和红色文化旅游资源。其中,中心城外围 50 km 区域为制造业空间拓展的重要区域。该研究还提出未来产业空间拓展的基本方向:重化工产业沿长江下游方向拓展,东湖新技术产业沿武黄高速向东延伸,汽车制造业沿沪蓉高速往西延伸,农副食品加工业结合江汉平原沿汉江分布。2011 年,《武汉都市发展区"1+6"空间发展战略实施规划》依据 2010 年版城市总体规划和土地利用总体规划的要求,提出实施工业发展"倍增计划",以大光谷地区、中国·武汉车城、临空经济区和临港产业区为 4 个增长极,建设 9 个新型示范园和 14 个一般工业园,为 6 个新城区和 3 个中心城区在都市发展区提供了工业经济发展平台。2013 年,武汉启动编制《武汉 2049 远景发展战略》,此轮规划确立了制造业(尤其是高端制造业)在武汉产业体系中的重要地位,预测了制造业在产业结构演变中的阶段性特征、提出了基于"四大次区域"(临空次区域、临港次区域、光谷次区域、车都次区域)的板块化工业空间布局思路。该发展战略提出"四个中心"的城市目标,包括创新中心、金融中心、贸易中心与高端制造中心,其中高端制造是武汉的支撑功能。基于武汉所处工业化中后期纵深发展的现状判断,武汉未来的产业结构遵循"国家中心城市模式"[②],城市目标与产业发展呈现阶段性特征(表 6-7)。在《武汉 2049 远景发展战略》中规划形成"主城区—次区域—周边城区"分层的城市功能体系,以板块化布局思维构建外围四个次区域,同时带动"1+8"都市圈的区域化发展(图 6-5)。2014 年,以《武汉 2049 远景发展战略》为基础,武汉编制了《武汉四大板块综合规划》,按照"独立成市、产城一体"的思想,依托现有东南地区电子信息产业集群、西南地区汽车及零部件产业集群、东部地区钢铁及深加工产业集群、西北地区工用轻工产业集群,进一步明确了四大工业板块发展格局,建设大光谷、大车都、大临港、大临空四大城市功能板块(图 6-6)。

表 6-7　武汉城市目标与产业特征的阶段性特征

类别	阶段一:2012—2020 年	阶段二:2020—2030 年	阶段三:2030—2049 年
发展阶段	国家中心城市成长阶段	国家中心城市成熟阶段	世界城市培育阶段
影响区域	中心城＋"1+8"都市圈	"1+8"都市圈＋中三角	中三角＋更大区域
产业表现	工业加速、服务强化	生产性服务业快速发展、制造业区域转移	以生产性服务业与区域消费服务业为主导
职能特征	现代物流、贸易、高端制造、创新、国内交通门户	技术创新、区域金融中心、亚太总部集聚、亚太交通门户、贸易、现代物流、高端制造	文化集聚度、国际交通门户、国际企业总部、金融创新、现代物流、贸易、高端制造

相较于法定性的城市总体规划,城市战略规划虽未被纳入法定空间规划体系,但在内容、期限、适用范围方面更具前瞻性、框架性、阶段性与区域视野,越来越受到城市政府的重视,也为城市制造业的功能定位及布局结构提供了更为宏观的研究视野与上位依托。

2) 城市总体规划奠定城市布局模式与产业布局结构

武汉在 1982 年、1988 年、1996 年、2010 年四版城市总体规划(以下简称"总规")中均包含有"工业基地"的城市性质,是我国最具代表性的工业城市。1996 年版总规重点提出了"主城区＋外围七个独立新城"的空间布局结构和"以主城为核心"的圈层式产业布局结构,强调武汉工业发展的重

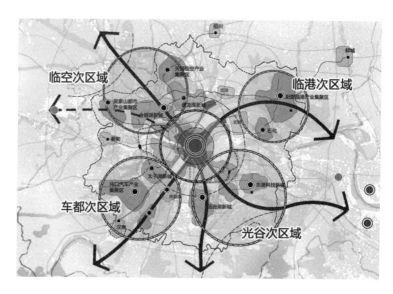

图 6-5 武汉功能体系结构

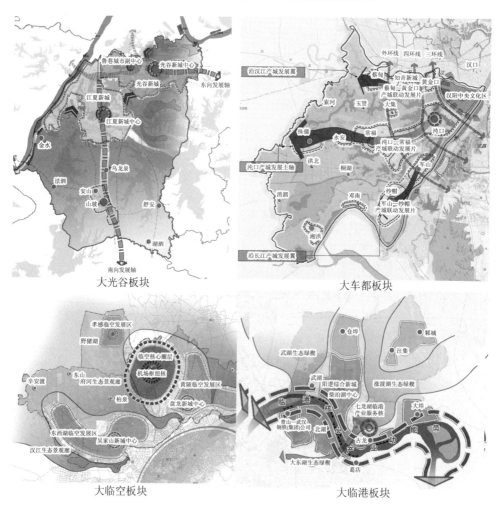

大光谷板块

大车都板块

大临空板块

大临港板块

图 6-6 武汉四大工业板块远景规划结构图

点应逐步转移到周边城镇地区,并依托外围七大新城发展(图6-7)。2010年版总规放弃了前版总规远郊式的布局模式与跳跃式的空间拓展方式,转而顺应内聚主导的空间发展态势,将近郊作为空间扩展的重点,提出了"主城区+六大新城组群"的近郊布局模式和圈层式的产业布局结构,产业空间重点布局在外围六大新城组群(图6-8)。纵观1990年以来武汉两版总

图6-7 武汉市城市地区总体规划示意图

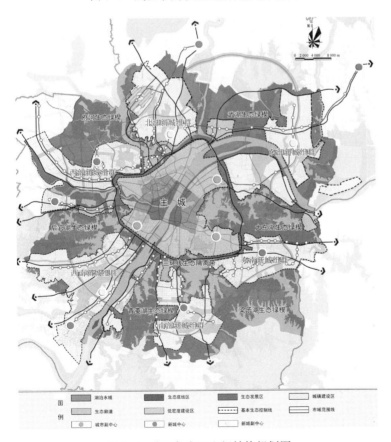

图6-8 武汉都市区空间结构规划图

规对城市及产业空间的规划部署：一方面，两版总规均确定了"圈层式"的产业空间布局结构，进一步推动了制造业用地在都市区由主城向外围转移，即制造业空间的"郊区化"，并在空间布局中考虑开发区的选点布局问题，建立了以产业集聚区、开发区、工业园为载体的制造业布局结构体系；另一方面，两版总规在城市空间布局结构上发生了转变，由"外延式"布局转向"内聚式"发展，由依托近郊七大新城发展转向依托六大新城发展，从而进一步奠定了武汉"近郊式"的制造业空间发展格局（表6-8、表6-9）。

表6-8 武汉都市区七大新城产业职能

新城名称	地区	产业职能	用地规模（km²）	人口规模（万人）
金坊新城	金口—郑店—纸坊地区	以机电、造船、建材等工业为主的综合性新城	45	45
常福新城	军山—汆山—永安地区	以机械加工、电子工业为主的综合性新城	30	30
蔡甸新城	柏林—蔡甸—新隆地区	无污染的轻工业及生活区	20	20
吴家山新城	吴家山—走马岭—新沟地区	食品、轻工及城市生活区	15	15
宋家岗新城	宋家岗地区	中小型高新技术产业区及商贸、居住区	15	15
阳逻新城	阳逻—施岗地区	大耗能、大耗水、大运输量的工业，交通运输、能源基地	45	45
北湖新城	北湖—左岭地区	冶金、化工工业区	20	20

表6-9 武汉都市区六大新城组群产业职能

组群名称	产业职能	用地规模（km²）	人口规模（万人）
东部新城组群	以重化工和港口运输等为主导，纺织业和其他制造业相配套的武汉重型工业发展区	64	50
东南新城组群	以电子、生物医药和机电一体化为主导的高新技术产业区	49	58
南部新城组群	中部地区的教育科研产业园区和现代物流基地	61	73
西南新城组群	汽车及零配件、电子信息、家电和包装印刷产业区	56	54
西部新城组群	食品加工、现代物流和轻工产业	79	95
北部新城组群	临空产业集中发展区（航空物流和高新技术产业）	43	48

3）产业空间专项规划细化制造业布局结构

在城市发展战略规划、城市总体规划的框架性、结构性指引下,都市区制造业空间布局结构已基本奠定。在此框架下,产业空间专项规划将进一步细化制造业空间布局结构体系,以便于产业项目的落地和实施。《武汉远城区工业空间发展规划(2009—2020年)》提出由工业集聚区向产业新城转变,重点打造七大产业新城,各远城区以一个产业新城为建设重点,依托主要交通走廊为发展轴线,辐射带动其他工业集聚区,形成"产业新城＋工业园区"的规划结构,并依托各区产业基础,对工业布局、工业规模、产业门类等进行进一步细化。2012年,按照"大发展＋大生态"的战略构想,武汉编制《武汉市新型工业化空间发展规划》,按照"二级园区体系"的布局结构体系,在外围新城区共规划布局6个新型工业化示范园区和14个一般工业园区(图6-9)。按照60 km^{2}的规模要求划定各新城区新型工业化示范园区,按照10 km^{2}以上规模划定一般工业园区,实施工业发展"倍增计划",提升工业用地绩效。2015年,武汉开展了《武汉市产业发展空间布局规划(2015—2030年)》的产业专题研究,进一步落实《武汉2049远景发展战略》中的产业发展目标,构建产业发展体系,深化产业布局结构,制定产业发展策略,以支撑新一轮的城市总体规划修编。

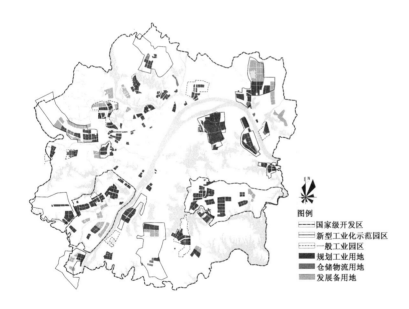

图6-9　武汉都市区新型工业化空间布局图

4）城市交通规划推动制造业空间区域化

交通因素对大城市制造业空间布局具有十分重要的影响。高铁、高速公路、城市环线及港口、空港等区域性交通网线和交通设施的建设会推动大城市制造业用地沿交通轴向延伸,并依托大型交通设施形成重要的制造业集聚区。城市交通规划对促成城市交通体系的建设与形成,推动都市区制造业用地的区域化、郊区化发展起到重要作用。

对武汉都市区制造业空间布局产生重要影响的城市交通规划,主要包括城市综合交通体系规划、港口发展规划等。其中,城市综合交通体系规划通过统筹城市内外客货体系、近远期交通体系,合理安排城市交通各子系统关系,以实现城市综合交通体系的可持续发展。港口发展规划对武汉长江港口资源进行整合、统筹和功能设计,是城市重大交通设施的专项规划。《武汉市综合交通规划(2009—2020 年)》将武汉都市区的道路系统规划为"四环十八射"的快速路布局结构,并与《武汉市城市总体规划(2010—2020年)》《武汉市土地利用总体规划(2010—2020 年)》形成同步衔接,推动武汉都市区内部环线、主次干道与外部高速公路、铁路、城际铁路等交通网线的高效衔接,并规划布局空港、港口等重大交通设施,从而形成综合一体化的城市交通体系,为城市制造业的用地拓展奠定基本发展骨架(图 6-10)。同时,港口资源是武汉特有的资源优势,对制造业空间布局起到关键作用。为推进武汉长江中游的航运中心建设,发挥武汉新港的交通区位优势,2009 年,

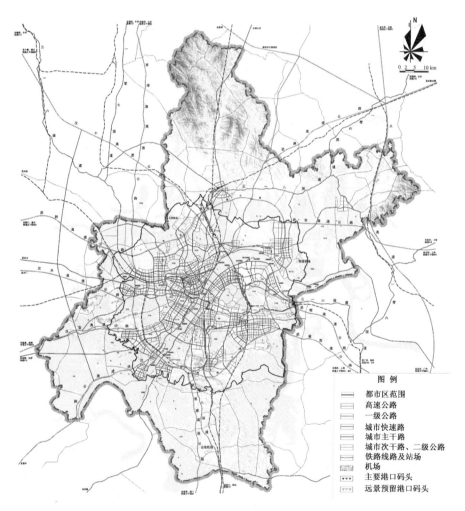

图 6-10　武汉市域综合交通规划图

《武汉新港总体规划》运用跨区域规划的思路方法,统筹规划、整合武汉、黄冈、鄂州三市的港口资源,对长江沿线 27 个港口码头的功能和布局进行规划与整合。2010 年,《武汉新港空间发展规划》以国家干线公路、铁路和空港为依托,完善了集疏运网络节点,实现了港口码头与铁路、机场、公路等交通设施网络的"无缝对接",形成了一体化的交通网络系统。

6.2.4 强度调控:产业项目用地的开发控制指标

2008 年,国土资源部对 2003 年发布的《工业项目建设用地控制指标》进行修订,相比于 2003 年,修订后的《工业项目建设用地的控制指标》将工业项目建设用地的投资强度标准普遍提高了 15%,增加了绿地率指标,建立了由投资强度、容积率、建筑系数、行政办公及生活服务设施用地所占比重、绿地率五项指标构成的控制指标体系,并且规定工业项目建设用地必须同时符合这五项指标要求,对于不符合《工业项目建设用地控制指标》要求的工业项目,不予供地或对项目用地面积予以核减。在此背景下,各地均出台了相应的工业用地控制指标,采用分行业、分区的控制方式来构建控制指标体系,要求新建工业项目用地必须符合相应的指标要求,严格控制工业用地供给,提高工业用地使用效率(表 6-10)。

表 6-10　国家及地方工业用地控制指标体系汇总

标准级别	文件名称	控制指标体系构成	控制方式
国家	《工业项目建设用地控制指标》	五项指标:投资强度、容积率、建筑系数、行政办公及生活服务设施用地所占比重、绿地率	分行业、分地区约束
武汉	《武汉市工业用地投资强度指标值》	四项指标:固定资产投资强度控制值、产值能耗、土地产出率控制值、容积率	分行业约束
武汉	《武汉东湖新技术开发区产业项目准入标准(试行)》(2013 年版)	四项指标:工业用地出让底价、固定资产投入、年产值强度、预期年均税收	分园区约束
其他城市	《北京市城市建设节约集约用地标准》	四项指标:容积率、建筑密度、绿地率、行政办公及生活服务设施比例	容积率、建筑密度为分区约束,绿地率、行政办公及生活服务设施比例统一约束
其他城市	《天津市工业项目建设用地控制指标》	五项指标:投资强度、容积率、建筑系数、行政办公及生活服务设施用地所占比重、绿地率	投资强度分地区、分行业约束,容积率分行业约束,建筑系数、行政办公及生活服务设施用地所占比重和绿地率统一约束

标准级别	文件名称	控制指标体系构成	控制方式
其他城市	《上海市产业用地指南（2016 版）》	七项指标：容积率、固定资产投资强度、土地产出率、土地税收产出率、建筑系数、行政办公及公共服务设施用地所占比重、绿地率	分行业约束
	《广州市产业用地指南（2013 年版）》	九项指标：固定资产投资额、容积率、建筑系数、容积率、行政办公及公共服务设施用地所占比重、土地产出率、产值能耗、用地指标、科技率	分区（都会区、外围区域）、分行业约束

　　2012 年,《武汉市新型工业化空间发展规划》在外围新城区规划布局 6 个新型工业化示范园区和 14 个一般工业园区,并进一步细化了示范园区和一般工业园区的类型、面积、布局原则、建设标准和准入条件,其中对新型工业化示范园区和一般工业园区的用地建设指标做了约束性规定,要求容积率要分别达到 1.2、1.0,建筑系数要分别达到 40%、35%,以提升工业用地的使用绩效(表 6-11)。2014 年,《武汉市工业用地投资强度指标值》根据工业项目的行业类型差异对固定资产投资强度控制值、产值能耗、土地产出率控制值及容积率进一步做了详细规定。2017 年,武汉东湖新技术开发区制定了《武汉东湖新技术开发区产业项目准入标准(试行)》,依据不同产业园内的具体产业类型差异,对工业用地出让底价、固定资产投资强度、年产出强度、预期年均税收等指标做了详细规定(表 6-12)。

表 6-11　工业化园区建设标准与准入要求

分区	园区	建设标准	项目准入要求
新型工业化示范园区（6 个）	东西湖新型工业化示范园、汉南新型工业化示范园、蔡甸新型工业化示范园、江夏新型工业化示范园、黄陂新型工业化示范园、新洲新型工业化示范园	(1) 每区一个,园区规模为 20 km² 以上;(2) 地均产出达到全区平均水平的 1.2 倍;(3) 工业用地比例≥40%;(4) 近期实现"七通一平"	(1) 容积率≥1.2;(2) 建筑系数≥40%;(3) 项目配套用地占比≤7%;(4) 绿地率≤20%
一般工业园区（14 个）	东西湖:径河工业园、金银潭工业园。汉南区:湘口工业园。蔡甸区:蔡甸城关工业园、沌口小区工业园。江夏区:金口开发区、庙山开发区、藏龙岛科技园。黄陂区:盘龙城经济开发区、武湖工业园、前川工业园。新洲区:古龙重装基地、双柳工业园、邾城工业园	(1) 园区面积为 10 km²;(2)地均产值达到全区平均水平;(3)工业用地比例≥30%;(4)近期实现"五通一平"	(1) 容积率≥1.0;(2) 建筑系数≥35%;(3) 项目配套用地占比≤7%;(4)绿地率≤20%

表 6-12 武汉东湖新技术开发区各产业园产业项目准入标准

产业园	产业类型	工业用地出让底价	固定资产投资强度（万元/亩）	年产出强度（万元/亩）	预期年均税收（万元/亩）
光谷生物城	生物制药、化学药制剂、中药及植物药、医疗器械、医药服务外包、生物农业、生物质能、生物信息和生物研发测试制造	三环线内区域不低于 32 万/亩，三环与外环线之间区域不低于 26 万元/亩，外环线区域不低于 20 万元/亩，但外环线以外区域位于托管洪山区范围内的工业用地不低于 32 万元/亩	≥300	≥800	≥30
未来科技城	光电子信息和节能环保等领域研发性产业项目		≥300	≥800	≥25
综合保税区	必须符合高新区产业发展规划要求和海关总署发布的《海关特殊监管区域适合入区项目指引》		≥300	≥800	≥25
光电子产业园	光电子信息、新能源环保、高端装备制造、现代服务业等		≥500	≥1 000	≥30
现代服务业园	金融、科技文化融合、软件、港口物流、生态旅游等		≥300	≥800	≥25
智能制造产业园	光电子信息、新材料、半导体照明、港口物流、节能环保、装备制造及其配套产业		≥300	≥800	≥25
中华科技园	总部经济、研发中心、文化创意、生态旅游、现代服务业等		≥300	≥800	≥25
光谷中心城	总部经济、研发中心、现代服务业等		≥500	≥1 000	≥30

6.3 制度作用下武汉都市区制造业空间布局演变特征

6.3.1 城市总体规划与交通规划战略拉开城市发展框架

20世纪90年代以来，武汉都市区总建设用地面积和制造业用地面积均呈现快速增长，其中武汉都市区总建设用地从1993年的230.75 km² 增长至2014年的819.8 km²，武汉都市区制造业用地从1993年的53.45 km² 增长至2014年的197.82 km²（图6-11）。在城市总体规划、交通规划战略等空间规划制度的多重推动下，制造业空间的发展进一步推动了武汉城市发展框架整体向外拉开，从以主城为中心的15 km半径扩展至30 km范围（图6-12）。一方面，武汉历版城市总体规划基本奠定了"圈层式"的产业

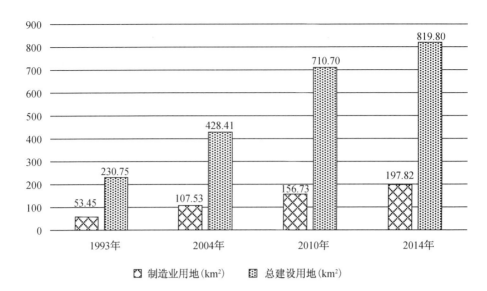

图 6-11　1993—2014 年武汉都市区总建设用地与制造业用地的增长情况

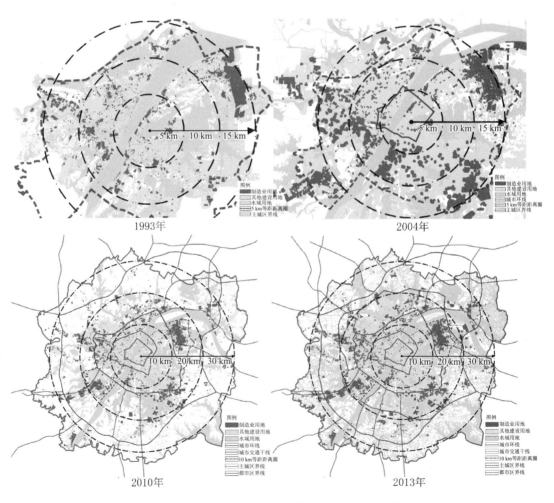

图 6-12　1993—2013 年武汉都市区用地现状演变

布局结构和"近郊式"的空间布局模式,推动了制造业空间外拓和向近郊区域集聚。以武汉都市区内各环线为统计边界③,20世纪90年代以来二环线以内的制造业用地出现了明显下降,由1993年的13.25 km²下降至2013年的3.71 km²,三环到五环内的制造业用地明显增加,由1993年的18.16 km²增长至2013年的148.07 km²,郊区化现象推动了城市空间的外拓。另一方面,交通规划战略得到了较好的落实和实施,进一步推动了制造业空间外移的速度。至2014年底,都市区内已形成五个城市交通线,武汉规划拟建的联系三镇的环形放射交通线和区域干线已基本建设完成,公路通车总里程达14 529.8 km,公路网密度达170.94 km/100 km²,已提前完成2020年的规划建设目标(表6-13)。

表6-13　武汉干线公路建设状况统计表

类别	2010年	2011年	2012年	2013年	2014年	规划 2020年	实现度 (%)
等级公路里程 (km)	11 643.8	12 775.5	13 013.5	13 766.6	14 529.8	10 000.0	145.3
等级公路网密度 (km/100 km²)	148.57	154.27	157.02	165.67	170.94	130.00	132.51

6.3.2　旧城更新策略推动主城区产业梯度外迁

随着主城土地价值溢出和传统制造业企业对主城环境污染等问题的出现,各大城市纷纷开始推行"退二进三"的旧城更新策略,并在城市总体规划、城市发展战略规划、生态环境规划等空间规划中得以贯彻实施①,推动主城区制造业呈梯度外迁。20世纪90年代以来,武汉通过居住、商业、商务用地的更新置换,推动了主城大量制造业的外迁,从而推进了主城功能结构的优化调整。通过1993年和2014年武汉主城区用地构成情况的对比发现,制造业用地比重由23.18%下降至17.30%,仓储用地比重由5.22%下降至2.60%,居住用地比重从24.69%上升至36.60%,绿地用地比重从5.76%上升至7.80%,交通设施用地比重从5.84%上升至14.10%,主城制造业调整后主要置换为居住用地、公共管理与公共服务设施用地、绿地用地、交通设施用地(图6-13)。

6.3.3　产业空间规划奠定制造业空间基本格局

2010年版武汉总规中所提出的"5大10中15小"共30个工业园的工业体系格局已基本落实,并在2011年的"工业倍增计划"、2012年《武汉市新型工业化空间发展规划》、2014年的《武汉四大板块综合规划》(图6-14)等产业空间规划中对产业布局结构进行了进一步深化。同时,通过产业空

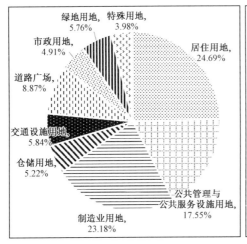
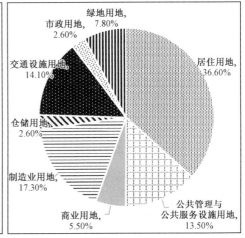

1993年   2014年

图 6-13　1993 年与 2014 年武汉主城区用地构成情况对比

图 6-14　武汉都市区四大产业板块战略分布示意

间专项规划、产业项目准入标准等对制造业用地项目的建设模式与开发强
度进行分区域、分行业的细分,对容积率、建筑系数、绿地率、项目配套占
比、投资强度、产出强度、产值能耗等建设指标进行了引导与控制,基本奠

定了制造业空间格局。至 2014 年,武汉已初步形成了四大工业板块的空间格局,在东北、西北、西南、东南四个区域方向呈现不同产业类型明显连片集聚的态势,并形成以青山经济开发区及阳逻地区、武汉临空港经济技术开发区(原吴家山经济技术开发区,国家级)、武汉经济技术开发区(国家级)、武汉东湖新技术开发区(国家级)等为主要依托、产业分工明确的四大制造业集聚区。其中,东南部的武汉东湖新技术开发区通过先进的制度建设,已形成了中小企业高度集聚、高新技术产业为主导的产业集聚区和创新产业集群;西南部形成了以大型整车企业为主导、中小型企业环绕的专业化汽车及机电产业集聚区,并依托 318 国道沿线布局;东北部形成了以传统重化工企业为主导,依托阳逻港区形成的钢铁化工及环保产业集聚区;西北部形成了以轻工企业为主导、依托城市西部 107 国道沿线布局的食品产业集聚区。

第 6 章注释

① 2000 年以来,各城市在编制城市发展战略规划时更加关注经济与产业结构、功能完善、资源配置、生态环境等宏观层面的问题,如广州、济南对改变城市品质和形象的重视,南京、宁波对产业布局的关心,深圳、厦门对制度环境变迁所带来的新的竞争态势的担心。

② 从国际大城市产业结构的演变过程可以发现,在经历了工业化阶段之后,工业化的中后期都会出现一段时期的二产和三产比重相互的交织阶段。郑德高等(2014)总结了我国大城市产业结构变化所呈现的两大模式:再工业化模式和国家中心城市模式。"再工业化模式"是指对于一些中部城市(如合肥、郑州),在经历了二产与三产交织阶段(时间持续大概 5—10 年)之后,将再次进入新一轮的再工业化进程,二产的工业产值比重再一次升高并超过三产。"国家中心城市模式"是指对于国家中心城市(如广州、上海),其产业结构在经历过二产与三产交织并进(时间持续大概 5—10 年)之后,开始注重服务能级的提升,三产比重快速上升,二产比重下降,三产成为经济主导。

③ 武汉都市区内已形成五个联系三镇的交通环线:一环线——武汉市江汉一桥、长江大桥、长江二桥以及汉口解放大道与武昌武青三干道构成的城市环线,围合武汉市商业、金融贸易等中心城市功能集中的核心地区;二环线——由长江隧道、武昌珞狮路、汉口发展大道、汉阳十升路构成的环线;三环线——由汉口张公堤、长江三桥、武昌青王公路、天兴洲大桥构成的环线;四环线及五环线联系外围都市区。主城区由三环线内加上东北方向的青山片区及西南方向的沌口经济开发区部分构成。

④《武汉市城市总体规划(2010—2020 年)》提出对主城区范围进行优化调整,通过外迁主城区传统工业、实施"退二进三"来调整工业空间布局。

7 制度对大城市制造业空间的综合作用机制

7.1 制度作用机制的分析框架

"机制"一词最早源于希腊文,原指机器的构造和运作原理,借指一个工作系统的组织或部分之间相互作用的过程和方式,包括有关组成部分的相互关系以及各种变化的相互联系,如市场机制、竞争机制、用人机制等。从"机制"的概念可知,机制包括系统内各形成要素和各形成要素之间的关系两个层次(图 7-1)。本章借助新制度经济学相关理论,基于前文不同制度类型对制造业空间三个影响领域(包括企业区位选址、产业组织结构和整体空间布局)的作用分析,从而系统化、理论化地认识制度的本质作用及其内在作用机制[①]。

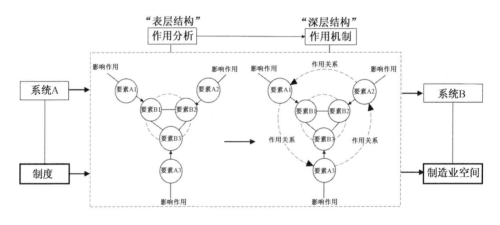

图 7-1 "作用机制"的含义示意

7.1.1 制度的核心功能:激励与约束

1) 制度功能的相关研究

对制度功能作用的研究一直是政治学家、经济学家、社会学家关注的焦点。其中,新制度经济学家的代表科斯、德姆塞茨、诺思、威廉姆森和舒尔茨都对制度的功能作用进行过阐述。罗纳德·H. 科斯(2014)最早提出

"交易成本"的存在,认为"交易成本"是在人们进行市场产权交易时运用资源发生的费用,具体包括收集市场信息的成本、缔约成本监督的成本和强制履约的成本等。企业作为一种参与市场交易的经济制度,既有利于降低交易费用,也可减少市场信息不对称的程度。因此,科斯认为降低交易成本是制度的一项重要功能。哈罗德·德姆塞茨(2014)认为帮助人们形成合理的预期和外部性内在化是产权制度两项重要的功能。其中,外部性内在化功能即一种具有激励作用的功能。舒尔茨(2014)认为制度具有五项主要功能:提供便利、降低交易费用、提供信息、共担风险和提供公共产品(服务)。道格拉斯·C.诺思(2014)早在论述制度的定义时就已提到过制度的约束和激励功能:"制度是社会的博弈规则……有时它禁止人们从事某种活动,有时则界定什么样的条件下某些人可以被允许从事某种活动……制度在一个社会中的主要作用是通过建立一个人们相互作用的稳定的(但不一定有效)结构来减少不确定性。"在诺思看来,制度的主要功能是约束功能、激励功能和减少不确定性。

综上,新制度经济学家对制度的功能作用进行了大量的研究,制度的功能主要包括:降低交易费用、形成合理预期、外部性内在化、提供便利、提供有效信息、共担风险、提供公共产品(服务)、约束功能、激励功能、减少不确定性、抑制人的机会主义等。但他们对制度究竟包含哪些核心功能并未形成统一共识。因此,有必要探索制度的功能结构,揭示制度的核心功能,为本书制度对制造业空间的作用机制分析奠定理论基础。

2)制度的功能结构

1776年,斯密在《国富论》中写道:"每个人都在不断地努力为自己所能支配的资本找到最有利的用途……但他对自身利益的追求必然会引导他选定最有利于社会的用途"(亚当·斯密,1972)。可以看出,斯密的"经济人"假设将道德内化于"经济人"的求利行为中,认为"经济人"与"道德人"是内在统一的。而后,"经济人"被彻底抽象为一个完全理性的自利人,具备完全理性的特征。

而后,新制度经济学家对人的基本行为假设不断地进行修正和拓展,并做出三个基本假设:非财富最大化动机、机会主义行为倾向、有限理性。其中,诺思把诸如利他主义和自我施加的约束等非财富最大化行为引入预期效用函数,从而建立了更加复杂的、更接近于现实的人类行为模型,非财富最大化动机是指人们往往在财富与非财富价值之间进行权衡,以达到一个均衡状态。道格拉斯·C.诺思(2014)曾说:"我的制度理论是建立在一个有关人类行为的理论与一个交易费用的理论相结合的基础之上的。"在诺思的"非财富最大化动机"行为假设中,认为制度是一种界定人类交往的行为框架:人们不仅有财富最大化行为,而且有利他主义以及自我实施(约束)的行为,这些不同动机极大地改变了人们实际选择的结果。

笔者认为,制度的核心功能与人类的行为动机之间存在一种内在的必然联系:人类的双重行为动机能够为制度的核心功能提供一个完整的解释框架,而制度对塑造人类这种双重动机的行为也发挥重要作用。人类对制度的制定、实施和创新过程,实际上就是这种双重行为动机的均衡实践结果:人们追求财富最大化的行为动机可以通过制度的激励功能来实现,人们追求财富非最大化(利他主义与自我约束)的动机可以通过制度的约束功能来实现。

因此,制度的核心功能包括激励与约束。这一核心功能又主要通过降低交易成本、提供公共服务、提供有效信息、降低不确定性、外部性内部化、抑制机会主义等一系列次级功能来实现。同时,制度的激励功能和约束功能为行为主体提供了一个激励和约束的行为框架,进而影响到主体的行为和互动关系,最终会影响制度结果(图7-2)。

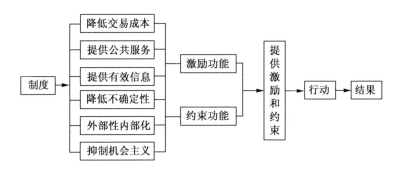

图7-2 制度的功能结构示意

7.1.2 制度的分类:激励性制度与约束性制度

如何对制度进行合理、科学的分类一直是新制度经济学家十分关注的问题,因为这直接关系到制度作用分析的效果。根据不同的标准,制度经济学家对制度进行过不同的分类,如正式制度和非正式制度、内在制度和外在制度、直接制度和间接制度、个人规则和社会规则等。

前文构建了影响大城市制造业空间发展的制度体系,具体包括土地制度、开发区制度、生态环保制度、产业发展制度和空间规划制度五大制度类型以及相应的制度内容,并依次就不同制度类型对制造业空间不同领域的影响作用进行了分析。本章按照制度的核心功能——激励和约束,将影响大城市制造业空间的制度分为激励性制度与约束性制度。其中,激励性制度主要是指通过不同的激励方式作用于制造业空间,对制造业空间发展起促进作用的制度。约束性制度主要是指通过不同的约束方式作用于制造业空间,对制造业空间发展起限制作用的制度。下文将按照制度的激励和约束功能,对本书所提出的影响大城市制造业空间的五大制度进行分类。

7.1.3 制度作用机制框架:激励机制与约束机制

激励和约束是一对方向相反但又缺一不可的作用力,它们的综合作用使制造业空间系统维持一个正常且有效率的动态平衡状态。激励是一种诱致性、吸引性的正向推力,可以调动行为主体的积极性,鼓励其做什么或做得更好。而约束是一种逆向的、限制性的反向拉力,会抑制行为主体的积极性,阻止或限制它做什么,或者使之不要做过头(郑国,2006)(图7-3)。

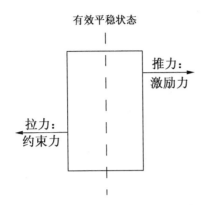

图 7-3 "激励"和"约束"的关系示意

因此,制度对大城市制造业空间的作用机制是由制度激励机制和约束机制综合构成,两者缺一不可:激励性制度和约束性制度分别通过不同的激励和约束方式作用于制造业空间的三个影响领域(企业区位选址、产业组织结构和整体空间布局),并产生不同的空间效应,从而实现制度激励和约束的核心功能——影响制造业空间发展(图7-4)。下文将进一步阐释制度的激励和约束机制,构建制度对大城市制造业空间的综合作用模型。

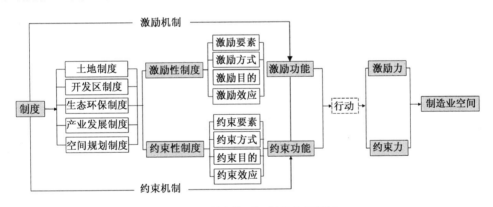

图 7-4 制度作用机制的分析框架

7.2 制度的激励机制

制度决定论的观点认为,在一定程度上制度高于技术,技术的发展只有在一个具有创新激励的制度环境下才会出现(丹尼尔·W. 布罗姆利,1996)。激励与约束两者缺一不可,但首先是激励,没有激励就没有积极性,没有积极性,一切经济发展都无从谈起(钱颖一,1999)。激励应是制度更根本、更核心的功能。本书制度的激励机制主要包括以下内容：① 影响大城市制造业空间的激励性制度有哪些？② 激励性制度采用何种方式进行激励？③ 制度激励的主要目的是什么？④ 制度激励作用下的大城市制造业空间效应。

7.2.1　激励性制度

激励性制度主要是指通过不同的激励方式作用于制造业空间，对大城市制造业空间发展起促进作用的制度。根据前文分析，土地制度、开发区制度、产业发展制度、空间规划制度均通过不同的激励方式分别作用于制造业空间的不同领域（企业区位选址、产业组织结构、整体空间布局），从而推动制造业企业区位选址，鼓励产业组织结构优化发展，促进制造业空间的规模增长和布局优化，最终实现对制造业空间发展的激励。其中，土地制度推动制造业企业区位的"郊区化"；开发区制度推动企业区位的"园区化"；产业发展制度（包括产业组织政策、产业类型政策和产业集群政策）鼓励和培育中小企业、促进新兴产业和产业集群的发展，优化产业组织结构和促进产业组织的空间集聚；空间规划制度促进了制造业空间规模的扩展和功能结构的优化。因此，可将土地制度、开发区制度、产业发展制度、空间规划制度归为影响大城市制造业空间发展的激励性制度。

7.2.2　激励方式

（1）土地制度主要通过对土地价格和土地供应的激励来促进制造业企业向土地价格优惠、土地供应充足的区域选址，并在都市区近郊地区规模集聚：一方面，地价制度会促使都市区空间形成以地价为基准的分层现象，呈现由城市中心向外围递减的特征，促使制造业企业在地价较低的城市郊区选址；另一方面，土地储备制度和征地制度会推动传统制造业企业在内城腾退，保障新增制造业企业的土地供应，并以外围新城的增量供应为主。

（2）开发区制度主要通过土地倾斜、信贷扶持、税费优惠、财政补贴、股权激励、资金奖励、基金设立等一系列激励方式，促进土地、资本、人才、技术等一系列生产要素向开发区集聚，从而吸引制造业企业在开发区选址。通常采取免缴、减半缴纳、记账分期缴纳土地出让金等多种土地扶持方式来压低土地价格，吸引企业进行成片开发建设；通过税收优惠、财政补贴、费用减免、设立专项基金等方式对特定产业进行扶持；通过低息贷款或者贴息贷款、发行债券及风险基金、创办风险投资公司、金融政策支持等一系列信贷扶持方式为企业的资本筹措提供便利；通过股权激励、奖金激励、设立基金等多种方式引进高端技术人才、激发技术创新。

（3）产业发展制度主要通过税收优惠、信贷扶持、费用减免、财政补贴、股权投资、资金奖励、基金设立等一系列激励方式，促进产业组织规模结构、类型结构和关联结构的优化发展。在产业规模结构上促进中小型企业的发展,在产业类型结构上鼓励新兴产业的发展,在产业关联结构上促进产业集群的形成。

(4) 空间规划制度主要通过划定开发边界和发展区域、保障城市制造业用地总量和结构比例、优化城市及产业空间结构等激励方式来促进制造业空间布局的优化发展。

综上,激励性制度对大城市制造业空间的激励方式主要包括:土地价格优惠、土地指标供应、土地倾斜、税费优惠、信贷扶持、财政补贴、股权激励、资金奖励、基金设立、开发边界划定、发展区域划定、用地总量保障、空间结构优化等。

7.2.3 激励目的

1) 降低生产成本和交易成本

在经济学中,"私人成本"主要是指生产者所发生的全部成本,或者指厂商在生产过程中所投入的所有生产要素的价格,它反映了生产者可以得到的资源的最好替换用途。按照新制度经济学,私人成本除了包含生产者应当付出的直接生产成本外,还包括交易成本。其中,生产成本是指厂商对生产要素(包括土地、劳动力、资本、技术创新)的投入,如土地成本、劳动力成本、生产技术研发成本、交通运输成本、筹措资金成本等。交易成本最早是由科斯在《企业的性质》(1937年)一文中提出,他首先明确了市场交易是存在成本的,交易成本具体包括人们为了组织与完成生产活动而需要付出的获取信息、达成契约和保证契约执行的费用,"有时交易成本如此之高以至于难以改变法律已确立的权利安排或使交易无法进行"(罗纳德·H. 科斯,2014)。而后,奥利弗·E. 威廉姆森(2011,2004)在发表的《市场与层级制:分析与反托拉斯含义》和《资本主义经济制度:论企业签约与市场签约》两部著作中对交易成本进行了进一步完善,认为交易成本可分为两个部分:① 事先签约的交易费用;② 签约后的事后费用(曾维君,2009)。诺思认为,"信息的高昂成本是交易成本的关键,交易成本包括衡量交换物之价值的成本、保护权利的成本以及监管与实施契约的成本"。本书按照交易发生在企业内部还是外部,将交易成本分为内部交易成本与外部交易成本。其中,内部交易成本是指为协调供需双方的矛盾和企业内部的管理方式而发生的成本,比如员工罢工导致的损失、企业内部管理成本、车间管理成本等;外部交易成本是指企业与外部利益团体之间发生的交易成本,比如企业税负、广告费用、行政管理费用、与其他企业取得联系与合作的成本、与政府部门的沟通成本、获取外部信息的成本等(图7-5)。

因此,激励性制度主要通过土地价格优惠、土地指标供应、税费优惠、信贷扶持、空间结构优化、用地总量保障、开发边界划定、发展区域划定等一系列激励方式来降低企业生产成本和交易成本,从而实现制度的激励功

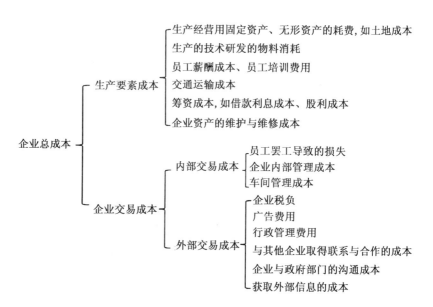

图 7-5　私人成本(企业总成本)的构成

能。其中,土地价格优惠、信贷扶持、空间结构优化②等一系列激励方式可以有效降低制造业企业在生产过程中的土地成本、筹措资金成本、交通运输成本等,而税费优惠可以减少企业外部交易成本,土地指标供应、用地总量保障、开发边界划定、发展区域划定、空间结构优化可以有效减少企业与政府之间沟通协商的外部交易成本,减少不确定性。

2) 增加主体收益

所谓外部性,是指一个经济人的行为对另一个人的福利所产生的效果,而这种效果并没有从货币或市场交易中体现出来。从外部性的影响效果来看,外部性可分为正外部性和负外部性。外部成本即指由于生产的外部性所引起的成本,外部成本有正负之分:如一生产企业在生产过程中使他人或社会受损(如环境污染),就构成了负外部性和正的外部成本;如一生产企业的技术发明能够使他人或社会受益,就构成了正外部性和负的外部成本。在理想情况下,如果资源的市场价格能够准确反映资源的最好替换价格用途所体现出来的价格,私人成本与社会成本、私人收益与社会收益就是相等的,以满足社会边际收益与社会边际成本相等,从而实现资源配置的帕累托最优。然而,现实生活中的外部性常常存在:当存在正外部性时,负的外部成本会使社会成本小于私人成本、社会收益大于私人收益;当存在负外部性时,正的外部成本会使社会成本大于私人成本、社会收益小于私人收益(图 7-6)。

社会成本=私人成本＋外部成本（其中，私人成本=生产成本＋交易成本）

社会收益=私人收益＋外部成本

图 7-6　"成本"与"收益"的关系示意

古典经济学和新制度经济学都分别为解决外部性提供了思路:① 古典经济学认为,当存在正外部性(负的外部成本)时,政府可通过对主体给予补贴、奖励的方式,提高该产品的私人收益,使私人成本与社会收益相等,从而实现帕累托最优的资源配置。如庇古在其1950年版的《福利经济学》一书中就提出,政府可通过财政补偿等方式来鼓励产生正外部性的生产者,以使私人收益接近社会收益,从而提高社会整体效率水平(马歇尔,2011)。② 按照新制度经济学著名的"科斯定理"思想,政府可通过界定明晰的产权边界,如制定专利制度、创新奖励制度、人才奖励制度等一系列产权制度,使经济主体的正外部性内部化,从而提高主体(企业)的经济收益。

因此,激励性制度主要通过财政补贴、股权激励、资金奖励、基金设立等方式来激励创新、技术、人才等生产要素,实现对社会正外部性的内部化,从而增加企业或个人的收益。

在经济学中,追求成本最小化和收益最大化是企业经济活动的本质目的,提高经济效益的关键(或者说最理想)就是降低企业的成本、提高企业收益。结合古典经济学和新制度经济学相关理论来看,制度对大城市制造业空间的激励目的可以概括为"两降一增":一方面,制度通过一系列方式来降低企业在生产成本和交易成本,以实现企业总成本最小化;另一方面,制度通过一系列方式来增加企业或个人收益,使"正外部性内部化",从而提高制造业企业的经济收益。

7.2.4　激励作用下的空间效应

1) 企业区位选址

在土地制度、开发区制度的作用下,制造业企业区位在都市区层面表现出"郊区化"和"园区化"的空间特征。企业在区位选址时,总是遵循"生产成本最小"原则,在都市区内寻求生产成本最低的空间区位。激励性制度通过一系列激励性方式来降低企业生产成本和交易成本、增加企业收益,从而促进企业区位的"郊区化"选址。

(1) 郊区化:降低土地成本和交易成本

土地制度的激励作用促使制造业企业在郊区选址:一方面,地价制度会促使城市空间出现以地价为基准的分层现象,呈现由城市中心向外围递减的特征;另一方面,土地储备制度和征地制度可以保障新增制造业企业的土地供应量,并以外围新城的增量供应为主。土地制度通过一系列激励方式来降低企业的土地成本和交易成本,企业为降低生产成本,倾向选址于土地价格低廉、供应充足的城市近郊区,从而促进制造业企业"郊区化"。

(2) 园区化:降低成本和增加收益

开发区制度通过一系列激励方式来促进土地、资本、人才、技术、创新等生产要素向开发区集聚,从而降低企业的外部交易成本,实现园区的规模经济和集聚经济。制造业企业为降低成本、增加收益,倾向于向园区集聚:① 开发区本身通过共享设施、资源、知识、信息、政策等多种资源平台，可促进企业之间共享与关联，增加交易机会，降低企业的交易成本。② 开发区制度中的土地价格优惠措施可以降低企业土地成本、信贷扶持措施可以降低企业筹措资金成本、税费优惠措施可以减少企业外部交易成本，从而大大降低企业成本。③ 开发区制度中的财政补贴、股权激励、资金奖励、基金设立等激励方式能够将创新、技术、人才等生产要素对社会的正外部性内部化，从而增加企业或个人的收益。

2）产业组织结构

克鲁格曼认为，产业内或产业间的企业在某一地理区域集中，可以使区内企业之间"有形的"运输成本、信息成本、搜寻成本、合约谈判和执行成本等交易费用降低，从而直接降低产业内企业的外部交易成本。新经济地理模型中引入了规模报酬递增的假设条件，认为规模报酬递增和空间交易成本不断下降会使得产业空间集聚规模不断增大(Krugman，1991，1992)。

从成本来看，企业成本递减是产业集聚的重要动力。产业发展制度通过一系列激励方式促使不同规模、不同类型产业的空间集聚，并形成产业集群(图 7-7)。集群体系内部的生产、销售和研发等企业单位密切合作，每一个单位都成为合作网络上的节点。节点之间具有高度的信任感、快速的资金流和信息流。同时，企业之间容易通过目标集聚战略获得细分市场的竞争优势，通过无形串谋所形成的市场力量来增强集体议价能力、降低要素市场的价格，从而大大降低企业的交易成本。

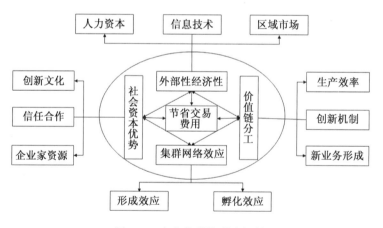

图 7-7　产业集群的形成机制

在产业发展制度的激励作用下，不同规模、不同类型的产业会形成不同程度的空间集聚：一方面，产业发展制度促进了中小型企业、科技型企业的发展，并促进了在特定区域集聚以降低企业交易成本，形成创新性产业集群。以武汉东湖新技术开发区内的生物医药产业园为例，产业园内部集聚形成了生物医药园、生物农业园、医疗器械园、国际疫苗园、中新生物科技园、生物创新园六大园区，包含了生物制药、生物农药、生物能源、生物制造等产业链上下游企业及生物外包、金融机构、大学与科研机构、中介机构等服务机构,形成了创新性的生物产业集群(图7-8、图7-9)。该类型企业规模小,对信息成本的敏感性高,主体(企业、合作机构、知识机构)之间高频率的分工与合作、高频度的企业联系、高密度的企业网络及高强度的企业集聚可有效降低企业外部交易成本,从空间集聚的外部性中获得更多收益,因而形成专业化的产业集群,实现"规模报酬递增"。另一方面,产业发展制度促进了大型企业、中小型企业的空间集聚,形成了"大—中—小"型企业配套的层次化的产业集群。制造业大型企业与产品零部件配套的小微型企业群互为依托、协作配套,它们在空间上的集聚可以有效降低联系成本、信息成本、沟通成本等一系列外部交易成本。以钢铁行业为例,武汉钢铁(集团)公司是武汉历史最长、规模最大的钢铁代表企业。从纵向产业关联来看,武汉钢铁(集团)公司与汽车、造船、机车、发电及输变电设备、机床、桥梁、工程机械、家用电器产业等下游企业有广泛的生产联系;从横向产业关联来看,以武汉钢铁(集团)公司为中心的3—5 km范围内,分布着大量与其有着广泛产业联系的中小型钢铁企业(图7-10)。

3) 整体空间布局

城市空间交易本身也存在成本(江泓,2015),城市规划制度的一个重要作用就是明晰产权并减少各产权地块之间的外部性问题(冯立,2009)。空间规划制度通过实施一系列规划政策,降低制造业企业的生产成本和空间交易的外部成本,从而促使制造业空间在都市区表现出"轴向延伸""功能置换""板块集聚"的布局特征。

(1) 轴向延伸:降低交通运输成本

根据古典区位理论可知,交通成本是企业区位选址的重要影响因素之一,良好的交通基础设施可以有效地减少企业的交通运输成本,促使企业向交通轴线集聚。在新时期,高铁、高速公路、城市环线、空港等区域性交通设施的建设与完善压缩了交通运输的时间成本和经济成本,改变了企业传统区位选址指向。制造业企业为了追求交通成本最小化一般会选择邻近交通干线和交通设施布局,尤其是对交通运输条件要求较高的资本密集型产业,其区位的交通指向性更为明显。截至2013年,武汉都市区内已形成五个联系三镇的交通环线,形成京珠高速公路、沪蓉高速公路、汉十高速公路、天河机场高速公路、武汉外环高速公路、316国道、318国道、106国道、107国道等对外交通主要干道;武汉天河国际机场成为华中地区唯一一座综合枢纽机场;武汉大型制造业沿长江岸线分布具有较长的历史基础,目前沿长江岸线建设了包括阳逻港、军山港、金口港、纱帽港等在内的多个物流港区。传统重工企业及新型制造企业沿交通轴线郊迁或选址,在空间布局上表现为沿交通轴线轴向延伸,并依托大型交通设施形成制造业集聚区。如依托武汉天河国际机场建设形成的以航空物流、高科技产业、总部经济为主导的临空产业集聚板块,依托阳逻港区形成的以钢铁及深加工、石油化工为主导的临港产业集聚板块(图7-11)。

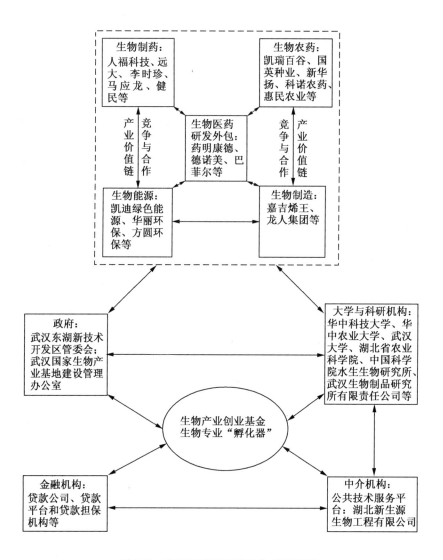

图 7-8 武汉光谷生物城生物产业集群

注:人福科技即武汉人福高科技产业股份有限公司;远大即远大医药(中国)有限公司;李时珍即李时珍医药集团有限公司;马应龙即马应龙药业集团股份有限公司;健民即健民药业集团股份有限公司;凯瑞百谷即湖北凯瑞百谷农业科技股份有限公司;国英种业即武汉国英种业有限责任公司;新华扬即武汉新华扬生物股份有限公司;科诺农药即武汉科诺生物农药有限公司;惠民农业即湖北惠民农业科技有限公司;药明康德即药明康德新药开发有限公司;德诺美即德诺美生物医药股份有限公司;巴菲尔即巴菲尔生物技术服务有限公司;凯迪绿色能源即武汉凯迪绿色能源开发运营有限公司;华丽环保即武汉华丽环保科技有限公司;方圆环保即湖北方圆环保科技有限公司;嘉吉烯王即嘉吉烯王生物工程(武汉)有限公司;龙人集团即湖北龙丹生物医药科技股份有限公司。

(2)功能置换:降低土地成本

在旧城更新政策的作用下,武汉主城区制造业逐步大量腾退,商业商务等产业在主城更新置换,实现了主城功能的优化调整和价值区段的再分

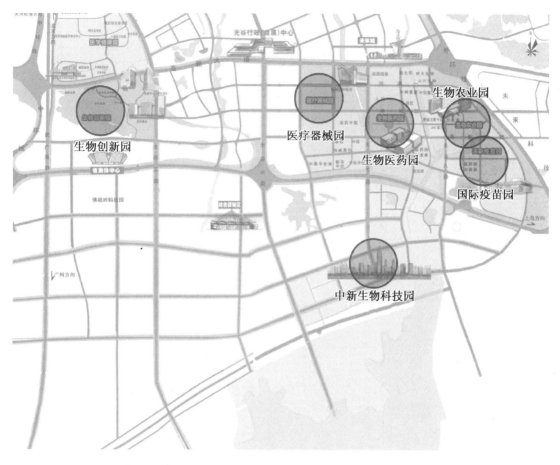

图 7-9　武汉光谷生物城"一区六园"空间布局

配。从城市空间的整体布局来看,制造业功能外迁主要是由于主城的土地价值溢出,为降低企业土地成本而采取的空间布局策略。从 1993—2013 年武汉都市区制造业用地的增减情况来看,1993—2013 年减少的制造业用地全部集中在主城区,共计 44.72 km²,新增的制造业用地主要集中在外围新城组群,共计 170.66 km²(图 7-12)。

（3）板块集聚:降低交易成本

至 2014 年,武汉已初步形成四大工业板块的空间格局,在东北、西北、西南、东南四个方向呈现不同产业类型明显连片集聚的态势,并形成以青山经济开发区及阳逻地区、武汉临空港经济技术开发区(原吴家山经济技术开发区,国家级)、武汉经济技术开发区(国家级)、武汉东湖新技术开发区(国家级)等为主要载体的、不同产业类型明确分工的四大制造业集聚区。2014 年,《武汉四大板块综合规划》进一步对板块化的产业布局思维进行强化。板块化产业集聚区可以促使有产业关联的产业、园区或企业的大规模空间集聚,共享劳动力、技术、人才、交通运输优势,从而增加交易机会、降低交易成本。

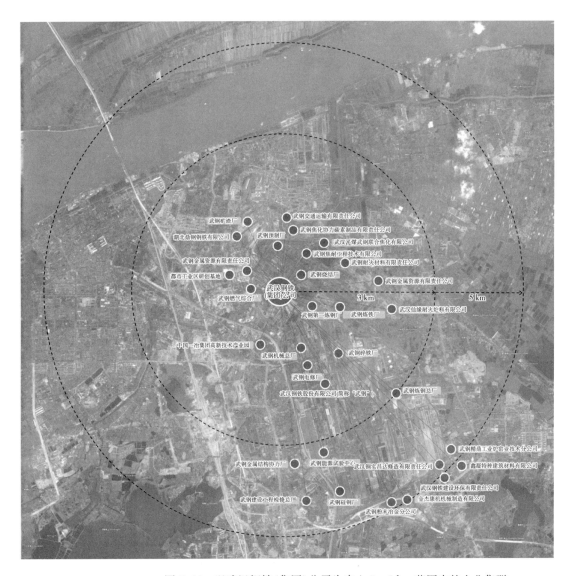

图 7-10　以武汉钢铁(集团)公司为中心 3—5 km 范围内的企业集群

7.3　制度的约束机制

　　约束可以认为是一种反向的激励。如果只有正向的激励,而没有反向的激励,事物将会呈现一种"失控"的发展状态。就好比一辆正在行驶过程中的汽车,其中激励是汽车的发动机,约束是刹车装置。汽车要行驶必须要有发动机,但仅有发动机汽车也无法上路,还必须要有刹车装置的配合才能使汽车的运行保持在一个安全平稳的状态。城市发展中的种种社会损害,在很大程度上都是由于制度中约束机制的缺失所致。约束是制度必不可少的功能。制度的约束机制主要包括以下内容:① 影响大城市制造业空间的约束性制度有哪些? ② 约束性制度采用何种方式进行约束? ③ 制度约束

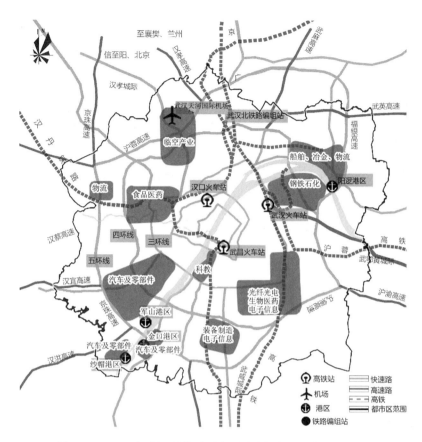

图 7-11 2013 年武汉现状重要交通设施与制造业集聚区分布

的主要目的是什么？④ 制度约束作用下的大城市制造业空间效应。

7.3.1 约束性制度

约束性制度主要是指通过不同的约束方式作用于制造业空间,对制造业空间发展起限制作用的制度。根据前文分析可知,生态环保制度、产业发展制度、空间规划制度均通过不同的约束方式分别作用于制造业空间的不同领域(企业区位、产业组织、空间布局),约束制造业企业区位选址,限制产业组织规模与类型,控制制造业空间规模和边界增长。其中,生态环保制度约束制造业企业向生态控制地区集聚、限制环境污染型企业在主城区选址;产业发展制度通过规模经济政策来限制规模行业准入,通过产业准入政策来限制和淘汰特定产业发展领域和发展类型;空间规划制度通过城市主体功能区规划、土地利用总体规划、城市总体规划和生态控制线规划等一系列空间规划来划定限制边界与区域、严控建设用地供给总量等。因此,可将生态环保制度、产业发展制度和空间规划制度归为影响大城市制造业空间发展的约束性制度。

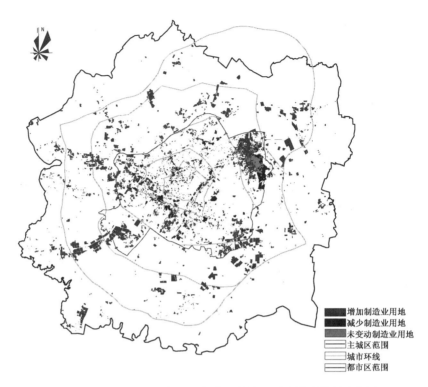

增加制造业用地
减少制造业用地
未变动制造业用地
主城区范围
城市环线
都市区范围

图 7-12 1993—2013 年武汉都市区制造业用地增减情况示意图

7.3.2 约束方式

（1）生态环保制度通过生态准入、环境准入的方式来约束制造业企业区位选址：一方面，推动处于生态敏感地区的已建企业搬迁改造、限制新建制造业企业在生态敏感地区选址；另一方面，推动已建污染型企业搬迁改造、限制环境污染型企业立项选址。

（2）产业发展制度通过规模准入、类型准入的方式来约束制造业产业组织的规模结构和类型结构发展：一方面，产业组织政策对规模经济行业设置行业准入门槛，优化产业组织结构；另一方面，产业结构政策对技术落后、重复建设、环境危害、不利于安全生产、不符合市场要求的一系列产业发展领域和发展类型设定准入门槛，并对落后产能产业实行淘汰退出机制。

（3）空间规划制度主要通过划定控制边界和限制区域、严控城市制造业用地总量、控制用地开发和建设强度等方式，限制制造业发展对空间资源的浪费和破坏，提升空间的准入门槛。

综上，约束性制度对大城市制造业空间的约束方式主要包括：生态准入、环境准入、规模准入、类型准入、控制边界和限制区域划定、用地总量控制、开发强度控制等。

7.3.3 约束目的

1972年英国经济学家亚当·斯密在《国富论》中指出,整个经济活动的协调与组织最好依靠那只"看不见的手"来不受干预的发生作用。而后,英国另一位经济学家凯恩斯在《就业、利息和货币通论》一书中又指出,市场经济常常会由于"外部性"的存在而无法有效率地配置市场资源,需要"看得见的手"进行调控。事实上,市场失灵的情况时有发生,需要通过政府干预来减少外部性的发生。

按照经济学的分析,负外部性问题的解决可通过引入政府干预,通过利用政府力量向造成负外部性的经济主体予以罚款或征税,以提高该产品的私人收益或私人成本,使私人收益与社会收益、私人成本与社会成本趋于一致,以满足社会边际收益与社会边际成本相等,实现帕累托最优资源配置。如庇古在其1950年版的《福利经济学》一书中就提出可以利用税收或罚款的办法使负外部成本内部化,从而使私人成本与社会成本一致。然而,通过政府干预来解决也存在不足:一是政府干预也需要成本,如果政府干预的成本支出大于负外部性所造成的损失(或带来的利益),那么解决负外部性也是没有意义的;二是政府干预也可能产生寻租活动。针对于此,新制度经济学的开山鼻祖科斯在1960年发表的《社会成本问题》一文中,对庇古"损害就要赔偿"的观点进行了批判,认为这并不能解决问题的实质,负外部性问题具有相互性,问题的关键是如何避免更严重的损害。他在文中提出合法权利的初始界定才是解决负外部性问题的根本途径。按照新制度经济学的思路,制度通过明确规定哪些权利应受到保护,哪些生产活动是应该被禁止的,哪些生产活动是在什么样的条件下才是允许从事的,从而减少负外部性发生的可能或使负外部性内部化,使社会成本与私人成本一致。

基于古典经济学理论和新制度经济学理论,约束性制度通过不同的约束方式作用于制造业空间,其最终目的是要减少和防止负外部性的发生。而合理的制度安排和产权界定对减少负外部性的发生尤为重要,这从本质上反映了制度的约束功能。如生态环保制度通过划定生态底线区来合理界定了哪些区域是禁止进行制造业生产活动的,产业发展制度通过产业负面清单管理来界定哪些产业类型与领域是不被允许的,空间规划制度通过划定控制边界和限制区域、严控城市制造业用地总量和用地开发强度等方式来界定哪些区域是不允许被开发的、哪些界线是不允许被侵占的、哪些总量是不允许被突破的、哪些强度是必须达到的等一系列限制性规定。因此,约束性制度主要通过产业准入、空间准入和建设准入三大领域来减少和防止负外部性的发生,从而约束大城市内的制造业空间发展。

1) 产业准入

产业准入是企业立项的第一道门槛,通过"产业负面清单"的管理模式,对环境污染、技术落后、重复建设、不利于安全生产、不符合市场要求、产能过剩等一系列特定的产业发展领域和发展类型设定准入门槛和退出淘汰机制,对产业组织规模、类型进行约束,从而限制制造业空间的发展。产业发展制度主要对钢铁、汽车、机械装备、石油化工、烟草等规模经济行业设置行业规模准入门槛,对产能过剩、技术落后的产业类型进行淘汰和禁止,防止经济资源浪费和产业产能低下。

2) 空间准入

空间准入是依据环境保护制度、生态保护制度、主体功能区规划、城市总体规划、土地利用总体规划等一系列涉及空间管制的制度安排,对企业的空间准入条件做出明确的约束性规定,从而限制制造业空间的发展。如《武汉市城市总体规划(1996—2020 年)》《武汉市城市总体规划(2010—2020 年)》中对工业(主要指制造业)企业的空间准入做了具体的约束性规定:二环内除保留少部分非扰民的小型工业点和工业地段外,逐步搬迁改造其他工业企业,并对污染型工业企业的搬迁改造给予政策支持。《武汉市建设项目环境准入管理若干规定》(2008 年)中对工业企业的空间准入做了具体的约束性规定:三环线内不得新建化工项目;新建工业项目原则上应进入经合法批准成立的开发区或工业园,避免分散布局。《武汉市生态框架保护规划》(2008 年)对城市禁建区和限建区内的建设情况做了具体的约束性规定:禁建区内不应该允许工业项目保留,限建区原则上不应允许新建工业、仓储项目。《武汉市基本生态控制线管理条例》(2016 年)对生态控制线空间准入做了具体的约束性规定:将基本生态控制线范围内分为生态底线区和生态发展区,并实行分区管控。区人民政府应当按照市人民政府制定的统一标准,对基本生态控制线范围内的既有项目进行清理,并制定分类处置意见。

3) 建设准入

建设准入是指依据城市控制性详细规划、工业项目相关建设控制标准等一系列涉及用地建设模式的制度安排对制造业用地的相关建设指标(如容积率、建筑系数、投资强度、绿地率、产出强度等指标)做出明确的约束性规定,从而限制制造业空间的发展。如《工业项目建设用地控制指标》(2008 年)对工业用地项目的投资强度、容积率、建筑系数、行政办公及生活服务设施用地所占比重、绿地率五项指标做出了相应的指标要求。《武汉市工业用地投资强度指标值》(2014 年)按照分行业约束方式,根据工业项目的行业类型差异对固定资产投资强度控制值、土地产出率控制值、产值能耗及容积率进一步做了约束性规定。《武汉东湖新技术开发区产业项目准入标准(试行)》(2013 年版)依据武汉东湖新技术开发区内不同产业园、产业类型的差异,对工业用地出让底价、固定资产投入、年产值强度、预期年均税收做了约束性规定。《武汉市汉南区新型工业化示范园区启动区控制性详细规划管理单元:G040501 法定文件》对该片区的主导功能与建设强度提出了控制要求,规定该管理单元的主导功能为工业,平均净容积率为≥0.9,总建筑面积不少于 522.74 万 m^2。

7.3.4　约束作用下的空间效应

1）企业区位选址

生态环保制度（环境保护制度、生态保护制度）通过对制造业企业设置了空间准入门槛，建立了严格的企业准入和退出机制，对大城市制造业的企业区位选址起到约束作用。一方面，环境保护制度通过对环境污染型企业进行空间准入约束，推动已建重化工企业从主城退出、限制化工企业在主城选址，在空间上表现出就地郊迁、郊区选址、异地搬迁等区位特征。截至 2014 年，"一五"时期以来国家在武汉建设的如武汉钢铁厂、武汉重型机床厂、武汉锅炉厂、武汉九通汽车厂、武昌造船厂、武汉烟草厂等 20 多家大型国有企业已逐步实现改制搬迁，并沿交通轴线在郊区新建或选址（图 7-13）。另一方面，生态保护制度通过生态控制线划定和禁建、限建空间管制分区等方式对企业进行空间准入约束，推动已处于生态控制地区的企业进行整改、迁移，并限制新企业在生态敏感地区选址。根据《武汉都市发展区 1：2 000 基本生态控制线规划》，将按照保留、整改、迁移的方式对生态底线区和生态发展区内的项目进行清理，其中位于生态底线区的迁移项目有 167 项，总面积为 9.65 km²，生态发展区内的迁移型项目共 24 个，总面积为 1.28 km²。

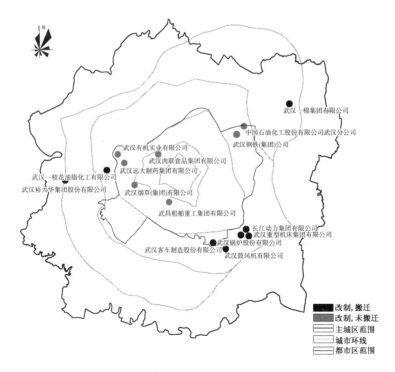

图 7-13　武汉都市区重化工企业搬迁改造情况

2）产业组织结构

产业发展制度通过对制造业产业类型和规模设置严格的准入门槛，对大城市制造业产业组织结构起约束作用，从而优化产业组织结构，提升产业经济效益和用地绩效。20 世纪 90 年代以来，武汉工业（主要指制造业）用地绩效有明显提升（图 7-14）。2014 年，武汉 11 个重点产业用地绩效水平差异较大，其中电子信息、汽车及零部件、食品烟草的地均产值较高，而建材、生物医药、钢铁及深加工的地均产值较低（图 7-15）。

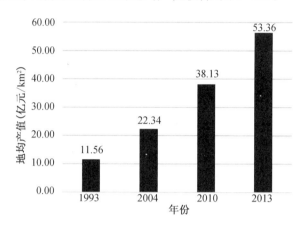

图 7-14　1993 年、2004 年、2010 年、2013 年武汉工业地均产值变化情况

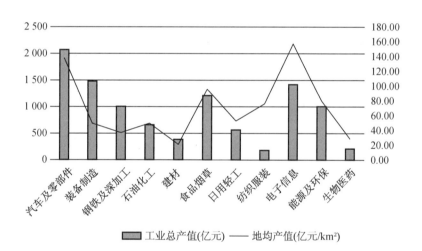

图 7-15　2014 年武汉 11 个重点产业的规模工业总产值与地均产值

3）整体空间布局

一方面，生态环保制度在城市整体空间布局层面构建了城市生态框架体系，奠定了城市整体生态格局。2008 年以来，武汉通过制定一系列生态保护规划和法定条例逐步建立了严格的生态环保制度。将 2011—2014 年武汉都市区内增加的制造业用地与生态底线控制区进行叠合发现（图 7-16），新增建设用地主要集中在城市集中建设区内，生态控制区得以有效地控制和保

护。武汉南部新城组群作为都市区内生态资源丰富且生态敏感的区域,包含了武汉六大生态绿楔中的两大生态绿楔——青菱湖生态绿楔和汤逊湖生态绿楔。据统计,2011—2014年,武汉南部新城组群的总建设用地呈负增长,从56.99 km² 减少到56.83 km²,制造业用地则从10.27 km² 增加至12.64 km²,是六大新城中增长最慢的区域。究其原因,主要是生态环保制度起到了较明显的约束作用。另一方面,控制性详细规划、工业项目相关建设控制标准等一系列涉及用地建设模式的制度安排对制造业用地的相关建设指标(如容积率、建筑系数、投资强度、绿地率、产出强度等指标)做出了明确的约束性规定,从而提升了制造业产业用地的经济绩效。

图 7-16　武汉新增制造业用地与生态底线控制区叠合

7.4　制度的综合作用机制

激励和约束是制度的核心功能,它们是作用相反又不可分割的两个方面。激励性制度与约束性制度分别通过不同的激励和约束方式、目的,对制造业"企业区位选址""产业组织结构""整体空间布局"三个影响领域进行激励和约束,并产生不同的空间效应,从而实现制度的激励和约束功能。制度的激励和约束在综合作用下共同影响大城市制造业空间格局的形成。因此,制度对大城市制造业空间的作用机制可由制度激励机制和制度约束机制共同构成(图 7-17)。

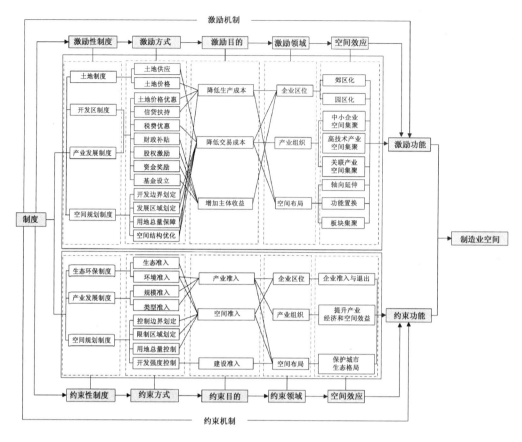

图 7-17　制度对大城市制造业空间的综合作用模型

制度的激励机制:土地制度、开发区制度、产业发展制度、空间规划制度是影响大城市制造业空间的激励性制度。它们采取土地指标供应、土地价格优惠、税费优惠、信贷扶持、财政补贴、股权激励、资金奖励、基金设立、开发边界划定、发展区域划定、用地总量保障、空间结构优化等一系列激励方式,以实现"降低生产成本和交易成本""增加主体收益"的激励目的,从而促进大城市制造业空间发展。在制度的激励作用下,"企业区位选址""产业组织结构""整体空间布局"三个领域产生了不同的空间效应:在企业区位选址方面,土地制度和开发区制度促使制造业企业表现出"郊区化"和"园区化"的空间区位特征;在产业组织结构方面,产业发展制度促进制造业不同规模、不同类型产业的空间集聚,并形成产业集群;在整体空间布局方面,空间规划制度促使制造业整体空间表现出"轴向延伸""功能置换""板块集聚"的布局特征。

制度的约束机制:生态环保制度、产业发展制度、空间规划制度是影响大城市制造业空间的约束性制度。它们采取生态准入、环境准入、规模准入、类型准入、控制边界和限制区域划定、用地总量控制、开发强度控制等一系列约束方式,分别从"产业准入""空间准入""建设准入"三个方面来防止和降低负外部性的发生,从而限制大城市制造业空间发展。在制度的约束作用下,"企业区位选址""产业组织结构""整体空间布局"三个领域产生了不同的空间效应:在企业区位选址方面,生态环保制度建立了严格的企业准入和退出机制,对制造业企业设置了空间准入门槛,从而约束了制造业的企业区位选址;在产业组织结构方面,产业发展制度建立了"产业负面清单"的管理机制,对制造业产业类型和规模设置了严格的产业准入门槛,从而进一步优化了产业组织结构;在整体空间布局方面,空间规划制度通过设置空间准入与建设准入门槛,约束了制造业的整体空间布局,从而奠定了城市整体生态格局、提升了制造业产业用地的经济绩效。

第 7 章注释

① 需要强调的是,本书重点揭示制度本身是通过何种方式和目的来实现制度的激励和约束功能,并对大城市制造业的空间发展产生激励和约束作用。而行为主体(主要指政府和企业)之间的行为诉求、行为特征、行为博弈及其在博弈过程中的行为决策虽对大城市制造业空间具有重要影响,但并不在本书研究范畴。

② 主要是指通过空间规划制度来优化城市交通网络和设施,从而降低企业的交通运输成本。

8 大城市制造业空间转型发展趋势及制度创新建议

8.1 现有制造业空间发展问题

8.1.1 企业区位选址

1990 年以来,受土地制度和开发区制度的激励作用,在制造业企业郊区化、园区化的区位选址过程中,武汉制造业用地的出让面积均呈现快速增长态势。1991—2014 年,武汉制造业用地出让面积共计 143.23 km²,其中,1991—2010 年出让总面积为 80.43 km²,2011—2013 年出让总面积则高达 62.80 km²。2011 年以后,自武汉市政府提出“工业倍增”计划以来,武汉制造业用地出让面积出现了“时空压缩”的井喷式增长,以平均每年 15.7 km² 的速度增加(图 8-1)。至 2014 年,武汉都市发展区的制造业用地面积为 197.8 km²,占现状建设用地的 25.3%,已超出了 2020 年规划目标值 4 km²。在武汉制造业空间快速扩张过程中,工业用地价格机制和供求机制的不完善使企业在土地市场中获得了巨大的“寻租”空间,从而引发了大量社会资本流

图 8-1　1991—2014 年武汉制造业用地出让变化情况

入工业,导致了企业"圈地囤地"现象极为普遍。根据武汉土地批、征、供、用情况,2006年以来武汉批而未建的工业用地有134.1 km²,占已批工业用地的60.2%,其中,批而未供用地95.8 km²,已供未建用地38.3 km²。根据批而未建用地面积,预计可容纳中等规模企业(100亩/家)2 000家以上[①]。

8.1.2　产业组织结构

在产业组织结构方面,武汉目前仍以大型企业、大型项目带动为主,对大型企业的依赖度高,中小型企业的带动作用不明显。2013年,武汉大型、中型、小型企业的工业总产值占比分别为58.43%、16.99%、24.58%(图8-2),大型企业的产值贡献率最高。其中,在产值过百亿元的15家企业中,神龙汽车有限公司、东风本田汽车有限公司、富士康科技集团、联想集团有限公司、烽火通信科技股份有限公司、格力集团有限公司、冠捷科技集团有限公司、美的集团股份有限公司八家企业均不是本土企业。

在产业类型结构方面,武汉制造业呈现以资金、技术密集为主导的结构特征,且存在重工业依赖的结构问题。2013年,武汉重工业、轻工业工业总产值的占比分别为76.97%、23.03%(图8-2),以石油化工、钢铁及深加工、汽车及零部件为代表的重工业占主导。

在产业关联结构方面,武汉制造业企业的关联偏弱,原材料的本地供应率不高。上汽通用汽车有限公司武汉分公司负责人W先生在访谈时谈道:"武汉分公司钢材用量的80%均从上海宝钢集团公司运输过来,有少数零部件的钢材我们会从本地材料供应商武汉钢铁(集团)公司采购。"同时,神龙汽车有限公司负责人也表示"在主导的99家供货商中,武汉周边200 km范围内不足20家"[②]。

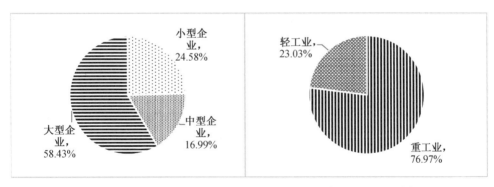

按大型、中型、小型企业分类　　　　　按轻工业、重工业分类

图8-2　2013年武汉工业总产值占比

8.1.3　整体空间布局

一方面,在开发区制度的作用下,由于区级经济竞争激烈,各区纷纷通过

开发区模式竞相"招商引资",形成了多个规模不等的中型、小型工业园(图8-3),使武汉制造业空间呈多向、分散发展格局;另一方面,在空间规划制度的作用下,武汉都市区空间布局框架基本按照武汉2010年版城市总体规划所采用的"1个主城+6大新城组群(近30个组团)"的近郊扩展布局模式实施,进一步强化了武汉制造业依托开发区、贴近主城多向发展的态势,并助长了外围新城多组团齐头并进的分散发展格局。因此,区级政府的多主体竞争以及规划政策共同导致了武汉都市区制造业"重心游离"的空间布局问题(图8-4)。

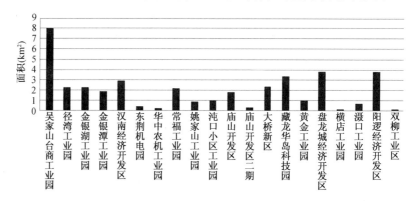

图8-3 武汉远城区各工业园现状面积分布情况

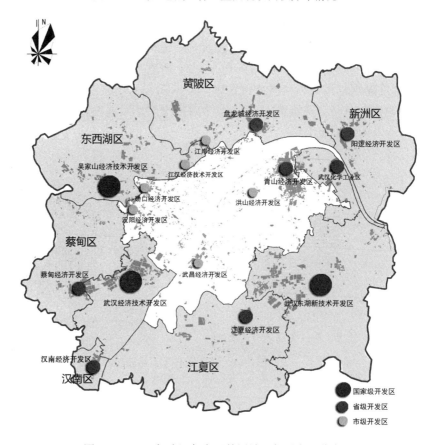

图8-4 2013年武汉都市区外围城区与开发区分布

8.2 未来制造业发展趋势

8.2.1 发展动力转变：由要素驱动、投资驱动转向创新驱动

当前，我国制造业发展正面临要素投入边际效应递减趋势，三大要素均面临诸多约束瓶颈，要素的规模驱动力逐渐减弱，具体表现为：我国劳动力资源、土地资源成本逐年上涨，供给趋紧；传统人口红利和资源红利逐渐消失；制造业资本投资增速放缓。

就劳动力要素来看，根据全球经济研究和政府企业咨询机构牛津经济研究院研究结果显示，2016年，中国单位劳动力成本只比美国低4％，已趋近于美国。与此同时，自2012年首次出现劳动年龄(16—59岁年龄段)人口净减少以来，我国劳动年龄人口已连续五年出现了净减少[③]，在2020年以前中国将出现经济学意义上的"刘易斯拐点"[④]，人口红利将逐渐消失。就土地要素来看，2010年以来，我国工矿用地土地供应量增速逐年放缓，2013—2014年，工矿用地土地供应量实现了负增长，增速由3.05％下降到−29.96％(图8-5)。就投资来看，我国经济增长长期依靠相当于GDP一半的高投资支撑。2011年以来，我国制造业投资增速放缓，2011—2015年，中国制造业固定资产投资的平均增速为15.36％，相比"十一五"期间27.25％的平均增速下降了近12％(图8-6)。2012年以来，武汉制造业固定资产投资增速也出现了明显的下降，增速由2012年的47.62％下降至2015年的6.92％(图8-7)。与此同时，由于2008年全球金融危机、2010年欧债危机及其引发的国际变局，多年来对外资与外资依存度高的我国经济顿失一个核心增长动力，"全球化红利"的作用也在逐渐消失。2008年以来，我国实际利用外部额与武汉外商固定资产投资增速均出现放缓的趋势(图8-8、图8-9)。

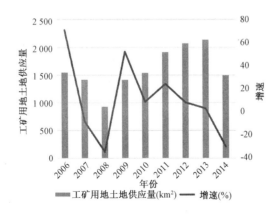

图8-5 2006—2014年中国工矿用地土地供应量变化情况

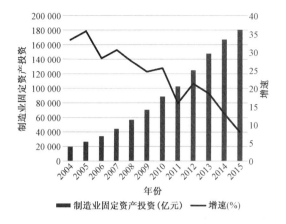

图 8-6　2004—2015 年中国制造业
固定资产投资增长情况

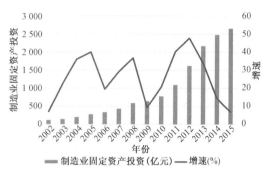

图 8-7　2002—2015 年武汉制造业
固定资产投资增长情况

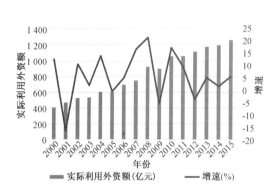

图 8-8　2000—2015 年中国实际利用
外资额增长情况

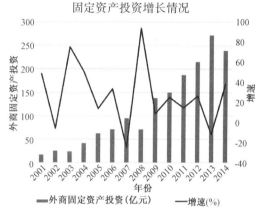

图 8-9　2001—2014 年武汉外商固定
资产投资增长情况

　　中共十八大以来,中央政府明确提出新常态时期中国经济要"从要素驱动、投资驱动转向创新驱动"。具体来讲,创新驱动是指通过改变要素的投入方向,营造有利于自主创新的政策和社会环境,使科技进步和创新成为城市转型发展的重要支撑。随着《"十三五"国家科技创新规划》出台,"创新驱动、转型发展"已成为推动当今大城市可持续发展的必由之路。通过对比武汉"十二五""十三五"规划发展主线的变化可知,发展主线已从"转变经济增长方式、构建具有比较优势的产业体系"到明确提出"提高产业创新能力,促进发展由要素驱动向创新驱动转变"。

　　因此,在"新常态"和"国际金融危机"的多重背景下,劳动力、土地、资本等传统要素动力逐渐失效,全球化动力逐渐减弱,我国制造业发展已进入从要素驱动、投资驱动转向创新驱动发展的关键时期。在科技创新的推动下,传统制造业产能压缩,高技术产业及新兴战略性产业加快发展,创新型产业空间需求将进一步增长。

8.2.2　发展方式转变:由粗放高速增长转向集约高效增长

长期以来,我国都走的是高速度、高投入、高消耗、高污染、低产出的经济发展道路。其中,制造业规模扩张成为推动我国经济高速增长的重要因素。在经历制造业产能迅猛扩张后,2014 年,我国钢材产量达 11.2 亿 t,已出现供大于求;汽车产量达到 2 372.5 万辆,已接近产能上限。受经济结构调整和环境资源约束,今后一个时期,我国制造业规模扩张空间将逐步缩小,一些行业面临消化过剩产能的巨大压力,包括钢铁、水泥、平板玻璃、煤化工、造船、机床、有色金属、化工产品等一系列传统领域。同时,制造业高速增长带来了生态破坏、产出下降的问题。据中国社会科学院数量经济与技术经济研究所课题组 2012 年预测可知,20 世纪 80—90 年代,我国生态退化和环境污染带来的经济损失相当于 GDP 的 8%。至 2011 年,仍高达 4% 左右。目前,每单位资本投资仅能带来 0.28 单位的产出,这一下降趋势尚无扭转的迹象(张卓远,2016)。

总体看来,国内各生产要素面临供给收紧、环境污染、资源浪费、产能过剩、生产效率低下等问题,依靠传统重化工发展来拉动规模经济增长的道路已不可持续,高度依赖土地资源、牺牲生态环境的增长模式难以为继,制造业大规模扩张的阶段基本结束,未来制造业发展方式应从粗放高速增长向集约高效增长转变,而创新驱动型是经济增长和效益提升的必由之路。

8.2.3　产业结构特征:合理化、高度化与多元化

随着产业发展阶段的演进,大城市制造业的内部结构将呈现合理化、高度化、多元化发展特征,以实现产业结构的不断优化。产业结构的高度化表现为:① 高加工度化;② 高附加值化;③ 技术集约化;④ 工业结构软性化。在产业结构的不断优化过程中,资源逐渐从效率较低的传统劳动、资本密集型产业流向效率较高的技术密集型产业,高技术、高附加值、低污染的高技术产业和战略性新兴产业不断发展壮大,逐步成为带动城市产业结构优化升级的重要力量。同时,利用高端制造技术为传统制造业提供装备、科技、市场等要素支持,推动传统产业加快转型、改造、升级,形成以发展高端制造业与带动传统产业转型的"双轮驱动"的产业格局,多元化的产业结构体系是保持城市产业结构稳定发展的关键。以纽约为例,纽约的产业结构在高端化发展的同时,注重通过政府的大量资源投入来推动传统产业升级和技术改造,制造业内部由传统制造业向都市型制造业转变,纺织工业、皮革类制品、印刷出版等行业迅速上升,而高技术领域以生物化学、计算机与电子、运输设备及技术服务为主,形成了既涉及传统制造领域也涉及新兴计算机和电子类的制造研发领域的多元化的产业结构体系。

"十二五"期间,我国高技术产业和战略性新兴产业高速发展,节能环保产业、新一代信息技术产业、生物产业、高端装备制造产业、新能源产业、

新材料产业、新能源汽车产业七大战略性新兴产业的总体增速约为 GDP
增速的 2 倍,2013 年、2014 年、2015 年战略性新兴产业增加值占 GDP 的
比重分别达到 7.35％、7.64％、8.00％。根据《"十三五"国家战略性新兴
产业发展规划》可知,到 2020 年战略性新兴产业增加值占 GDP 的比重将
达到 15％。同时,自 2010 年以来,我国高技术产业(制造业)增加值占
GDP 的比重不断提高,且高技术产业增加值的增速一直快于工业增加值
的增速(图 8-10、图 8-11)。2003—2015 年,武汉高技术产业产值逐年上
升,其产值占工业总产值的比重由 2003 年的 42.88％上升至 2015 年的
69.73％(图 8-12)。目前,武汉高技术产业总量已达工业总量的一半以
上,制造业内部结构高度化特征明显,未来知识技术密集型产业(如高端装
备、微电子、生物技术、航天技术、核能技术、新材料等)占比将进一步提升。
根据《武汉市国民经济和社会发展第十三个五年规划纲要》可知,在"十三
五"期间,武汉制造业发展一方面要加快发展战略性新兴产业,促进新兴科
技与新兴产业的深度融合;另一方面要提升发展先进制造业,促进现有支
柱产业向中高端升级,从而构建有机更新的综合产业体系(表 8-1)。

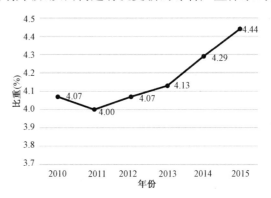

图 8-10　2010—2015 年我国高技术产业增加值占 GDP 的比重变化情况

图 8-11　2010—2015 年我国高技术产业增加值增速与工业增加值增速的比较
　　注:按照《中国高技术产业统计年鉴》中对高技术产业的范畴界定,高技术产业主要包
括制造业中的医药制造业,航空、航天器及设备制造业,电子及通信设备制造业,计算机及
办公设备制造业。

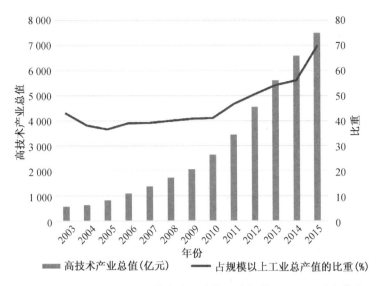

图 8-12　2003—2015 年武汉高技术产业产值及占规模以上工业总产值的比重

　　注:按照《武汉统计年鉴》中对高技术产业的范畴界定,高技术产业主要包括制造业中的电子信息、先进制造、新材料、生物医药和医疗器械。

表 8-1　武汉有机更新的综合产业体系

产业结构	产业类型
支柱产业	汽车及零部件、电子信息、装备制造、食品烟草、石油化工、能源环保
战略性新兴产业	新能源、信息技术、电力装备、生物医药、高档数控机床和机器人、航空航天装备制造、新材料
创新产业	人工智能、物联网技术、3D 打印、个性化定制

8.2.4　产业组织特征:模块化、网络化与集群化

　　随着全球化制造业的垂直分工裂解,模块化成为打开"新产业结构本质的钥匙"(青木昌彦等,2003),并成为产业组织形态演进的一种新趋向。"模块化"有狭义和广义之分:狭义"模块化"是指某种产品生产和工艺设计的模块化;广义"模块化"是指对某一产品的生产组织过程进行模块分解与模块集中的动态整合过程,并形成模块生产网络(图 8-13)。随着"模块化"时代的到来,产业链的解体重组促使各产业模块在"全球—国家—区域—地方"等不同空间层次广域分布,表现出全球尺度的"网络化"和区域、地方尺度的"集群化",形成了一种模块化、网络化、集群化的生产格局。其中,"网络化"强调企业之间动态的联盟网络关系;"集群化"强调一个特定的产业领域,由于具有共性和互补性而在地理上表现出邻近性特征。"模块化制造业集群网络"将成为未来新兴的产业组织模式(吴晓波等,2013)。"模块化制造业集群网络"是一种高绩效的制造业集群网络发展模式,具有

内部专业化能力强、创新自由度高和敏捷可嵌入的特征,具有快速嵌入全球制造网络和承担全球制造某一产品模块的专业化优势,同时具有基于模块化组合变异的快速反应能力、动态柔性能力和抗经济波动的风险能力(图 8-14)。如中国台湾地区聚焦于全球计算机设备制造业链中的芯片代工、主板、光碟机等模块化产品,迅速发展为全球计算机配件产业最大的制造基地,通过联结全球制造价值链的开放集群网络来带动一大批科技型中小型企业和研发结构在信息产业附加值的特定环节建立起自己的专业化优势。未来,以中小型企业为载体的创新型产业集群网络将成为大城市重要的产业组织模式。

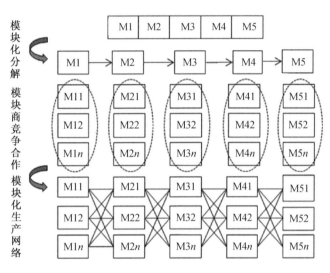

图 8-13　模块化生产网络的形成过程示意

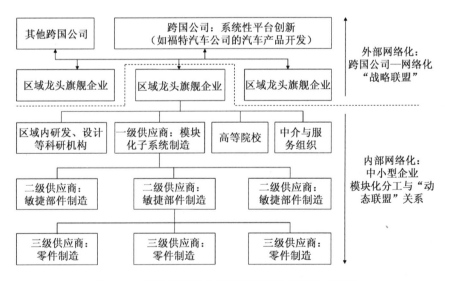

图 8-14　制造业模块化网络集群的内外部分工机制

8.2.5 产业发展方向:智能化、绿色化与服务化

随着第三次工业革命带来新技术的推广应用,世界发达国家纷纷推进"再工业化"战略,加大对科技创新的投入,加快新兴产业的发展布局。未来,智能化技术、绿色化生产技术等将成为传统工业技术改造的主攻方向,经济服务化将成为制造业的发展趋向,制造业将朝着智能化、绿色化、服务化方向发展。

1)智能化

"智能化"是将新一代信息技术与制造业技术深化融合发展的新型制造模式。"智能化"大量采用人工智能、数字制造、工业机器人、3D打印机等为代表的制造技术和工具,大量采用复合材料、碳纤维材料、基因材料等,并运用互联网、物联网等工业基础设施(图8-15)。

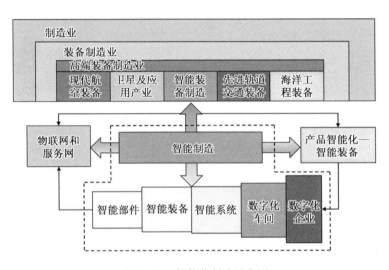

图 8-15 智能化制造示意图

世界发达国家在推进"再工业化"的战略过程中,都将智能化技术作为传统工业技术改造的主攻方向,其产业战略发展重点领域包括智能制造、智能工程、新能源、生物和纳米技术、新一代微电子、高端机器人等(表8-2)。未来,智能制造将渗透到制造业的各个产品领域和整个生产流程中,传统的行业界限将消失,并会产生各种新的活动领域和合作形式,如"智能工厂""数字化车间"等新兴产业空间,这也必将引发未来制造业空间需求的改变(专栏8-1)。

表 8-2 各国家振兴制造业相关战略及重点发展领域

国家	相关战略	新兴产业发展领域
美国	《重振美国制造业框架》(2009 年)、《制造业促进法案》(2009 年)、《先进制造业伙伴(AMP)计划》(2012 年)、《美国创新战略》(2015 年)	信息产业、可再生能源、环境保护、生物和纳米技术、先进材料、航空航天、海洋大气等

国家	相关战略	新兴产业发展领域
日本	《新增长战略》(2010 年)、《日本重振战略》(2013 年)	信息产业、新能源利用、节能环保、信息技术、宇宙航空、海洋开发和生物工程等
法国	《振兴工业计划》(2010 年)、《数字法国 2020》(2011 年)	数字技术、环保、能源、航天航空、汽车、造船、化工、医药、奢侈品和食品加工等
德国	《德国 2020 高科技战略》(2010 年)、《实施"工业 4.0"战略建议书》(2013 年)	新能源、新材料、节能环保、生物智能、光学技术、高端装备制造等
英国	《构筑英国的未来》(2009 年)	低碳产业、生物产业、新材料、新一代信息技术、尖端制造业、数字经济等
韩国	《2020 年产业技术创新战略》(2015 年)、《制造业创新 3.0 战略》(2015 年)	能源与环境、新一代运输装备、新兴信息技术、生物产业、产业融合、知识服务 6 大产业及太阳能电池、海洋生物燃料等 22 个重点方向

专栏 8-1:智能制造工程

　　紧密围绕重点制造领域关键环节,开展新一代信息技术与制造装备融合的集成创新和工程应用。支持政产学研用联合攻关,开发智能产品和自主可控的智能装置并实现产业化。依托优势企业,紧扣关键工序智能化、关键岗位机器人替代、生产过程智能优化控制、供应链优化,建设重点领域智能工厂/数字化车间。在基础条件好、需求迫切的重点地区、行业和企业中,分类实施流程制造、离散制造、智能装备和产品、新业态新模式、智能化管理、智能化服务等试点示范及应用推广。建立智能制造标准体系和信息安全保障系统,搭建智能制造网络系统平台。

　　到 2020 年,制造业重点领域智能化水平显著提升,试点示范项目运营成本降低 30％,产品生产周期缩短 30％,不良品率降低 30％。到 2025 年,制造业重点领域全面实现智能化,试点示范项目运营成本降低 50％,产品生产周期缩短 50％,不良品率降低 50％。

——《中国制造 2025》

2) 绿色化

　　由于当今世界水资源问题、大气条件恶化、生态环境恶化、能源问题等交叠,纽约、首尔、新加坡等世界发达城市均在近期城市发展战略中提出发展绿色经济,注重城市的环保形象和可持续发展(表 8-3)。一直以来,我国经济产业发展采取一种粗放高速增长方式,对生态环境的压力日益增加,产业发展迫切需要向绿色低碳转型。

表 8-3　世界部分大城市 2030 年产业发展目标

城市	规划	2030 年产业发展目标
纽约	《更绿色、更美好的纽约——2030 纽约规划》	(1) 注重绿色环保、开发绿色能源、实行低碳经济;(2) 新兴产业如新能源产业(如风能、太阳能灯)、节能环保产业(如电动汽车、节能楼宇等)、绿色产业(如绿色食品等)等将得到迅速发展
首尔	《全球气候友好城市——2030 首尔规划》	重点发展氢燃料电池、太阳能电池、绿色建筑、LED 照明、绿色 IT、绿色汽车、城市环境整治恢复、废物回收利用和气候变化适应技术等十大绿色技术
新加坡	《挑战稀缺土地——2030 新加坡规划》	鼓励和支持高附加值、高技术含量产业的发展,依靠尖端技术实现高附加值产业和现代服务业的"双轮"驱动

"绿色化"是指实现制造业全周期循环中资源最大限度地"减量化、再循环、再利用",发展绿色清洁、低碳产业,推广实施先进的绿色制造模式。"绿色制造"是转变经济发展方式的最佳途径。未来产业发展将呈现低碳化、绿色化、"环境友好型"趋势,重视使用绿色清洁能源、发展低碳产业,并逐渐推进能源、原材料等传统重化工业的高新化、集约化、清洁化和循环化发展(专栏 8-2)。

专栏 8-2:绿色制造工程

　　组织实施传统制造业能效提升、清洁生产、节水治污、循环利用等专项技术改造。开展重大节能环保、资源综合利用、再制造、低碳技术产业化示范。实施重点区域、流域、行业清洁生产水平提升计划,扎实推进大气、水、土壤污染源头防治专项。制定绿色产品、绿色工厂、绿色园区、绿色企业标准体系,开展绿色评价。

　　到 2020 年,建成千家绿色示范工厂和百家绿色示范园区,部分重化工行业能源资源消耗出现拐点,重点行业主要污染物排放强度下降 20%。到 2025 年,制造业绿色发展和主要产品单耗达到世界先进水平,绿色制造体系基本建立。

　　　　　　　　　　　　　　　　　　　　　　　　——《中国制造 2025》

---

3) 服务化

制造业高度化发展之后会呈现"制造业服务化"的新趋向,表现为服务业的附加值及比重越来越大,并超过制造业成为经济活动的核心。在此过程中,制造业与服务业的边界渐趋融合、交叉发展,服务业向制造业渗透,尤其是与生产过程相关的生产性服务业直接作用于制造业的生产流程,对经济的贡献率逐渐超过制造业(图8-16)。与制造业相关的生产性服务业主要是指为制造业前后端服务的产业,前端服务包括设计研发、市场调研、可行性研究、人员培训、经营管理、会计服务、信息服务等环节。后端服务包括运输、仓储、通信、品牌营销、渠道管理、综合物流、金融等环节。中间制造环节包括加工、组装、制造等,整个生产过程呈现出一种两头高、中间低的"微笑曲线"。未来,全球制造业将进一步软化,服务业与制造业将趋于融合,依托高技术的生产性服务业将迎来蓬勃发展。

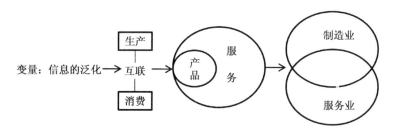

图 8-16 产业边界柔化及经济服务化

8.3 未来大城市制造业转型发展的空间响应

8.3.1 顺应产业升级趋势,预留智能制造空间

对接全球化2.0版[⑤],顺应我国从制造大国向制造强国、从传统制造向智能制造的转变趋势,武汉将在光电子通信、通用运输装备制造等领域培育世界级制造业产业集群,推动"传统制造—数字制造—智能制造"的转变,增强制造业的全球竞争力。结合武汉现有的产业基础与科教优势,构建"现有支柱产业—战略性新兴产业—未来创新产业"的制造业产业体系,推动制造业向价值链高端延伸。其中现有支柱产业包括汽车及零部件、电子信息、装备制造、食品烟草、石油化工、能源及环保,战略性新兴产业包括节能环保、新一代信息技术、生物、高端装备制造、新能源、新材料和新能源汽车,未来创新产业包括人工智能、物联网技术、3D打印技术及个性化定制等(图8-17)。

未来,要注重空间规划尤其是城市总体规划及城市发展战略对智能制造重点发展区域的预留,如在武汉东湖新技术开发区、空港新城等重点地区应规划预留战略性新兴产业、创新产业的成长空间。要深入研究不同战略性新兴产业类型的产业特性和空间需求,以科学合理地安排智能制造空间布局。

图 8-17　武汉都市区智能制造空间分布图

8.3.2　契合产业集聚特性,构建区域生产网络

　　借鉴西方发达城市的发展经验,建立在高技术基础上的"智能制造"产业,其区位选择更加看重区域性交通条件及创新环境。因此,需重点改进区域性交通条件、产业发展制度环境等要素作用。未来,武汉制造业空间将在大都市区层面进一步分散和集聚重组,形成多节点、模块化的空间生产网络。处在生产价值链高端的制造业(高技术产业、战略性新兴产业、创新产业)将进一步向大学城、企业研发中心及高新技术园区集聚,以创谷、孵化器等新型空间为载体,形成创新型空间生产网络。处在生产价值链低端的制造业(传统重化工产业、劳动密集型产业)将突破原有交通成本、历史路径依赖等因子约束,向武汉都市区外围及近域城市(鄂州、咸宁、黄冈、孝感等)转移,并与武汉都市区内高价值区段产业环节(研发设计、总部经

济等)保持较密切的联系。一方面,要注重根据不同产业类型所处价值区段和集聚特性的差异对产业空间进行布局引导,构建区域生产网络(图 8-18);另一方面,要注重对区域交通格局的优化,依托区域性重大交通设施和交通网络来构建区域性交通网络,支撑制造业空间的区域化发展(图 8-19)。

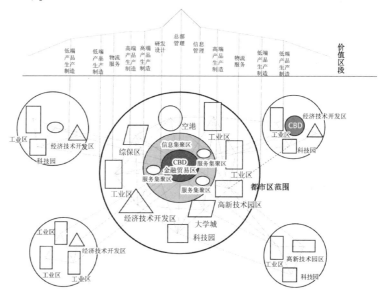

图 8-18　武汉都市区产业空间组织模式图

图 8-19　武汉交通格局优化建议图

8.3.3 明确重点发展区域,提升产业集聚效应

2013年,武汉在《四大次区域综合规划》中所提出的"四大板块"发展思路,仍延续着工业化城市产业"板块化"的布局思维。随着后福特制经济模式下模块网络化的生产组织方式转变,武汉现有制造业空间将解体重组,现状空间格局也将发生改变。武汉应结合外围新城组群建设,综合考虑交通基础、职住平衡等因素,选择制造业发展的重点区域,避免"重心游离"及"工业围城"等空间问题。未来,武汉要注重引导城市重点功能区域发展,明确发展方向,避免多向发展而造成的经济和空间资源浪费,提升产业集聚效应。

8.4 应对未来大城市制造业空间转型发展的制度创新建议

8.4.1 创新制度供给,适应城市产业转型发展要求

在经济转轨、社会转型的过程中,原有的社会经济制度已不完全适应,新制度的实际数量和质量供给不足而造成的制度短缺是必然存在的(黄亚平,2009)。通过制度创新可以弥补制度供给的不足与缺陷,提高制度的效率以实现帕累托最优。在城市产业转型发展背景下,合理而有效的制度供给与创新是推动未来大城市制造业空间优化发展的关键。下文将针对已有的制度缺陷、顺应未来产业发展趋势,分别就土地制度、开发区制度、生态环保制度、产业发展制度和空间规划制度提出改革创新的重要领域和方向。

1)土地制度

就土地制度现有缺陷而言,一是由于城市政府的财政体制,工业地价长期低于市场正常水平,土地价格并不能真实反映市场供求和资源稀缺程度;二是征地制度与供地制度之间存在巨大的利润空间,导致了我国城市大规模的"圈地式运动"和城市蔓延现象。与此同时,应顺应未来产业发展趋势,创新存量土地和创新产业的用地开发与供应方式,弥补土地制度不足,鼓励土地制度创新(图8-20)。

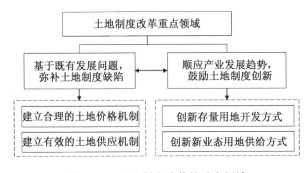

图 8-20 土地制度改革的重点领域

（1）建立合理的土地价格机制

长期以来,中国政府一直采用压低工业地价、抬高居住地价的土地出让方式。根据2009—2016年《全国主要城市地价监测报告》的相关数据可知,尽管近年来工业用地价格有所微升,但是与快速上涨的居住用地价格相比,两者比价继续扩大,居住用地与工业用地的比价由2009年的5.8∶1扩大至2015年的7.2∶1(表8-4),而武汉工业用地和居住用地的平均比价高达16.1∶1(表8-5)。未来,应建立有效调节工业用地和居住用地的合理比价机制,通过市场机制使工业用地价格回归到理性水平。

表8-4　2009—2016年中国工业地价与居住地价的比较(均以当年第三季度为例)

年份	工业用地平均单价(元/m²)	居住用地平均单价(元/m²)	工业地价占居住地价的比例(%)	居住用地与工业用地的比价
2009	610	3 561	17.1	5.8∶1
2010	623	4 085	15.3	6.6∶1
2011	649	4 518	14.4	7.0∶1
2012	662	4 564	14.5	6.9∶1
2013	691	4 910	14.1	7.1∶1
2014	730	5 236	14.0	7.2∶1
2015	757	5 421	14.0	7.2∶1
2016	776	5 781	13.4	7.5∶1

注:全国主要监测城市指105个监测城市;重点监测城市指直辖市、省会城市和计划单列市。在105个监测城市中,一线城市包括北京、上海、广州、深圳;二线城市包括除一线城市外的直辖市、省会城市和计划单列市,共32个;三线城市包括除一线、二线城市外的69个监测城市。

表8-5　2011—2015年武汉工业地价与居住地价的比较

年份	工业用地平均单价(元/m²)	居住用地平均单价(元/m²)	工业地价占居住地价的比例(%)	居住用地与工业用地的比价
2011	345	4 470	7.7	13.0∶1
2012	360	4 050	8.9	11.3∶1
2013	360	5 175	7.0	14.4∶1
2014	450	4 215	10.7	9.4∶1
2015	405	6 540	6.2	16.1∶1

（2）建立有效的土地储供机制

一方面,随着土地资源约束、收储成本攀升,土地储备量明显下降;另一方面,由于储备资源错配、相互挤占等统筹管理问题,土地储备和土地供应之间存在着"圈而不储、储而不供"的"储供不平衡"现象,从而影响了城市建设用地的规模支撑。根据《2015年武汉市土地交易市场分析年度报告》相关数据显示,2011—2015年,武汉平均储备成本从2011年的187.82

万元/亩增长到 2015 年的 325.91 万元/亩,而收储规模从 7.11 万亩减少至 2.86 万亩(图 8-21)。在"十二五"期间,武汉储备土地的供应以工业用地为主,储备类工业(主要指制造业)用地供应总规模占储备土地总供应量的比重逐年攀升,由 2011 年的 29.00%增长至 2015 年的 88.83%(图 8-22)。

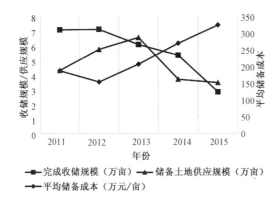

图 8-21　2011—2015 年武汉土地收储规模、供应规模及收储成本变化

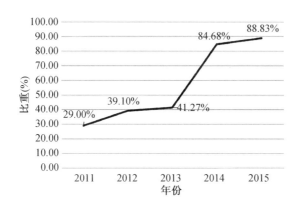

图 8-22　2011—2015 年武汉储备类工业用地规模占储备总供应量的比重

建立有效的土地储供机制对制造业用地和城市整体用地结构的合理发展十分必要。未来,应从土地储备和土地供应两个层面控制以实现城市土地的"供储平衡":在储备层面,要进一步压减各级储备机构的储备计划规模,防控储备过剩的风险。在供应层面,要进一步加大土地储备供应力度,建立土地批、征、供、用的年度考核机制和责任机制,提高土地供应率;要合理确定每年各类土地的供应数量、投放时机和区位结构,建立土地市场预警预报体系和项目用地控制制度,以保持用地结构的合理性。在两者联动层面,要建立土地储备机构、交易中心与供应主管部门的联动机制,如建立动态的更新系统,以便于土地储备部门能及时掌握相关土地合同签订进度,土地交易中心、土地供应部门能及时获得土地储备信息。

(3)创新存量用地开发方式

2014 年,《国家新型城镇化规划(2014—2020 年)》提出"管住总量、严控增量、盘活存量"的新型城镇化建设原则。2014 年来,北京、上海等大城市分别提出城市建设用地"负增长""零增长"的目标,旨在将土地供给目标锁定在存量用地的再开发,并出台了一系列盘活存量用地的新政(专栏8-3)。

专栏8-3:上海出台土地新政策,着力盘活存量土地用地

2014年3月上海市政府办公厅转发市规划国土资源局管理制定的《关于本市盘活存量工业用地的实施办法(试行)》(以下简称《办法》),为闲置及低效利用工业用地的调整、升级提出具体操作方法。"鼓励"和"规范"并举,着力盘活、优化存量工业用地,促进产业发展"高端化、集聚化、服务化、融合化、低碳化"。

上海此前已明确,对新增建设用地实行"稳中有降、逐年递减",并实现规划总规模"零增长"。截至2012年底,上海的工业用地总量已累计供应856 km²,占建设用地的28%,土地利用绩效水平差异较大,布局结构有待进一步优化调整。

根据《办法》,上海对存量工业用地将主要采取区域整体转型、土地收储后出让和有条件零星开发等实施路径,并已为此制定了一系列引导及鼓励政策。比如,关于区域整体转型开发,除政府土地收储后整体开发建设外,还允许单一主体或联合开发体采取存量补地价方式自行开发。

对于补缴地价的标准,《办法》规定,转型为研发总部产业项目类用地的市场评估地价,外环线以外地区不低于相同地块工业用途基准地价的150%,外环线以内地区则一般不低于相同地段办公用途基准地价的70%;转型为研发总部通用类的,市场评估地价不低于相同地段办公用途基准地价的70%。此外,符合相关条件的研发总部类用地,最高容积率可以达到4。

存量工业用地的收储也更兼顾市场因素。《办法》首次明确,采取收储后公开出让产生土地储备收益的工业用地,原土地权利人为法人的,在对工业用地、建筑物、设备等进行评估后收储补偿的基础上,可以按照土地储备收益的一定比例,由市、区、县土地储备机构再给予补偿。

——新华网

就武汉而言,一方面,随着新增建设用地批复规模逐年降低,土地收储和供应有向存量倾斜的趋势;另一方面,由于旧城改造成本不断攀升,存量用地面临着改造空间大、收储难度大的矛盾。根据《2015年武汉市土地交易市场分析年度报告》相关数据显示,2010—2015年,武汉新增建设用地批复量的下降幅度达到60%。2012—2015年,武汉存量地收储量为3.14万亩,在全市土地收储规模中仅占14.61%,其中主城区存量用地的收储规模占存量收储总规模的57%,是存量用地的主要来源。然而,目前武汉对于存量用地转型与再开发的相关政策供给尚显不足。

未来,亟须探索存量用地转型与再开发的新方式以促进制造业土地的集约节约利用。结合制造业企业转型和产业发展趋势,可进行以下分类引导:① 对于现有存量制造业用地的就地转型,建议建立制造业企业发展前

景的评估机制,通过一定的金融、财政方式来鼓励一部分具备发展前景的传统制造业企业进行技术改造,就地转型为先进制造业企业,从而提高存量土地的单位产出,同时淘汰和疏解一部分落后、低端的制造业企业。② 对于存量土地的再开发,要结合制造业未来发展态势,注重存量用地厂房与文化创意、科技服务等空间需求小、组织方式灵活、环境污染小、地均产值高的创新产业融合发展。③ 改革土地规划许可制度,对江岸区、汉江区、硚口区、青山区等中心城区的传统工业厂房再开发、再改造提供与之适应的政策激励,如允许适度提高工业用地容积率、允许部分制造业用地合理变性,保障创新产业空间需求。④ 鼓励更多样的综合土地利用模式,允许适当提高容积率,规划建设多层工业厂房、科技孵化器,促进中小型企业进行生产、研发、设计、经营等多功能复合利用。建议未来在武汉旧城区内,利用存量用地与创新产业的结合发展来规划建设一批"城区型创新园区",以创新园区发展、盘活存量土地。

(4) 创新新业态用地供给方式

2015 年 9 月,国土资源部联合五部委下发的《关于支持新产业新业态发展促进大众创业万众创新用地政策的意见》中提到"要优先安排新产业发展用地,运用多种方式供应新产业用地,采取差别化用地政策支持新业态发展"。为满足新产业新业态发展的用地需求,建议未来应专门增加新产业新业态供给新方式的实施办法,支持新兴制造业的发展。具体建议包括:① 在年度用地计划中将新兴产业用地指标单列,可适度增加新兴产业的用地指标,满足新产业新业态项目落地要求,保障新兴产业的用地供应;② 允许采取划拨、"分期出让""先租后让""租让结合"等多种弹性灵活的方式供地,在租赁期满符合条件的可采取协议出让方式办理出让手续,针对创新产业用地的土地出让地价给予折扣。

2) 开发区制度

随着我国劳动力成本的提高、土地价格的上涨、技术水平的提高、关税与非关税壁垒的消除、对外商取消优惠政策等,开发区已逐渐失去以往明显的要素竞争优势。特殊的制度安排是开发区发展的起点,随着开发区"起步—扩张—转型"的阶段演变,其制度演化也呈现"强制度化—弱制度化—后制度化"的阶段特征(图 8-23),开发区享有的土地优惠、财税优惠、金融扶持等政策作用逐渐减弱,对技术和人才的创新激励将显得越来越重要。就武汉目前三大国家开发区而言,武汉东湖新技术开发区已具备良好的科教创新资源和平台,武汉经济技术开发区以汽车及零部件生产为主导产业已具有较高的经济绩效,而武汉临空港经济技术开发区(原吴家山经济技术开发区,国家级)目前仍处于发展阶段,产业结构有待优化升级⑥。未来,建议武汉从以下四个方面创新开发区制度:

(1) 在科创人才方面,要特别注重人才奖励制度、科技创新和成果转化制度的创新,吸引高端领域的技术人才入园,促进园区内的科研创新与成果转化,如进一步上调高校、科研机构科技成果入股比例下限,完善有关

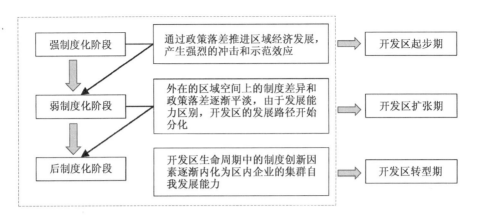

图 8-23　基于生命周期理论的开发区发展阶段

股权奖励个人所得税,进一步拓宽创新成果利益分享渠道等。要善于利用科研、教育资源建立产、学、研联合培养制度和合作机制,如鼓励各类院校学生到企业实习,积极策划推动创新活动,加强企业与高校的科研合作机会。

(2) 在产业发展方面,要特别注重新兴产业的培育,支持高技术企业的成长。对战略引领性新兴产业企业,经园区管委会审议同意,可在土地、财税、金融、人才、技术方面给予特殊的鼓励和优惠。如全面执行高技术企业认定管理办法,落实高技术企业固定资产加速折旧、研发费用加计扣除、股权激励递延纳税和技术成果投资入股选择性税收优惠等政策,符合条件的企业减按 15% 缴纳企业所得税。

(3) 在对外开放开发方面,加快自由贸易试验区建设,优化国际化营商环境。参照国际投资贸易规则,加快建立以投资自由化为目标的市场准入制度、以贸易便利化为重点的贸易监管制度和以服务实体经济发展为导向的金融开放创新制度。充分利用外资的技术溢出和综合带动效应,积极吸引先进制造业进园投资,努力培育战略性新兴产业,大力发展生产性服务业,促进资本、技术、人才和信息等生产要素的自由流动和全球化配置。

(4) 在园区建设方面,要注重建设现代化、国际化、综合化的开发区,注重居住、商业、教育、公共服务等设施的综合功能配套,有利于创新创业氛围的营造。通过先进的制度建设和园区发展来确保具有竞争性的区域优势,使开发区成为人力、资本、技术高度集聚综合性高端区域。

3) 生态环保制度

中共十八大提出要"大力推进生态文明建设,优化国土空间格局",生态文明建设一直是新时代中国建设的主旋律。未来,建议从以下三个方面创新生态环保制度:第一,制度建设是推进生态文明建设的重要保证。自2015 年《中华人民共和国环境保护法》《中华人民共和国大气污染防治法》颁布或修订以来,环境保护的立法和执法取得了重要进展,环保法的权威不断加强。未来要加强生态环保法制建设,运用最严格的环境保护制度,加大对自然生态系统和环境保护的力度。第二,推进生态控制线保护立

法。2016年5月,《武汉市基本生态控制线管理条例》作为全国首部基本
生态控制线保护地方立法颁布,标志着武汉生态控制管理进入了法治阶
段。未来要进一步推动各大城市的生态控制线保护立法,建立严格的生态
保护与管理制度,严格执行生态控制线管理实施要求。第三,要在国土空
间规划的引领下具体落实和衔接生态环保目标。2019年7月24日,中央
全面深化改革委员会第九次会议通过了《关于在国土空间规划中统筹划定
落实三条控制线的指导意见》,强调统筹划定落实生态保护红线、永久基本
农田、城镇开发边界三条控制线,按照统一底图、统一标准、统一规划、统一
平台的要求,建立健全分类管控机制。

4)产业发展制度

自2008年全球金融危机以来,发达国家出台了一系列战略性新兴产
业(如节能环保、新能源、新材料、生物等)的发展规划,通过对新兴产业发
展所需的融资制度、财税制度以及相关的法律法规进行了大刀阔斧的改革
与创新,为新兴产业的发展提供了良好的制度环境和制度安排(表8-6)。
2012年以来,我国先后出台了《"十二五"国家战略性新兴产业发展规划》
(2012年)、《中国制造2025》(2015年)、《"十三五"国家战略性新兴产业发
展规划》(2016年)等一系列政策文件,以支持和推动新兴产业的发展。但
由于我国新兴产业仍处于发展起步阶段,制度建设尚不完善,制度供给内
容偏于框架性、普适性,专门的新兴产业制度较少,新兴产业常会出现融资
困难、人才与需求脱节、科技转化率不高、财税政策的针对性和激励作用不
明显等实际发展问题。

表8-6 发达国家新兴产业发展的制度创新领域

国家	制度创新的重点领域
美国	(1)对研究开发实行减税。(2)放松政府管制,特别是在生物技术、制药、环境技术以及电信方面的政府管制。(3)促进技术开发、扩散和转移。(4)鼓励小型企业的创新活动。(5)鼓励两用技术项目的开发。(6)国家信息基础设施建设。(7)联邦政府与州政府之间建立合作关系
新加坡	(1)鼓励研发投入,设立科技局并通过国家科技发展五年计划将大量资金用于创新发展。(2)鼓励中小型企业发展,科技局提供70%的费用用于设立中小型企业发展中心;制定补贴等措施来吸引跨国公司在新加坡投资设立R&D中心。(3)出台各项优惠政策,吸引海外优秀人才
英国	(1)鼓励企业在高技术方面的投资,并通过它与高等教育之间的合作来提高经济竞争力。(2)通过政策倾斜对中小型企业进行扶植,哺育一大批富有活力的小型科技企业
日本	(1)实行提供低息贷款、加快折旧、减免税收等扶植政策,由政府金融机构优先给予主导产业部门提供低息贷款,利率比民间银行低3%—4%。(2)加大3D打印机等尖端技术的财政投入,快速更新制造技术,提高产品制造竞争力

一方面,政府需要根据新兴产业发展规律、阶段特征、发展趋势和制度
需求来填补制度"真空"。未来需要不断地进行产业发展制度创新,细化新

兴产业发展的激励政策,为新兴产业的发展提供良好的制度环境。如根据新兴产业不同的发展阶段特点,运用商业银行、投资银行、共同基金、风险投资基金、资本市场等不同的渠道融资方式,构建多层次的金融体系来支持新兴产业的发展(图 8-24);政府要进一步加大新兴产业的科技投入比例;注重发挥企业在科技创新中的主体地位,通过财政补贴、金融支持等手段,建立研发机构和技术中心,确保新兴行业中的每个行业均成立国家企业技术中心,促进各行业关键技术和共性技术的研发和应用。另一方面,要出台扶持龙头企业、中小型企业的分类政策办法,促进产业链垂直整合,优化产业组织结构。如加大重视对中小微型企业、民营企业的政策扶持力度,制定专门支持小微型企业发展的财税优惠政策;通过税收优惠等一系列扶持政策来鼓励行业龙头企业通过股权合作、战略联盟等模式来实施产业链的垂直整合。

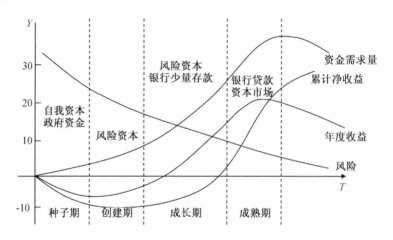

图 8-24 新兴产业不同发展阶段的资本需求、收益及风险特征

注:T 表示阶段;Y 表示变量,即需求/收益/风险系数。

5) 空间规划制度

空间规划制度对制造业空间格局的优化具有直接影响作用,完善空间规划制度是构建合理产业空间格局的前提和基础。2013 年底,中央城镇化工作会议提出"以县(市)探索'多规合一',形成一个县(市)一本规划,一张蓝图"。2014 年,《国家新型城镇化规划(2014—2020 年)》明确提出"推动有条件地区的经济社会发展总体规划、城市规划、土地利用规划等'多规合一'"。同年 12 月,在北京召开的中央经济工作会议明确指出"要加快规划体制改革,健全空间规划体系,积极推进市县'多规合一'"。随后,《关于开展市县"多规合一"试点工作的通知》(发改规划〔2014〕1971 号)确定了 28 个试点县市,研究提出可复制、可推广的试点方案,并建立相关规划衔接协调机制。"多规合一"成为国家和地方进行城市空间体系改革的热点。从目前各大城市"多规合一"的实践来看,"多规合一"可大致分为三个类型:① 以上海、武汉、深圳为代表的基于部门合并的"两规合一"。该地区通过规划与国土部门的机构合并,促成城市总体规划与土地利用总体规划同步编制。② 以广州为代表的基于技术衔接的"三规合一"。该地区制定城市总体规划、土地利用总体规划、国民经济和社会发展规划协同平台和共同执行法则,协调三规的编制和管理矛盾。③ 以厦门、海南为代表的基于战略引领的"多规合一"。该地区倾向于编制一个综合规划,汇总整合国民经济的社会发展规划、城市总体规划、土地利用总体规划、环境保护规划及各项专项规划,形成引领城市发展的综合规划,并以之明确城市发展战略目标、统筹城乡空间、引导重大设施布局、保护生态环境。

武汉市国土资源和规划局自 2003 年以来就"两规融合"开展了持续深入的研究,建立了"两规融合"的编制体系,并在"两个总体规划"层面完成了编制衔接。近年武汉市基本实现了实施层面的"都市发展区内控制性详细规划+农业生态区内乡镇总体规划"全覆盖,并建立了"两规两张图"的规划管理平台。为了加强不同部门和不同地区规划之间的衔接,武汉市又创新性地开展了规划"一张图"系统工作,将各类规划控制内容统一到一个管理平台,避免了衔接冲突的问题。

2018 年 3 月,中共中央印发《深化党和国家机构改革方案》,为统一行使全民所有自然资源资产所有者职责,着力解决自然资源所有者不到位、空间规划重叠等问题,提出组建自然资源部,统一行使所有国土空间用途管制和生态保护修复职责。2018 年 8 月,自然资源部确定"三定方案"(定职能、定机构、定编制),进一步明确国土空间规划职责——拟定国土空间规划相关政策,承担建立空间规划体系工作并实施监督,开展国土空间开发适宜性评价,建立国土空间规划实施监测、评估和预警体系。从"多规并行"到"两规合一""三规合一""多规合一",再到"国土空间规划"改革,旨在通过自然资源制度的改革来理顺规划关系,精简规划数量,健全全国统一、相互衔接、分级管理的空间规划体系。

国土空间规划所蕴含的空间管制制度安排可以在推动城市制造业空间合理布局、提升产业空间生产效率上发挥积极作用。未来,应密切跟进"国土空间规划"改革方向,结合国家"五级三类"空间规划体系:在管控原则上,城市制造业空间的优化应以生态保护为前提,遵循"底线优先",统筹协调"三生"空间关系,从法规建立、技术支撑和制度创新三个方面精准落地生态保护红线、永久基本农田、城镇开发边界,优化城市产业结构和生产空间格局;在管控方式上,兼顾刚性和弹性要求,优化完善指标调控、分区管制、用途管制各种管控手段,结合现代化空间治理管控技术,重点完善制造业用地总量控制、制造业开发强度管控以及制造业土地集约节约利用等制度安排,全面提升制造业空间用地使用效率。

8.4.2 改进制度作用,建立合理的激励和约束机制

随着产业发展动力和方式的转变,劳动力、土地等传统要素动力逐渐

失效,人才、技术等创新要素亟待激活,制度作用的方式、内容也随之转变。因此,需要建立有效的制度作用机制,促进大城市制造业空间的优化发展。

激励和约束是制度作用的核心功能,制度为大城市制造业的空间发展提供了一个激励性与约束性的作用机制框架。因此,要进一步对制度的激励和约束内容进行合理界定,进一步明确哪些领域被约束,哪些领域亟待激励,从而建立合理的激励和约束机制,提高制度供给的效率。一方面,强化约束机制。将重点放在制度约束内容的制定和实施上,本着"非限制即许可"的原则,通过建立有法律效力的"权力清单""负面清单""责任清单"来界定哪些是不允许做的,从而将主动权交给市场,发挥市场资源的基础性配置作用,确定政府与市场的合理边界。另一方面,把控激励机制。在作用强度上,防止过强的激励作用引发市场寻租行为;在作用方式和内容上,注重对技术、人才、资本等创新要素的激励,促进新兴制造业的发展。

1) 强化制度约束机制,合理确定政府与市场边界

新时期,"资源配置由市场起基础性作用向起决定性作用转换"将成为中国产业经济转型发展的重要特征之一。充分发挥市场作用,并不是要求政府退出市场经济,回归"守夜人"的角色。相反,政府应在经济管理中扮演更为重要的角色,重视发挥制度约束作用,从而将发展的主动权交给市场,将市场升至起"决定性作用"。

(1) 确立产业"负面清单",发挥市场资源配置作用

在产业类型政策上,要确立严格的产业"负面清单"管理制度,更多以"非限制即许可"的负面清单管理方式来指导城市制造业的发展,明确合理的市场约束边界。"负面清单"的确立要采用刚性约束与灵活管理相结合的方式,对不同产业领域采取不同的约束手段,如对食品、安全、医药、环境等领域,要建立包含环境指标、能耗和水耗指标、安全指标等约束性指标,对未达标的进行严格的准入和退出监管机制;对汽车、医药、钢铁等领域,可适当调整准入管理模式,从产业准入的前置审批转变为对产品质量安全、节能减排等指标进行严格审查管理的后监管方式;对能源、电信、药品流通等领域,要逐渐打破行业垄断和市场分割。在产业结构政策上,转变计划经济惯性思维,由政府主导产业类型、结构和规模为主向政府限制和淘汰特定产业类型和领域为主,建立以企业为主、以市场配置资源为主的政策模式;转变政府"选运动员"式的政策模式,建立由市场决定企业规模、技术和产品方向的市场竞争模式。在产业布局政策上,转变"圈地""挂牌"式的产业布局政策模式,由市场决策产业的集聚方向和方式。

(2) 加强生态环保刚性约束,保障城市生态安全格局

未来,需进一步强化约束作用以保障城市生态安全格局、维护社会公共利益、实现集约高效增长,加强生态环保的刚性约束:第一,坚持依法治理实施,完善生态环保准入机制。要实施好相应的环境法律,并严格执法环境监管,如落实和推进项目环评、规划环评,对不符合环境标准的项目和规划进行严格的源头管控。进一步完善生态环保准入机制,具体包含生态

红线划定、环境影响评价、环境标准体系以及资源能源总量与强度双控等内容。第二,进一步探索和丰富制度约束方式,如完善环境标准体系,强化地方标准,充分发挥标准的引导作用;实行能源和水资源消耗、建设用地等总量和强度的双控行动,既要控制总量,又要控制单位生产总值能耗、水耗、建设用地强度等分项指标,促进土地资源、能源资源的高效利用和生态环境的全面治理。

2)把控制度激励机制,注重激励方式和内容转变

制度的激励作用常常具有两面性,过强或过弱都会带来负外部性。如土地制度、开发区制度对土地要素的过强激励,会带来土地低效蔓延的负外部性。产业发展制度对资本、技术的弱激励,又会使产业转型升级的动力不足。因此,有必要把控激励作用的强度,实现有效率的制度作用和制度结果。

(1)转变激励方式内容,适应制造业转型发展

过去,制度对大城市制造业空间发展的激励重在土地、财税等领域,作用方式侧重于通过压低土地价格、加大土地供给、财税优惠、费用减免等方式来降低制造业企业的生产成本。未来,土地制度、开发区制度中以"低土地门槛""低环境门槛""低产业门槛"为主要方式的制度激励作用将会减弱,制度激励内容将从注重"低成本"要素供给的激励转变为注重创新创业的激励,激励方式更加多样,如注重利用多渠道多模式的金融杠杆,创新财政资金使用方式和税收手段,激活创新体制,支持战略性新兴产业发展;建立一套有效的激励机制(包括产权激励、发展激励、文化激励、资金激励等)来吸引和留住人才,激发人的创新活动潜力。

(2)控制激励强度区间,防止市场"寻租"行为

未来,要预防土地制度、开发区制度对土地要素的过度激励,防止政府和企业的"圈地囤地"行为;要进一步加强开发区制度、产业发展制度等对资本、技术、人才等要素的激励作用,形成有利于企业创新的制度环境,为制造业产业发展提供充足动力。

第8章注释

① 此数据引用《武汉市城市总体规划(2010—2020年)实施评估》第114页。

② 此数据引自《武汉2049远景发展战略》。

③ 2012年我国劳动力总量首次下降,达345万人,2013年为244万人,2014年为371万人,2015年为487万人,2016年为349万人。劳动力总量下降已满5年,劳动力累计减少1 796万人。

④ "刘易斯拐点"的出现,意味着要素成本进入上升阶段,预示着中国在过去低廉劳动力价格下驱动形成的"世界工厂"优势不再,以劳动密集型产品为主的加工贸易、补偿贸易将遭受挑战。

⑤ 2008年全球金融危机爆发以后,全球化进入了一个新阶段:发达国家开始反思"去工业化"得失,而以智能制为核心的"再工业化"战略成为发达国家调整产业结构

的重要抓手,张庭伟(2012)称之为"全球化 2.0 版"。

⑥ 根据《武汉统计年鉴(2015)》和 2015 年武汉用地矢量数据计算得知,2014 年武汉经济技术开发区、武汉东湖新技术开发区、武汉临空港经济技术开发区(原吴家山经济技术开发区,国家级)的地均产值分别为 120.37 亿元/km²、85.34 亿元/km²、37.64 亿元/km²。

9 结论与讨论

9.1 研究结论

本书主要形成了以下结论：

1）20 世纪 90 年代以来大城市制造业空间演化格局特征

经研究发现，在全球化、市场化与制度变迁改革等多重背景下，20 世纪 90 年代武汉都市区的制造业空间经历了郊区化集聚重组的重构过程，空间扩展模式表现出近域圈层蔓延与多轴向均衡延伸，不同类型制造业呈现差异化空间集聚特征与分布格局。

2）影响大城市制造业空间的制度结构体系主要由五大制度类型构成

基于区位模型分析方法和访谈问卷方法，在实证与理论分析的基础上，本书系统提出了一个影响大城市制造业空间的完整制度结构体系，具体包括：土地制度、开发区制度、生态环保制度、产业发展制度和空间规划制度。

3）制度对制造业空间的重要影响领域主要包括"企业区位选址""产业组织结构""整体空间布局"

不同制度对制造业空间的影响领域及方式各有侧重，从而影响大城市制造业空间格局的形成。其中，土地制度、开发区制度、生态环保制度侧重于对企业区位的影响，通过不同的激励、约束方式推动或限制制造业的企业区位选址；产业发展制度侧重于对产业组织结构的影响，通过产业组织政策、产业结构政策和产业集群政策等对制造业产业组织的规模结构、类型结构和关联结构进行调控；空间规划制度主要通过主体功能区规划、土地利用总体规划、城市发展战略规划、城市总体规划、产业空间专项规划、城市区域交通规划等一系列空间规划的实施，实现对城市制造业空间总量、结构、强度等方面的调控（表 9-1）。

4）制度主要通过激励及约束机制综合作用于大城市制造业空间

本书在对不同空间领域的制度作用分析之后，结合新制度经济学相关理论，系统揭示了制度的核心功能——激励和约束。制度的综合作用机制主要由制度激励机制和约束机制两个部分构成，两者缺一不可：激励性制度安排主要包括土地制度、开发区制度、产业发展制度、空间规划制度，它们通过一系列的激励方式来降低企业生产成本和交易成本，增加企业等主体收益,实现制度的激励功能;约束性制度安排主要包括生态环保制度、产业发展制度、空间规划制度,它们通过"空间准入""产业准入""建设准入"等一系列约束机制,减少或防止企业在选址或空间布局过程中负外部性的发生,从而实现制度的约束功能。

表 9-1 20 世纪 90 年代以来影响武汉都市区制造业空间的制度结构体系及制度作用

制度安排	制度内容	制度作用	空间效应
土地制度(包括地价制度、储备制度、征地制度等)	《武汉市外商投资企业土地使用费征收暂行规定》(1991 年)、《武汉市城镇土地使用权出让和转让实施办法》(1992 年)、《武汉市征用集体所有土地补偿安置办法》(2004 年)、《武汉市人民政府关于实施武汉市 2011 年土地级别与基准地价标准的通知》(2011 年)、《武汉市工业用地计划管理办法(试行)》(2012 年)等	(1) 建立土地价格机制,推动制造业企业在土地成本较低区域选址;(2) 保障工业项目用地需求,为新增工业用地供应、存量工业用地开发提供制度保障,且以外围城区的增量供应为主	(1)"企业区位"维度:促进制造业企业"郊区化"。(2)"空间布局"维度:推动产业空间"功能置换"
开发区制度(具备一套更加完整、优惠的制度体系,包括土地、财税、科创、人才等制度)	《关于同意支持武汉东湖新技术产业开发区建设国家自主创新示范区的批复》(2009 年)、《武汉东湖新技术开发区管委会促进东湖国家自主创新示范区科技成果转化体制机制创新的若干意见实施导则》(2013 年)、《武汉东湖新技术开发区"3551 光谷人才计划"暂行办法》(2014 年)等	为企业提供特殊、优惠的制度安排和制度环境,通过用地倾斜、财税优惠、信贷支持、创新激励等一系列的优惠政策,吸引企业"入园",增加交易机会,降低交易成本	(1)"企业区位"维度:促使制造业企业"园区化"。(2)"空间布局"维度:开发区的快速集聚促使制造业整体空间呈"板块化集聚"
生态环保制度(包括环境保护制度和生态保护制度)	《武汉市加快市区内污染工业企业搬迁改造若干规定》(1999 年)、《武汉市建设项目环境准入管理若干规定》(2008 年)、《武汉都市发展区 1∶2 000 基本生态控制线规划》(2013 年)、《武汉市基本生态控制线管理条例》(2016 年)等	(1) 生态准入:限制企业在生态敏感地区选址,推动处于生态敏感地区的已建企业搬迁改造。(2) 环境准入:限制污染型企业选址,推动环境污染型企业搬迁	(1)"企业区位"维度:制约企业区位选址,保护城市生态空间,提高环境效益。(2)"空间布局"维度:奠定都市区生态空间整体格局
产业发展制度(包括产业结构政策、产业组织政策、产业布局政策等一系列产业政策)	《武汉市人民政府关于进一步加快现代制造业发展的若干意见》(2004 年)、《武汉市人民政府关于支持工业经济稳增长调结构促发展的若干意见》(2012 年)、《武汉市工业倍增产业导向目录(2012 年本)》等	(1) 规模调控:促进和控制行业规模发展。(2) 类型调控:鼓励和限制特定产业类型和领域。(3) 关联调控:引导产业链在相邻地域集聚	"产业组织"维度:(1) 中小型企业呈高密度集聚。(2) 垂直和水平关联产业呈地理集聚

制度安排	制度内容	制度作用	空间效应
空间规划制度（包括城市发展战略规划、城市总体规划、土地利用总体规划、主体功能区规划等一系列空间规划）	《武汉市城市总体规划（1996—2020年）》《武汉市城市总体规划（2010—2020年）》《关于实施工业发展"倍增计划"加快推进新型工业化的若干意见》（2011年）、《武汉2049远景发展战略》（2013年）、《武汉四大板块综合规划》（2014年）、《武汉制造2025行动纲要》（2016年）等	（1）区线调控：发展与控制的边界和区域。（2）总量调控：建设用地供给总量与各类用地指标。（3）结构调控：城市与产业功能定位及布局结构。（4）强度调控：工业项目用地的开发控制指标	"空间布局"维度：（1）轴向延伸，拉开城市发展框架。（2）功能置换，推动产业梯度外迁。（3）板块集聚，奠定制造业空间基本格局

5）制度创新是形成合理制造业空间格局的基础

在全球制造业转型的背景下，合理而有效的制度供给与创新是支撑未来大城市制造业优化转型、形成合理制造业空间格局的基础。未来，应从改进制度作用与创新制度供给两个方面提出制度创新建议：一方面，基于现有的制度供给，应建立合理的激励和约束作用机制。如土地制度、开发区制度、产业发展制度等制度的激励内容及方式应从注重低成本要素依赖转向以吸引高端产业、高新技术以及高素质人才等创新要素集聚为导向。生态环保制度要划定更加严格的管控边界，确立更加严格的产业"负面清单"管理机制。另一方面，针对制造业空间转型需求，应大力推动制度改革与创新，引导制造业空间向高质量、高效益发展。如在土地制度方面，应积极探索制造业存量用地开发新方式和创新业态用地供给新模式，允许采取划拨、"分期出让""先租后让""租让结合"等多种弹性灵活的方式供地，保障创新产业空间需求。在开发区制度方面，应更加注重人才奖励、科技创新和成果转化制度的创新，对战略性新兴产业可在土地、财税、金融、人才、技术方面给予特殊的鼓励和优惠。

9.2 未来展望

自2008年全球金融危机爆发以后，全球化进入了一个新阶段，以智能制造为核心的"再工业化"战略成为发达国家调整产业结构的重要抓手。如美国先后从政府层面和行业层面提出先进制造战略和工业互联网理念，鼓励在全球范围收回部分技术敏感的高端制造与控制中心。德国侧重于借助信息产业将其原有的先进工业模式智能化和虚拟化，并把制定和推广新的行业标准放在发展的首要位置。中国提出要着力产业升级及改革创新，继续实施创新驱动战略，提升核心竞争力。在生产要素趋紧、全球化动力减弱等背景下，以中国为代表的发展中国家的制造业发展已进入了从要素驱动、投资驱动转向创新驱动发展的关键时期，支撑制造业发展的制度供给方向及内容亟待转型与创新。

本书综合运用了新制度经济学、产业经济学、经济地理学、城乡规划学等相关理论,按照"制造业空间实证研究"与"制度相关理论研究"两条逻辑主线展开,重点探讨了制度因素与大城市制造业空间的作用关系及其内在作用机制,丰富了大城市产业空间机制的研究维度,提出的结论可为当代大城市的制造业空间转型发展提供引导对策和可参考的制度创新建议。未来,在全球制造业格局转变的背景下,还可进一步就大城市制造业空间转型及其制度创新方面进行更丰富的研究与探讨:(1)制度作为一个结构复杂、体系庞大的系统,涵盖的内容十分复杂。本书所提及的五种制度安排并不能全面反映制度因素对大城市制造业空间格局的影响作用关系。后续研究还可通过田野调研与半结构式访谈、区位模型等方法进一步对制度因素进行补充与考察。(2)本书主要从宏观层面分析了大城市制造业空间的演变过程及格局特征,未来还可进一步从产业"投入—产出"效率、用地绩效等方面进行更为微观的量化研究与测度,针对性地提出目前大城市制造业空间、用地转型所面临的主要问题,这对制度创新建议的提出十分重要。(3)本书以武汉作为实证研究对象,具有一定的代表性,未来仍需通过补充更多实例来进一步验证本书所提出的制度作用解析框架和制度作用模型,以提高研究结论的准确性。(4)在新一轮科技革命和产业革命的机遇下,以高技术产业、战略性新兴产业为代表的创新型产业将在城市产业经济中发挥重要作用,创新型产业的空间特点及制度需求也将是一个重要的研究领域。(5)未来,世界新一轮创新驱动下的制造业区位选址将会突破城市尺度边界,更加看重区域性交通条件及创新环境,更加关注产业空间的区域协同布局,制造业空间布局也将迈向都市圈与城市圈合作的新阶段,这对大城市制造业空间的布局引导和转型路径提供了全新的思考方向。

附录 1　武汉制造业企业调查问卷

一、企业基本信息

1. 企业名称_____

2. 所在开发区_____

3. 建立年份_____

4. 行业类型

　□钢铁及深加工　□汽车及零部件　□石油化工　□电子信息　□装备制造　□能源及环保　□食品烟草　□生物医药　□纺织服装　□日用轻工　□建材

5. 产业类型

　□资本密集型　□劳动密集型　□技术密集型（按照资本、劳动力和技术在总成本中所占比重分类）

6. 企业类型

　□国有企业　□集体企业　□股份合作企业　□联营企业　□有限责任公司　□股份有限公司　□私营企业　□合资企业　□其他

7. 企业总部所在地_____；企业生产制造基地所在地_____；企业分支与总部关系_____

8. 主要业务

　□总部管理　□研究开发　□企业孵化　□生产制造　□销售　□物流　□其他

9. 企业占地面积_____；未来是否还有用地需求_____

10. 企业员工数量

　□20 人以下　□20—300 人　□301—1 000 人　□1 001 人以上

11. 企业总资产

　□1 000 万元以下　□1 000 万—4 000 万元　□4 001 万—1.0 亿元　□1.1 亿—4.0 亿元　□4.0 亿元以上

12. 2016 年企业销售规模

　□300 万元以下　□301 万—2 000 万元　□2 001 万—1.0 亿元　□1.1 亿—4.0 亿元　□4.1 亿—10.0 亿元　□10.1 亿—50.0 亿元　□50.0 亿元以上

13. 企业产品的主要销售市场（多选题）

　□本地　□华中　□华北　□华东　□华南　□西南　□西北　□亚洲　□欧、美、日　□拉美、非等新兴市场　□其他

二、企业区位选址的影响因素（请在下表打√）

类别	重要（5分）	一般重要（3分）	不重要（0分）
土地价格优惠			
土地指标宽松			
税收优惠			
劳动力成本较低			
市场腹地较大			
位于开发区			
周边有港口物流配套			
离高速互通口较近			
离机场较近			
离火车站较近			
周边上下游产业配套完整			
周边有大学或科研机构合作			
环境宜居			
生态环保门槛较低			
产业准入门槛较低			
市政基础设施完善			
政府亲商/效率高			
有利于吸引人才			
国际化环境			

三、企业生产组织及配套

1. 产业链上游相关企业_____
   所在区位：□本园区内　□本市其他地区　□国内其他地区　□国外
2. 产业链下游相关企业_____
   所在区位：□本园区内　□本市其他地区　□国内其他地区　□国外
3. 是否有合作关系的其他企业
   □有　□否
4. 如果有
   （1）合作关系：□技术服务　□业务外包　□其他
   （2）合作的对象_____
   （3）合作的频率：□长期定点合作　□短期定点合作　□短期择优合作
   （4）企业区位：□本园区内　□本市其他地区　□国内其他地区　□国外

5. 是否有合作关系的大学、科研院所

   □有　□否

6. 如果有

   (1) 合作关系:□技术服务　□业务外包　□其他

   (2) 合作对象:_____

   (3) 合作的频率:□长期定点合作　□短期定点合作　□短期择优
       合作

   (4) 企业区位:□本园区内　□本市其他地区　□国内其他地区
       □国外

四、制度政策

1. 在企业区位选址过程中,您认为哪些制度起到了关键的推动作用(多
   选题)

   □土地制度　□财税制度　□科创及人才制度　□城市发展战略与
   规划　□产业发展政策　□开发区制度　□行政区划调整　□环保
   制度

2. 哪些制度在其中起到了阻碍作用

   □土地制度　□财税制度　□科创及人才制度　□城市发展战略与
   规划　□产业发展政策(产业准入)　□开发区制度　□行政区划调
   整　□环保制度(环境准入)

3. 企业目前享受到了政府给予的哪些政策优惠

   □土地价格优惠　□土地指标优惠　□税费减免　□贷款贴息
   □技术创新补贴及奖励　□人才引进优惠　□其他

五、企业发展

1. 企业发展过程中最大的制约因素

   □市场　□技术　□人才　□资金　□政策　□土地　□其他

2. 2017年若将出台支持企业发展的地方性法规,您认为政府需要在哪些
   地方给予创新(多选题)

   □创业扶持　□融资环境　□市场开拓　□税收环境　□服务指导
   □其他

附录2　武汉地方政府相关部门调查问卷

一、园区基本情况

1. 园区名称_____;受访人_____

2. 成立年份_____;用地规模_____

3. 企业个数_____;规模以上企业个数_____

4. 按类型划分的企业个数或占比,增长最快的是

　　□世界500强企业　□国有企业　□私营企业

5. 主导产业类型

　　□钢铁及深加工　□汽车及零部件　□石油化工　□电子信息

　　□装备制造　□能源及环保　□食品烟草　□生物医药　□纺织服

　　装　□日用轻工　□建材

6. 典型企业代表_____

7. 2016年企业总产值_____;规模以上企业总产值_____

8. 园区内企业主要业务

　　□总部管理　□研究开发　□企业孵化　□生产制造　□销售

　　□物流　□其他

9. 园区内就业总人数_____;平均工资水平_____

10. 园区内企业目前采取的主要交通方式

　　□货运　□铁路　□空运

二、园区企业生产组织配套

1. 园区内企业相互合作关系是否密切

　　□是　□否

2. 如果是

　(1) 合作关系:□技术服务　□业务外包　□上下游产业关联

　(2) 合作的频率:□长期定点合作　□短期定点合作　□短期择优

　　　合作

3. 园区内企业与周边大学是否有合作关系

　　□有　□否

4. 如果有

　(1) 合作的关系:□技术服务　□业务外包

　(2) 合作的对象_____

　(3) 合作的频率:□长期定点合作　□短期定点合作　□短期择优

　　　合作

三、政策与制度

1. 在企业区位选址过程中,您认为哪些制度起到了关键的推动作用(多

　　选题)

　　□土地制度　□财税制度　□科创及人才制度　□城市发展战略与

　　规划　□产业发展政策　□开发区制度　□行政区划调整　□环保

制度

2. 哪些制度在其中起到了阻碍作用

□土地制度 □财税制度 □科创及人才制度 □城市发展战略与规划 □产业发展政策(产业准入) □开发区制度 □行政区划调整 □环保制度(环境准入)

3. 企业目前享受到了政府给予的哪些政策优惠

□土地价格优惠 □土地指标优惠 □税费减免 □贷款贴息 □技术创新补贴及奖励 □人才引进优惠 □其他

四、政府招商及引导制造业空间布局考虑因素(请在下表打√)

类别	重要(5分)	一般重要(3分)	不重要(0分)
企业规模			
企业类型			
是否为世界 500 强			
是否符合产业准入政策			
是否符合环保要求			
城市及产业发展战略			
提供当地就业岗位数			
对 GDP 的贡献率			
产业的先进性			
与周边的产业协作			
其他			

五、未来发展

1. 开发区未来在发展中的最大优势

□产业先进 □对 GDP 的贡献率高 □居住环境良好

2. 开发区未来在发展中的制约因素

□人才引进难 □服务配套跟不上 □用地指标紧张 □投资紧缩 □生态环保门槛

3. 2017 年若将出台支持企业发展的地方性法规,您认为政府需要在哪些地方给予创新(多选题)

□创业扶持 □融资环境 □市场开拓 □税收环境 □服务指导 □其他

附录3 访谈调研的企业与地方政府相关部门名单

附表3-1 访谈企业名单

序号	企业名称	建立年份	行业类型	企业类型	所在区
1	上汽通用汽车有限公司武汉分公司	2014	汽车制造	合资企业	江夏区金港新区
2	武汉生之源生物科技有限公司	2009	生物医药	私营企业	武汉东湖新技术开发区生物科技城
3	武汉璟泓万方堂医药科技股份有限公司	2005	生物医药	股份有限公司	武汉东湖新技术开发区生物科技城
4	永安康健药业(武汉)有限公司	2007	生物医药	股份有限公司	武汉东湖新技术开发区生物科技城
5	中韩(武汉)石油化工有限公司	2013	石油化工	私营企业	武汉化学工业区
6	武汉比亚迪汽车有限公司	2014	汽车制造	股份有限公司	黄陂临空产业园
7	武汉双柳武船重工有限责任公司	2011	机械制造	有限责任公司	阳逻经济开发区
8	湖北周黑鸭食品有限公司	1997	食品制造	股份有限公司	东西湖区
9	武汉天马微电子有限公司	2008	电子信息	有限责任公司	武汉东湖新技术开发区
10	武汉华润燃气有限公司	2002	石油化工	有限责任公司	武汉化学工业区

附表3-2 访谈地方政府相关部门名单

序号	地方政府相关部门	职责范围
1	武汉经济和信息化委员会规划处	组织实施城乡工业布局调整,指导全市省级开发区制定工业产业和空间发展规划
2	武汉国家生物产业基地建设管理办公室	负责生物城企业引进
3	武汉土地整理储备中心某分中心	该中心主要对主城区传统工业企业用地进行回收及回购等
4	江夏区政府办公室	贯彻执行中央、省委、市委有关产业等方面的方针政策和决策部署;拟定区级层面的产业发展政策
5	武汉市环境保护局政策法制处	负责建立健全环境保护基本制度、组织编制环境保护规划、计划等

附录4　制造业行业分类与企业分布相关数据

附表 4-1　中国国民经济行业分类

门类	名称
A	农、林、牧、渔业，包括编号 01—05 的 5 个大类产业、23 个中类产业以及 60 个小类产业
B	采矿业，包括编号为 06—12 的 7 个大类产业、19 个中类产业以及 37 个小类产业
C	制造业，包括编号为 13—43 的 31 个大类产业、181 个中类产业以及 532 个小类产业
D	电力、热力、燃气及水生产和供应业，包括编号为 44—46 的 3 个大类产业、7 个中类产业以及 12 个小类产业
E	建筑业，包括编号为 47—50 的 4 个大类产业、14 个中类产业以及 21 个小类产业
F	批发和零售业，包括编号为 51—52 的 2 个大类产业、18 个中类产业以及 113 个小类产业
G	交通运输、仓储和邮政业，包括编号为 53—60 的 8 个大类产业、20 个中类产业以及 40 个小类产业
H	住宿和餐饮业，包括编号为 61—62 的 2 个大类产业、7 个中类产业以及 12 个小类产业
I	信息传输、软件和信息技术服务业，包括编号为 63—65 的 3 个大类产业、12 个中类产业以及 17 个小类产业
J	金融业，包括编号为 66—69 的 4 个大类产业、21 个中类产业以及 29 个小类产业
K	房地产业，包括编号为 70 的 1 个大类产业、5 个中类产业以及 5 个小类产业
L	租赁和商务服务业，包括编号为 71—72 的 2 个大类产业、11 个中类产业以及 39 个小类产业
M	科学研究和技术服务业，包括编号为 73—75 的 3 个大类产业、17 个中类产业以及 31 个小类产业
N	水利、环境和公共设施管理业，包括编号为 76—78 的 3 个大类产业、12 个中类产业以及 21 个小类产业
O	居民服务、修理和其他服务业，包括编号为 79—81 的 3 个大类产业、15 个中类产业以及 23 个小类产业
P	教育，包括编号为 82 的 1 个大类产业、6 个中类产业以及 17 个小类产业
Q	卫生和社会工作，包括编号为 83—84 的 2 个大类产业、10 个中类产业以及 23 个小类产业
R	文化、体育和娱乐业，包括编号为 85—89 的 5 个大类产业、25 个中类产业以及 36 个小类产业
S	公共管理、社会保障和社会组织，包括编号为 90—95 的 6 个大类产业、14 个中类产业以及 25 个小类产业
T	国际组织，包括编号为 96 的 1 个大类产业、1 个中类产业以及 1 个小类产业

门类	大类	行业名称	从业人数（人）	企业个数（家）	HHI 值
	13	农副食品加工业	18 453	314	0.035 3
	14	食品制造业	18 793	296	0.058 3
	15	酒、饮料和精制茶制造业	15 942	84	0.118 5
	16	烟草制品业	8 373	9	0.694 3
	17	纺织业	13 299	204	0.048 0
	18	纺织服装、服饰业	45 795	790	0.009 2
	19	皮革、毛皮、羽毛及其制品和制鞋业	1 924	58	0.042 8
	20	木材加工和木、竹、藤、棕、草制品业	2 717	121	0.026 0
	21	家具制造业	3 785	198	0.031 2
	22	造纸和纸制品业	9 002	278	0.021 4
	23	印刷和记录媒介复制业	18 085	590	0.017 6
	24	文教、工美、体育和娱乐用品制造业	5 055	155	0.052 4
	25	石油加工、炼焦和核燃料加工业	4 601	36	0.490 6
	26	化学原料和化学制品制造业	20 285	506	0.016 1
	27	医药制造业	30 462	197	0.101 1
C	28	化学纤维制造业	353	9	0.341 1
	29	橡胶和塑料制品业	24 958	559	0.017 0
	30	非金属矿物制品业	38 158	887	0.008 2
	31	黑色金属冶炼和压延加工业	112 026	129	0.777 4
	32	有色金属冶炼和压延加工业	3 764	89	0.046 7
	33	金属制品业	43 267	1 155	0.011 3
	34	通用设备制造业	49 886	1 278	0.019 6
	35	专用设备制造业	52 474	1 162	0.047 9
	36	汽车制造业	101 930	654	0.027 1
	37	铁路、船舶、航空航天和其他运输设备制造业	22 914	181	0.276 1
	38	电气机械和器材制造业	73 104	856	0.023 3
	39	计算机、通信和其他电子设备制造业	112 066	484	0.097 9
	40	仪器仪表制造业	14 456	405	0.013 9
	41	其他制造业	2 282	104	0.079 0
	42	废弃资源综合利用业	3 091	49	0.165 6
	43	金属制品、机械和设备修理业	7 307	195	0.204 5
		合计	878 607	12 032	—

附表 4-3　武汉都市区战略性新兴产业重点领域、行业代码及企业个数

产业分类	重点领域	行业代码	企业个数（家）
一、节能环保产业	1. 高效节能产业 2. 先进环保产业 3. 资源循环利用产业	3411、3441、3442、3444、3461、3462、3464、3490、3511、3515、3516、3521、3531、3532、3546、3572、3811、3812、3821、3839、3871、4012、4014、4019、2641、2927、3021、3024、3031、3035、3051、3062、3562、3591、3597、3990、4021、4027、2665、146、151、17、19、22、2511、2520、2914、30、31、32、3360、3463、3735、4210、4220	3 376
二、新一代信息技术产业	1. 下一代信息网络产业 2. 电子核心基础产业 3. 高端软件和新型信息技术服务	3919、3921、3922、3940、3911、3912、3913、3931、3932、3951、3952、3953、3562、4028、3832、3962、3908、3969、3971、3990、3963	505
三、生物产业	1. 生物制品制造产业 2. 生物工程设备制造产业 3. 生物技术应用产业 4. 生物研究与服务	2710、2720、2730、2740、2760、1461、1462、1469、2512、1320、1363、2625、2632、2750、2614、2661、2662、2665、2684、2929、2770、3581、3582、3583、3584、3585、3586、3589、3591、3913、4015、4024、4041	917
四、高端装备制造产业	1. 航空装备产业 2. 卫星及应用产业 3. 轨道交通装备产业 4. 海洋工程装备产业 5. 智能制造装备产业	3741、3502、3749、3434、3596、3743、4343、3742、3743、4023、4030、3711、3714、4341、3720、3412、3812、3891、3899、3514、4330、3421、3422、3425、3429、4011、3490、3512、3515、3516、3542、3562、3599、3484、3489	1 233
五、新能源产业	1. 核电产业 2. 风能产业 3. 太阳能产业 4. 生物质能及其他新能源产业	2530、3411、3415、2664、3091、3562、3825、3849、3861、3419、3521、3821、3823、3824	621
六、新材料产业	1. 新型功能材料产业 2. 先进结构材料产业 3. 高性能复合材料产业	2641、2642、2643、2644、1495、2662、2665、2669、2921、2924、3049、3051、3072、2664、3832、3912、3913、3962、3969、3971、2612、2613、2619、2631、2645、2661、3034、3061、3091、3099、3841、3842、3849、3120、3211、3212、3213、3214、3215、3216、3217、3219、3221、3222、3229、3231、3239、3130、3140、3250、3261、3262、3263、3264、3269、3240、3311、3321、3340、3389、3391、2653、2927、2929、2659、2821、2822、2823、2824、2825、2826、2829、3062、2651、2652、3399、3582	1952

产业分类	重点领域	行业代码	企业个数（家）
七、新能源汽车产业	1. 新能源汽车整车制造	3610、3811、3812、3841、3842、3849、3442、3660、3463、3823、3829、3599、4015	1 024
合计			9 628

附表 4-4　武汉都市区高技术产业重点领域、行业代码及企业个数

产业分类名称	重点领域	行业代码	企业个数（家）
一、医药制造业	1. 化学药品制造；2. 中药饮片加工；3. 中成药生产；4. 兽用药品制造；5. 生物药品制造；6. 卫生材料及医药用品制造	2710、2720、2730、2740、2750、2760、2770	197
二、航空、航天器及设备制造业	1. 飞机制造；2. 航天器制造；3. 航空、航天相关设备制造；4. 其他航空航天器制造；5. 航空航天器修理	3741、3742、3743、3749、4343	6
三、电子及通信设备制造业	1. 电子工业专用设备制造；2. 光纤、光缆制造；3. 锂离子电池制造；4. 通信设备制造；5. 广播电视设备制造；6. 雷达及配套设备制造；7. 视听设备制造；8. 电子器件制造；9. 电子元件制造；10. 其他电子设备制造	3562、3832、3841、3921、3922、3931、3932、3939、3940、3951、3952、3953、3961、3962、3963、3969、3971、3972、3990	552
四、计算机及办公设备制造业	1. 计算机整机制造；2. 计算机零部件制造；3. 计算机外围设备制造；4. 其他计算机制造；5. 办公设备制造	3911、3912、3913、3919、3474、3475	68
五、医疗仪器设备及仪器仪表制造业	1. 医疗仪器设备及器械制造；2. 仪器仪表制造	3581、3582、3583、3584、3585、3586、3589、4011、4012、4013、4014、4015、4019、4021、4022、4023、4024、4025、4026、4027、4028、4029、4041、4090	526
六、信息化学品制造业	1. 信息化学品制造	2664	8
合计			1 357

附表 4-5　中小型企业划分标准

	指标名称	计量单位	大型	中型	小型	微型
工业	从业人员(X)	人	$X \geqslant 1\,000$	$300 \leqslant X < 1\,000$	$20 \leqslant X < 300$	$X < 20$
	营业收入(Y)	万元	且 $Y \geqslant 40\,000$	且 $2\,000 \leqslant Y < 40\,000$	且 $300 \leqslant Y < 2\,000$	或 $Y < 300$

附表 4-6　武汉都市区两位数制造业行业的行业集中度(HHI 指数值)与
地理集聚度(MS 指数值)

门类	大类	行业名称	HHI 指数值	规模类型	MS 指数值	空间类型
C	13	农副食品加工业	0.035 3	竞争型	0.036 0	集聚
	14	食品制造业	0.058 3	竞争型	−0.008 2	分散
	15	酒、饮料和精制茶制造业	0.118 5	领先型	0.057 6	集聚
	16	烟草制品业	0.694 3	寡占型	0.161 1	集聚
	17	纺织业	0.048 0	竞争型	0.032 6	集聚
	18	纺织服装、服饰业	0.009 2	竞争型	0.063 8	集聚
	19	皮革、毛皮、羽毛及其制品和制鞋业	0.042 8	竞争型	0.004 5	分散
	20	木材加工和木、竹、藤、棕、草制品业	0.026 0	竞争型	0.004 4	分散
	21	家具制造业	0.031 2	竞争型	−0.004 4	分散
	22	造纸和纸制品业	0.021 4	竞争型	−0.014 2	分散
	23	印刷和记录媒介复制业	0.017 6	竞争型	−0.011 8	分散
	24	文教、工美、体育和娱乐用品制造业	0.052 4	竞争型	−0.009 7	分散
	25	石油加工、炼焦和核燃料加工业	0.490 6	寡占型	0.055 7	集聚
	26	化学原料和化学制品制造业	0.016 1	竞争型	0.007 6	分散
	27	医药制造业	0.101 1	领先型	0.005 9	分散
	28	化学纤维制造业	0.341 1	领先型	0.036 1	集聚
	29	橡胶和塑料制品业	0.017 0	竞争型	−0.011 9	分散
	30	非金属矿物制品业	0.008 2	竞争型	−0.016 2	分散
	31	黑色金属冶炼和压延加工业	0.777 4	寡占型	0.080 2	集聚
	32	有色金属冶炼和压延加工业	0.046 7	竞争型	0.093 4	集聚
	33	金属制品业	0.011 3	竞争型	−0.005 4	分散
	34	通用设备制造业	0.019 6	竞争型	−0.012 1	分散
	35	专用设备制造业	0.047 9	竞争型	0.028 0	集聚
	36	汽车制造业	0.027 1	竞争型	0.057 9	集聚

门类	大类	行业名称	HHI指数值	规模类型	MS指数值	空间类型
C	37	铁路、船舶、航空航天和其他运输设备制造业	0.276 1	领先型	0.058 0	集聚
	38	电气机械和器材制造业	0.023 3	竞争型	−0.007 1	分散
	39	计算机、通信和其他电子设备制造业	0.097 9	竞争型	0.032 4	集聚
	40	仪器仪表制造业	0.013 9	竞争型	−0.014 8	分散
	41	其他制造业	0.079 0	竞争型	0.010 9	分散
	42	废弃资源综合利用业	0.165 6	领先型	0.391 7	集聚
	43	金属制品、机械和设备修理业	0.204 5	领先型	0.239 7	集聚

附录5 31个制造业行业的企业核密度图

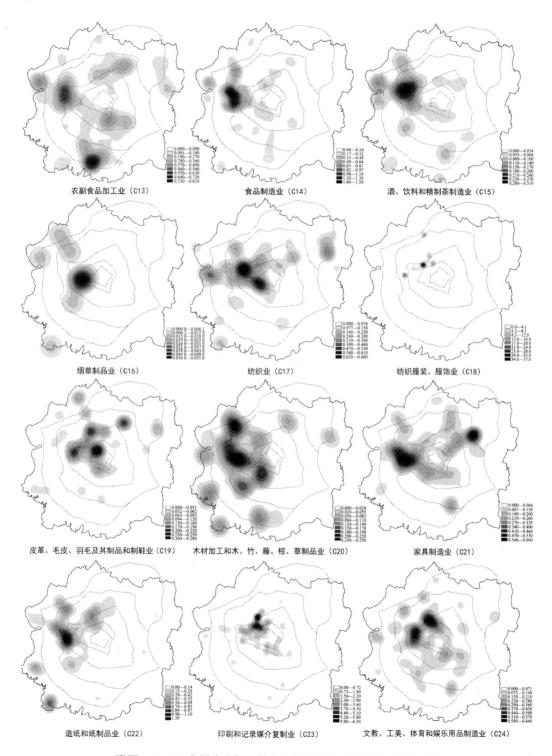

农副食品加工业（C13）

食品制造业（C14）

酒、饮料和精制茶制造业（C15）

烟草制品业（C16）

纺织业（C17）

纺织服装、服饰业（C18）

皮革、毛皮、羽毛及其制品和制鞋业（C19）

木材加工和木、竹、藤、棕、草制品业（C20）

家具制造业（C21）

造纸和纸制品业（C22）

印刷和记录媒介复制业（C23）

文教、工美、体育和娱乐用品制造业（C24）

附图5-1 31个制造业行业的企业核密度图1（按行业大类分类）

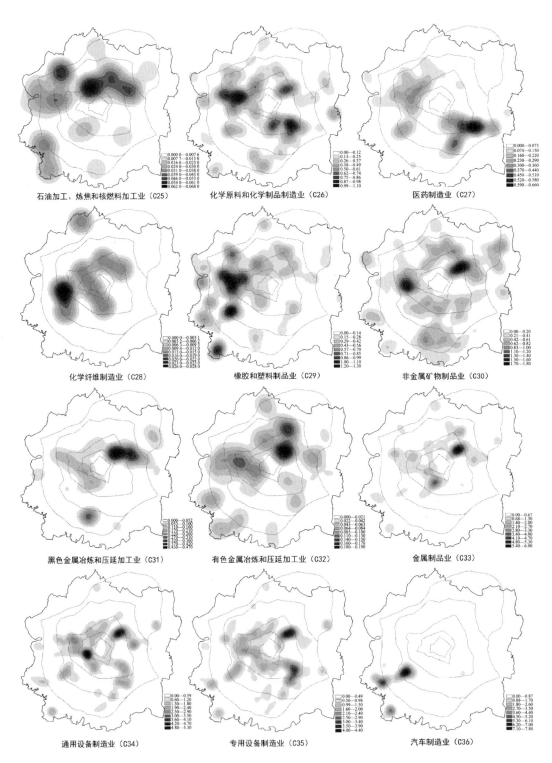

附图 5-2　31个制造业行业的企业核密度图2（按行业大类分类）

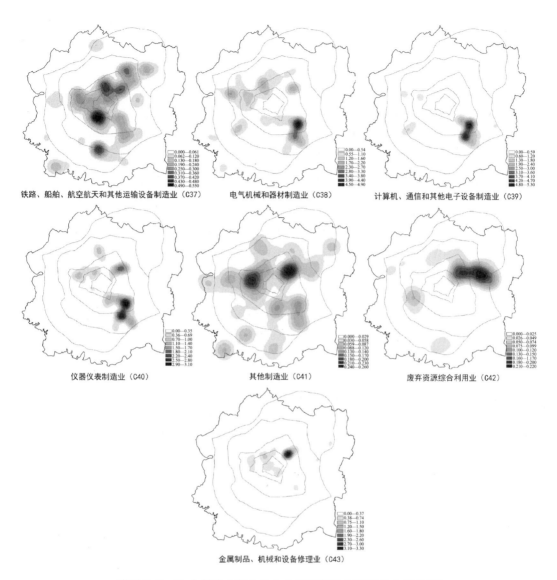

铁路、船舶、航空航天和其他运输设备制造业（C37）

电气机械和器材制造业（C38）

计算机、通信和其他电子设备制造业（C39）

仪器仪表制造业（C40）

其他制造业（C41）

废弃资源综合利用业（C42）

金属制品、机械和设备修理业（C43）

附图 5-3　31 个制造业行业的企业核密度图 3（按行业大类分类）

参考文献

· 中文文献 ·

阿尔弗雷德·韦伯,1997. 工业区位论[M]. 李刚剑,陈志人,张英保,译. 北京:商务印书馆.

奥利弗·E. 威廉姆森,2004. 资本主义经济制度:论企业签约与市场签约[M]. 段毅才,王伟,译. 北京:商务印书馆.

奥利弗·E. 威廉姆森,2011. 市场与层级制:分析与反托拉斯含义[M]. 蔡晓月,孟俭,译. 上海:上海财经大学出版社.

曹广忠,刘涛,2007. 北京市制造业就业分布重心变动研究:基于基本单位普查数据的分析[J]. 城市发展研究,14(6):8-14.

陈鹏,2009. 中国土地制度下的城市空间演变[M]. 北京:中国建筑工业出版社.

楚波,梁进社,2007. 基于OPM模型的北京制造业区位因子的影响分析[J]. 地理研究,26(4):723-734.

崔蕴,2004. 上海市制造业各行业地理集中度分析[J]. 城市发展研究,11(6):82-84,59.

丹尼尔·W. 布罗姆利,1996. 经济利益与经济制度:公共政策的理论基础[M]. 陈郁,等译. 上海:上海人民出版社.

道格拉斯·C. 诺思,2014. 制度、制度变迁与经济绩效[M]. 杭行,译. 上海:格致出版社.

德力格尔,袁家冬,李媛媛,2014. 长春市工业空间格局时空演变特征[J]. 经济地理,34(11):81-86.

丁成日,2006. 土地政策改革时期的城市空间发展:北京的实证分析[J]. 城市发展研究,13(2):42-52.

丁永健,2010. 面向全球产业价值链的中国制造业升级[M]. 北京:科学出版社.

樊杰,王宏远,陶岸君,等,2009. 工业企业区位与城镇体系布局的空间耦合分析:洛阳市大型工业企业区位选择因素的案例剖析[J]. 地理学报,64(2):131-141.

冯健,2002. 杭州城市工业的空间扩散与郊区化研究[J]. 城市规划汇刊(2):42-47.

冯立,2009. 以新制度经济学及产权理论解读城市规划[J]. 上海城市规划(3):8-12.

弗农·W. 拉坦,2014. 诱致性制度变迁理论[M]//罗纳德·H. 科斯,等. 财产权利与制度变迁:产权学派与新制度学派译文集. 刘守英,等译. 上海:格致出版社.

付磊,2012. 转型中的大都市空间结构及其演化:上海城市空间结构演变的研究[M]. 北京:中国建筑工业出版社.

高菠阳,刘卫东,格伦·诺克利夫,等,2010. 土地制度对北京制造业空间分布的影响[J]. 地理科学进展,29(7):878-886.

顾朝林,2015. 多规融合的空间规划[M]. 北京:清华大学出版社.

郭付友,陈才,刘继生,2014. 1990 年以来长春市工业空间扩展的驱动力分析[J]. 人文地理,29(6):88-94.

哈罗德·德姆塞茨,2014. 关于产权的理论[M]//罗纳德·H. 科斯,等. 财产权利与制度变迁:产权学派与新制度学派译文集. 刘守英,等译. 上海:格致出版社.

贺灿飞,梁进社,张华,2005. 北京市外资制造企业的区位分析[J]. 地理学报,60(1):122-130.

贺灿飞,潘峰华,2007. 产业地理集中、产业集聚与产业集群:测量与辨识[J]. 地理科学进展,26(2):1-13.

洪世键,张京祥,2012. 城市蔓延机理与治理:基于经济与制度的分析[M]. 南京:东南大学出版社.

洪燕,2006. 开发区生命周期的研究:从制度演进的视角[D]. 上海:复旦大学.

胡军,孙莉,2005. 制度变迁与中国城市的发展及空间结构的历史演变[J]. 人文地理,20(1):19-23.

胡楠,2008. 略论政府管理制度的创新:从新制度经济学的视角探析[J]. 经济视角(下)(6):13-15.

黄建洪,2014. 中国开发区治理与地方政府体制改革研究[M]. 广州:广东人民出版社.

黄少安,2000. 关于制度变迁的三个假说及其验证[J]. 中国社会科学(4):37-49.

黄亚平,2002. 城市空间理论与空间分析[M]. 南京:东南大学出版社.

黄亚平,2009. 城市规划与城市社会发展[M]. 北京:中国建筑工业出版社.

黄亚平,周敏,2016. 武汉都市区制造业空间演化特征、机理及引导策略研究[J]. 城市规划学刊(6):54-64.

吉庆华,2010. 产业集群政策的比较与分析[J]. 经济问题探索(3):66-72.

江泓,2015. 制度绩效与城市规划转型:一个新制度经济学视角的分析[J]. 现代城市研究(12):110-114.

卡尔·马克思,2013. 资本论[M]. 郭大力,王亚南,译. 南京:译林出版社.

李佳洺,张文忠,李业锦,等,2016. 基于微观企业数据的产业空间集聚特征分析:以杭州市区为例[J]. 地理研究,35(1):95-107.

李健,2011. 全球生产网络与大都市区生产空间组织[M]. 北京:科学出版社.

李江,贺传皎,2008. 产业空间集聚发展的动力机制研究:以深圳市为例[J]. 城市规划,32(9):75-80.

李开宇,2010. 行政区划调整对城市空间扩展的影响研究:以广州市番禺区为例[J]. 经济地理,30(1):22-26.

李小建,2018. 经济地理学[M]. 3 版. 北京:高等教育出版社.

李晓江,2003. 关于"城市空间发展战略研究"的思考[J]. 城市规划,27(2):

28-34.

林坚,吴宇翔,吴佳雨,等,2018.论空间规划体系的构建:兼析空间规划、国土空间用途管制与自然资源监管的关系[J].城市规划,42(5):9-17.

林凯旋,2013.从混沌到秩序:当代大城市都市区空间结构的转型与重组[D].武汉:华中科技大学.

林毅夫,2014.关于制度变迁的经济学理论:诱致性变迁与强制性变迁[M]//罗纳德·H.科斯,等.财产权利与制度变迁:产权学派与新制度学派译文集.刘守英,等译.上海:格致出版社.

刘春霞,朱青,李月臣,2006.基于距离的北京制造业空间集聚[J].地理学报,61(12):1247-1258.

刘合生,2012.政府促进中小企业发展政策研究:基于金融危机背景下的思考这[M].北京:中国社会科学出版社.

刘鲁鱼,余晖,胡振宇,2004.我国开发区的发展趋势及政策建议[J].开放导报(1):87-90.

刘涛,曹广忠,2010.北京市制造业分布的圈层结构演变:基于第一、二次基本单位普查资料的分析[J].地理研究,29(4):716-726.

卢现祥,2003.西方新制度经济学[M].修订本.北京:中国发展出版社.

陆军,宗吉涛,2011.北京大都市区制造业空间集聚研究[M].北京:北京大学出版社.

吕卫国,陈雯,2009.制造业企业区位选择与南京城市空间重构[J].地理学报,64(2):142-152.

罗纳德·H.科斯,2014.社会成本问题:关于产权的理论[M]//罗纳德·H.科斯,等.财产权利与制度变迁:产权学派与新制度学派译文集.刘守英,等译.上海:格致出版社.

罗文,2014.2013—2014年中国战略性新兴产业发展蓝皮书[M].北京:人民出版社.

马娟,2007.制度变迁对城市工业空间结构影响研究:以济南市为例[D].济南:山东师范大学.

马文涵,郑振华,2016.以"三线"约束支撑城市空间优化:武汉市"三线"划定的实践及思考[J].中国土地(6):31-33.

马晓亚,袁奇峰,2011.保障性住房制度与城市空间的研究进展[J].建筑学报(8):55-59.

马歇尔,2011.经济学原理:上卷[M].朱志泰,译.北京:商务印书馆.

孟晓晨,王滔,王家莹,2010.北京市制造业和服务业空间组织特征与类型[J].地理科学进展,29(12):186-197.

钱颖一,1999.激励与约束[J].经济社会体制比较(5):7-12.

秦波,2011.上海市产业空间分布的密度梯度及影响因素研究[J].人文地理,26(1):39-43.

秦天宝,2013.环境法:制度·学说·案例[M].武汉:武汉大学出版社.

青木昌彦,安藤晴彦,2003.模块时代:新产业结构的本质[M].周国荣,译.上海:上海远东出版社.

芮明杰,刘明宇,任江波,2006. 论产业链整合[M]. 上海:复旦大学出版社.

史东辉,2015. 产业组织学[M]. 2 版. 上海:格致出版社.

舒尔茨,2014. 制度与人的经济价值的不断提高[M]//罗纳德·H. 科斯,等.
    财产权利与制度变迁:产权学派与新制度学派译文集. 刘守英,等译. 上
    海:格致出版社.

孙磊,张晓平,2012. 北京制造业空间布局演化及重心变动分解分析[J]. 地理
    科学进展,31(4):491-497.

孙倩,2006. 上海近代城市规划及其制度背景与城市空间形态特征[J]. 城市
    规划学刊(6):92-101.

谭庆刚,2011. 新制度经济学导论:分析框架与中国实践[M]. 北京:清华大学
    出版社.

汪鹏,2014. 工业经济空间拓展论[M]. 北京:中国建筑工业出版社.

王爱民,缪勃中,陈树荣,2007. 广州市工业用地空间分异及其影响因素分
    析[J]. 热带地理,27(2):132-138.

王淳青,2013. 产业政策引导下的上海城市空间结构演变[D]. 上海:华东师范
    大学.

王丹,刘大千,卢艳丽,2016. 长春市制造业企业空间分布特征研究[J]. 现代
    城市研究(1):96-101.

王缉慈,等,2010. 超越集群:中国产业集群的理论探索[M]. 北京:科学出
    版社.

王俊豪,2012. 产业经济学[M]. 2 版. 北京:高等教育出版社.

王凯,2011. 从广州到杭州:战略规划浮出水面[M]//中国城市规划学会. 转型
    与重构:2011 中国城市规划年会论文集. 南京:东南大学出版社:57-62.

王向东,刘卫东,2012. 中国空间规划体系:现状、问题与重构[J]. 经济地理,
    32(5):7-15,29.

王兴平,等,2013. 开发区与城市的互动整合:基于长三角的实证分析[M]. 南
    京:东南大学出版社.

王智勇,2010. 大城市簇群式发展背景下的工业聚集区布局及优化研究:以武
    汉市为例[D]. 武汉:华中科技大学.

魏后凯,贺灿飞,王新,2001. 外商在华直接投资动机与区位因素分析:对秦皇
    岛市外商直接投资的实证研究[J]. 经济研究(2):67-76.

吴次芳,靳相木,2009. 中国土地制度改革三十年[M]. 北京:科学出版社.

吴晓波,齐羽,高钰,等,2013. 中国先进制造业发展战略研究:创新、追赶与跨
    越的路径及政策[M]. 北京:机械工业出版社.

武汉大学湖北发展问题研究中心,武汉大学发展研究院,2016. 湖北发展研究
    报告 2016[M]. 武汉:武汉大学出版社.

徐菊芬,张京祥,2007. 中国城市居住分异的制度成因及其调控:基于住房供
    给的视角[J]. 城市问题(4):95-99.

亚当·斯密,1972. 国富论:上卷[M]. 郭大力,王亚南,译. 2 版. 北京:商务印

书馆.

延善玉,张平宇,马延吉,等,2007. 沈阳市工业空间重组及其动力机制[J]. 人文地理,22(3):107-111,41.

杨保军,张菁,董珂,2016. 空间规划体系下城市总体规划作用的再认识[J]. 城市规划,40(3):9-14.

杨晨,2016. 1990 年代以来武汉市工业空间演化过程、特征及优化策略研究[D]. 武汉:华中科技大学.

杨瑞龙,1998. 我国制度变迁方式转换的三阶段论:兼论地方政府的制度创新行为[J]. 经济研究(1):3-10.

杨永福,2004. 规则的分析与建构[M]. 广州:中山大学出版社.

姚作为,王国庆,2005. 制度供给理论述评:经典理论演变与国内研究进展[J]. 财经理论与实践,26(1):3-8.

叶昌东,2016. 转型期中国特大城市空间增长[M]. 北京:中国建筑工业出版社.

叶昌东,周春山,刘艳艳,2010. 近 10 年来广州工业空间分异及其演进机制研究[J]. 经济地理,30(10):1664-1669.

余炜楷,2009. 制度影响下的大城市近郊产业空间发展:以广州市白云区为例[D]. 广州:中山大学.

袁丰,2015. 中国沿海大城市制造业空间集聚研究:以苏南典型城市为例[M]. 北京:科学出版社.

袁丰,魏也华,陈雯,等,2010. 苏州市区信息通讯企业空间集聚与新企业选址[J]. 地理学报,65(2):153-163.

袁庆明,2012. 新制度经济学[M]. 上海:复旦大学出版社.

约翰·冯·杜能,1986. 孤立国同农业和国民经济的关系[M]. 吴衡康,译. 北京:商务印书馆.

泽良,1985. 浅谈"黑箱"方法[J]. 学术研究(1):56-58.

曾维君,2009. 企业交易成本的构成研究[J]. 广西轻工业,25(5):148-149.

张兵,2002. 敢问路在何方:战略规划的产生、发展与未来[J]. 城市规划,26(6):63-68.

张华,贺灿飞,2007. 区位通达性与在京外资企业的区位选择[J]. 地理研究,26(5):984-994.

张京祥,洪世键,2008a. 城市空间扩张及结构演化的制度因素分析[J]. 规划师,24(12):40-43.

张京祥,林怀策,陈浩,2018. 中国空间规划体系 40 年的变迁与改革[J]. 经济地理,38(7):1-6.

张京祥,吴缚龙,马润朝,2008b. 体制转型与中国城市空间重构:建立一种空间演化的制度分析框架[J]. 城市规划(6):55-60.

张京祥,吴佳,殷洁,2007. 城市土地储备制度及其空间效应的检讨[J]. 城市规划,31(12):26-30,36.

张庭伟,2012. 全球化 2.0 时期的城市发展:2008 年后西方城市的转型及对中国城市的影响[J]. 城市规划学刊(4):5-11.

张庭伟,理查德·勒盖茨,2009. 后新自由主义时代中国规划理论的范式转变[J]. 城市规划学刊(5):1-13.

张晓平,孙磊,2012. 北京市制造业空间格局演化及影响因子分析[J]. 地理学报,67(10):1308-1316.

张志强,2012. 基于制度影响的大都市郊县城市空间演变研究[M]. 北京:中国建筑工业出版社.

张卓元,2016. 新常态下的中国经济走向[M]. 广州:广东经济出版社.

赵朝,赵蕊,2012. 经济地理学的"制度转向"与中国区域产业政策演化浅析[J]. 长春师范学院学报(人文社会科学版),31(1):43-45,36.

赵燕菁,2005a. 制度经济学视角下的城市规划(上)[J]. 城市规划(6):40-47.

赵燕菁,2005b. 制度经济学视角下的城市规划(下)[J]. 城市规划(7):17-27.

郑德高,孙娟,2014. 基于竞争力与可持续发展法则的武汉 2049 发展战略[J]. 城市规划学刊(2):40-50.

郑国,2006. 北京市制造业空间结构演化研究[J]. 人文地理,21(5):84-88.

周国艳,2009. 西方新制度经济学理论在城市规划中的运用和启示[J]. 城市规划,33(8):9-17,25.

周蕾,2015. 经济体制视角下的制造业空间重构及其城乡空间结构响应研究:以无锡为例[D]. 南京:南京师范大学.

邹兵,2018. 自然资源管理框架下空间规划体系重构的基本逻辑与设想[J]. 规划师,34(7):5-10.

·外文文献·

ALBRECHTS L, HEALEY P, KUNZMANN K R, 2003. Strategic spatial planning and regional governance in Europe[J]. Journal of the American planning association, 69(2):113-129.

AMIN A, THRIFT N, 1995. Globalisation, institutional thickness and the local economy[M]//HEALEY P, CAMERON S, DAVOUDI S, et al. Managing cities: the new urban context. Chichester: John Wiley & Sons.

BECATTINI G, 1990. The Marshallian industrial district as a socio-economic notion[M]//PYKE F, BECATTINI G, SENGENBERGER W. Industrial districts and inter-firm cooperation in Italy. Geneva: International Institute for Labor Studies.

COASE R H, 1937. The nature of the firm[J]. Economica,4(16):386-405.

FIGUEIREDO O, GUIMARAES P, WOODWARD D, 2002. Modeling industrial location decisions in U. S. counties[R]. Carolina: ERSA Conference Papers. European Regional Science Association.

GILLI F, 2009. Sprawl or reagglomeration? The dynamics of employment deconcentration and industrial transformation in Greater Paris[J]. Urban studies, 46(7):1385-1420.

GUILLEBAUD C W，1961. Marshall's principles of economics[M]. 8th ed. Cambridge：Cambridge University Press.

HAYTER R，1997. The dynamics of industrial location：the firm the factory and the production system[M]. Chichester：John Wiley & Sons.

KRUGMAN P，1991. Increasing returns and economic geography[J]. Journal of political economy，99(3)：483-499.

KRUGMAN P，1992. Geography and trade[M]. Cambridge：The MIT Press.

LEWIS R D，2001. A city transformed：manufacturing districts and suburban growth in Montreal，1850-1929[J]. Journal of historical geography，27 (1)：20-35.

MASSEY D，1977. Industrial location theory reconsidered[D]. Milton Keynes：Open University.

MAUREL F，SEDILLOT B，1999. A measure of the geographic concentration in French manufacturing industries[J]. Regional science and urban economics，29(5)：575-604.

MULLER E D，2001. Industrial suburbs and the growth of metropolitan Pittsburgh，1870-1920[J]. Journal of historical geography，27(1)：58-73.

PORTER M E，1990. The competitive advantage of nations[M]. New York：The Free Press.

PORTER M E，1998. Clusters and the new economics of competition[J]. Harvard business review，76(6)：77-90.

PRED A，1967. Behaviour and location：foundations for a geographic and dynamic location theory[M]. Lund：C. W. K. Gleerup.

SMITH D M，1966. A theoretical framework for geographical studies of industrial location[J]. Economic geography，42(2)：95-113.

SMITH D M，1981. Industrial location：an economic geographical analysis [M]. New York：John Wiley & Sons.

VILADECANS-MARSAL E，2004. Agglomeration economies and industrial location：city-level evidence[J]. Journal of economic geography，4(5)：565-582.

WALKER R，2001. Industry builds the city：the suburbanization of manufacturing in the San Francisco Bay Area，1850-1940[J]. Journal of historical geography，27(1)：36-57.

WALKER R，LEWIS R D，2001. Beyond the crabgrass frontier：industry and the spread of North American cities，1850-1950[J]. Journal of historical geography，27(1)：3-19.

WU F L，1999. Intrametropolitan FDI firm location in Guangzhou，China：a poisson and negative binomial analysis[J]. The annals of regional science，33(4)：535-555.

图 1-1 源自:黄亚平,2002.城市空间理论与空间分析[M].南京:东南大学出版社:266.

图 1-2 源自:《武汉市城市总体规划(2010—2020 年)》.

图 1-3 源自:武汉都市区用地矢量数据.

图 1-4 源自:武汉市第三次全国经济普查数据.

图 1-5、图 1-6 源自:笔者绘制.

图 2-1 源自:吕卫国,陈雯,2009. 制造业企业区位选择与南京城市空间重构[J].地理学报,64(2):142-152.

图 2-2 源自:袁丰,2015. 中国沿海大城市制造业空间集聚研究:以苏南典型城市为例[M].北京:科学出版社.

图 2-3 源自:付磊,2012. 转型中的大都市空间结构及其演化:上海城市空间结构演变的研究[M].北京:中国建筑工业出版社.

图 2-4 源自:张志强,2012. 基于制度影响的大都市郊县城市空间演变研究[M].北京:中国建筑工业出版社:134.

图 2-5 源自:笔者绘制.

图 2-6 源自:李小建,2018. 经济地理学[M]. 3 版. 北京:高等教育出版社.

图 2-7 源自:干春晖,2015. 产业经济学教程与案例[M]. 2 版. 北京:机械工业出版社:10-20.

图 2-8 源自:PORTER M E,1990. The competitive advantage of nations[M]. New York:The Free Press.

图 2-9 源自:埃比尼泽·霍华德,2010. 明日的田园城市[M]. 金经元,译. 北京:商务印书馆.

图 2-10 源自:汪緅,2014. 工业经济空间拓展论[M]. 北京:中国建筑工业出版社.

图 2-11 源自:蒋丽,2014. 大都市产业空间布局和多中心城市研究:以广州市为例[M]. 北京:经济科学出版社:23-24.

图 2-12 源自:袁庆明,2012. 新制度经济学[M]. 上海:复旦大学出版社.

图 2-13 源自:谭庆刚,2011. 新制度经济学导论:分析框架与中国实践[M]. 北京:清华大学出版社:186.

图 2-14 源自:笔者绘制.

图 2-15 源自:袁庆明,2012. 新制度经济学[M]. 上海:复旦大学出版社.

图 2-16 源自:笔者绘制.

图 3-1 源自:笔者根据武汉市各年份制造业用地矢量图斑绘制.

图 3-2 源自:笔者根据相关资料绘制.

图 3-3 源自:笔者根据武汉市各年份制造业用地矢量图斑绘制.

图 3-4 源自:笔者根据武汉市第三次全国经济普查的企业数据绘制.

图 3-5 至图 3-9 源自:笔者绘制.

图 4-1 源自:洪世键,张京祥,2012. 城市蔓延机理与治理:基于经济与制度的分析[M]. 南京:东南大学出版社.

图 4-2、图 4-3 源自:笔者根据 2002—2015 年《中国国土资源年鉴》相关数据绘制.

图 4-4 源自:黄小虎,2006. 中国土地管理研究[M]. 北京:当代中国出版社.

图 4-5 源自:《武汉市土地级别与基准地价更新(2014 年)》.

图 4-6 源自:笔者根据 2011—2015 年《武汉市国土规划年鉴》相关数据绘制.

图 4-7 源自:崔建远,陈进,2014. 土地储备制度的现状与完善[M]. 北京:中国人民大学出版社.

图 4-8 源自:笔者绘制.

图 4-9 源自:笔者根据 2010—2014 年《中国国土资源年鉴》相关数据绘制.

图 4-10 源自:笔者根据 2011—2017 年《武汉市国土规划年鉴》相关数据绘制.

图 4-11、图 4-12 源自:笔者绘制.

图 5-1、图 5-2 源自:笔者绘制.

图 5-3 源自:《武汉统计年鉴(2014)》.

图 5-4 源自:笔者根据武汉市第三次全国经济普查相关统计数据绘制.

图 5-5、图 5-6 源自:笔者根据《武汉统计年鉴(2014)》、武汉市第三次全国经济普查相关统计数据绘制.

图 5-7 源自:《武汉统计年鉴(2014)》.

图 5-8 源自:2007—2014 年《武汉工业经济统计手册》.

图 5-9 源自:笔者绘制.

图 5-10、图 5-11 源自:刘传铁,2010. 中国光谷产业坐标:武汉东湖高新区产业发展战略研究[M]. 北京:人民出版社.

图 5-12 至图 5-16 源自:笔者绘制.

图 5-17 至图 5-19 源自:笔者根据武汉市第三次全国经济普查的企业数据绘制.

图 6-1 源自:《武汉都市发展区 1∶2 000 基本生态控制线规划》.

图 6-2 源自:《武汉市城市开发边界划定报告》(2015 年).

图 6-3、图 6-4 源自:笔者绘制.

图 6-5 源自:《武汉 2049 远景发展战略》.

图 6-6 源自:《武汉四大板块综合规划》.

图 6-7 源自:《武汉市城市总体规划(1996—2020 年)》.

图 6-8 源自:《武汉市城市总体规划(2010—2020 年)》.

图 6-9 源自:《武汉市新型工业化空间发展规划》.

图 6-10 源自:《武汉市城市总体规划(2010—2020 年)》.

图 6-11 至图 6-13 源自:笔者绘制.

图 6-14 源自:汪毓,2014. 工业经济空间拓展论[M]. 北京:中国建筑工业出版社.

图 7-1 至图 7-6 源自:笔者绘制.

图 7-7 源自:董利民,2011. 城市经济学[M]. 北京:清华大学出版社:275.

图 7-8 至图 7-13 源自:笔者绘制.

图 7-14 源自:《武汉都市发展区 1∶2 000 基本生态控制线规划》.

图 7-15 至图 7-17 源自:笔者绘制.

图 8-1 源自:笔者根据武汉历年制造业用地出让数据绘制.

图 8-2 源自:笔者根据《武汉统计年鉴(2014)》相关数据绘制.

图 8-3 源自:《武汉都市发展区"1＋6"空间发展战略实施规划》.

图 8-4 源自:笔者绘制.

图 8-5 源自:笔者根据历年《中国国土资源年鉴》相关数据绘制.

图 8-6 源自:笔者根据历年《中国统计年鉴》相关数据绘制.

图 8-7 源自:笔者根据历年《武汉统计年鉴》相关数据绘制.

图 8-8 源自:笔者根据历年《中国统计年鉴》相关数据绘制.

图 8-9 源自:笔者根据历年《武汉统计年鉴》相关数据绘制.

图 8-10、图 8-11 源自:笔者根据《2016 中国产业发展报告》相关数据绘制.

图 8-12 源自:笔者根据《武汉统计年鉴(2016)》相关数据绘制.

图 8-13 源自:笔者绘制.

图 8-14 源自:吴晓波,齐羽,高钰,等,2013. 中国先进制造业发展战略研究:创新、追赶与跨越的路径及政策[M]. 北京:机械工业出版社.

图 8-15 源自:数字化企业网.

图 8-16 源自:周振华,2003. 信息化与产业融合[M]. 上海:上海人民出版社.

图 8-17 源自:《武汉创新产业空间布局规划》(2016 年).

图 8-18 至图 8-20 源自:笔者绘制.

图 8-21、图 8-22 源自:《2015 年武汉市土地交易市场分析年度报告》.

图 8-23 源自:王兴平,等,2013. 开发区与城市的互动整合:基于长三角的实证分析[M]. 南京:东南大学出版社.

图 8-24 源自:袁中华,2013. 我国新兴产业发展的制度创新研究[M]. 成都:西南财经大学出版社.

附图 5-1 至附图 5-3 源自:笔者根据武汉市第三次全国经济普查企业信息数据绘制.

表格来源

表 1-1 源自:笔者绘制.

表 1-2 源自:笔者根据《国民经济行业分类》(GB/T 4754—2011)整理绘制.

表 1-3 源自:笔者根据《工业产业分类标准》(GB—2002)和《国民经济行业分类》(GB/T 4754—2011)整理绘制.

表 2-1 源自:付磊,2012. 转型中的大都市空间结构及其演化:上海城市空间结构演变的研究[M]. 北京:中国建筑工业出版社.

表 2-2 源自:笔者绘制.

表 2-3 源自:汪勰,2014. 工业经济空间拓展论[M]. 北京:中国建筑工业出版社:23.

表 2-4 源自:崔向阳,2003. 中国工业化指数的计算与分析[J]. 经济评论(6):44-47.

表 2-5 源自:袁庆明,2012. 新制度经济学[M]. 上海:复旦大学出版社:247.

表 3-1 源自:笔者根据武汉市各年份城市建设用地矢量数据绘制.

表 3-2 源自:笔者绘制.

表 3-3 源自:笔者根据武汉市各年份制造业用地矢量数据绘制.

表 3-4 源自:笔者根据武汉市第三次全国经济普查的企业数据及区位信息绘制,行业分类参照《国民经济行业分类》(GB/T 4754—2011).

表 3-5 至表 3-9 源自:笔者绘制.

表 3-10 源自:笔者根据 10 家企业访谈问卷整理绘制.

表 3-11 源自:笔者根据 5 个地方政府相关部门访谈调研问卷整理绘制.

表 4-1 至表 4-4 源自:笔者根据相关政策文件整理绘制.

表 4-5 源自:崔建远,陈进,2014. 土地储备制度的现状与完善[M]. 北京:中国人民大学出版社.

表 4-6 至表 4-13 源自:笔者根据相关政策文件整理绘制.

表 4-14 源自:《武汉东湖新技术开发区管委会关于印发〈东湖国家自主创新示范区打造资本特区的暂行办法〉的通知》(武新管发改〔2014〕42 号).

表 4-15、表 4-16 源自:笔者根据相关政策文件整理绘制.

表 4-17 源自:《武汉市人民政府关于促进东湖国家自主创新示范区科技成果转化体制机制创新的若干意见》(武政〔2012〕73 号).

表 4-18、表 4-19 源自:笔者根据相关政策文件整理绘制.

表 4-20 源自:周之灿,2011. 我国"基本生态控制线"规划编制研究[C]. 南京:中国城市规划年会.

表 4-21 源自:笔者根据相关政策文件整理绘制.

表 4-22 源自:笔者根据《武汉市生态框架保护规划》(2008 年)整理绘制.

表4-23、表4-24源自:笔者根据相关政策文件整理绘制.

表4-25源自:汪勰,2014. 工业经济空间拓展论[M]. 北京:中国建筑工业出版社.

表4-26源自:1992—2008年数据根据武汉市规划局土地出让数据资料整理,2009—2014年数据根据2010—2015年《武汉市国土规划年鉴》整理.

表4-27源自:笔者绘制.

表5-1至表5-4源自:笔者绘制.

表5-5源自:笔者根据武汉市第三次全国经济普查相关统计数据绘制.

表5-6至表5-10源自:笔者根据相关政策文件整理绘制.

表5-11源自:《东湖开发区内资准入负面清单(试行)》(2013年).

表5-12、表5-13源自:笔者根据相关政策文件整理绘制.

表5-14、表5-15源自:笔者绘制.

表5-16源自:笔者根据武汉市第三次全国经济普查数据整理绘制.

表5-17至表5-19源自:笔者绘制.

表6-1至表6-3源自:笔者绘制.

表6-4源自:《武汉市土地利用总体规划(2010—2020年)》.

表6-5源自:《武汉市城市总体规划(2010—2020年)实施评估》.

表6-6源自:《武汉市新城组群分区规划(2007—2020年)》.

表6-7源自:《武汉2049远景发展战略》.

表6-8源自:《武汉市城市总体规划(1996—2020年)》.

表6-9源自:《武汉市城市总体规划(2010—2020年)》.

表6-10源自:笔者绘制.

表6-11源自:《武汉市新型工业化空间发展规划》.

表6-12源自:《武汉东湖新技术开发区产业项目准入标准(试行)》(2013年版).

表6-13源自:《武汉市交通发展年度报告》和《武汉市城市总体规划(2010—2020年)实施评估》.

表8-1源自:《武汉市国民经济和社会发展第十三个五年规划纲要》.

表8-2源自:笔者绘制.

表8-3源自:肖林,2015. 直面新常态与创新驱动发展:上海"十三五"规划战略思路:2014/2015年上海发展报告[M]. 上海:格致出版社.

表8-4源自:国土资源部每年公布《全国主要城市地价监测报告》.

表8-5源自:《2015年武汉市土地交易市场分析年度报告》.

表8-6源自:肖林,2015. 直面新常态与创新驱动发展:上海"十三五"规划战略思路:2014/2015年上海发展报告[M]. 上海:格致出版社.

表9-1源自:笔者绘制.

附表 3-1、附表 3-2 源自:笔者绘制.

附表 4-1 源自:笔者根据《国民经济行业分类》(GB/T 4754—2011)整理绘制.

附表 4-2 源自:笔者根据武汉市第三次全国经济普查制造业企业信息数据整理绘制.

附表 4-3 源自:笔者根据《高技术产业(制造业)分类(2013)》、武汉市第三次全国经济普查数据整理绘制.

附表 4-4 源自:笔者根据《战略性新兴产业分类(2012)(试行)》、武汉市第三次全国经济普查数据整理绘制.

附表 4-5 源自:笔者根据《关于印发中小企业划型标准规定的通知》(工信部联企业〔2011〕300 号)、《关于印发统计上大中小微型企业划分办法的通知》(国统字〔2011〕75 号)整理绘制.

附表 4-6 源自:笔者绘制.